高等职业教育新一代信息通信技术专业产教融合新型活页式教材

电路设计与制作

主　编　谢　珊　邓谊樱　苏　熠

副主编　苏　鑫　张良玺　陈富浩

　　　　周　颖　周　炜　蒲映红

西南交通大学出版社
·成　都·

图书在版编目（CIP）数据

电路设计与制作 / 谢珊，邓谊樱，苏熠主编.
成都：西南交通大学出版社，2024. 12. -- ISBN 978-7-5774-0280-2

Ⅰ．TM02

中国国家版本馆 CIP 数据核字第 2025P8E408 号

Dianlu Sheji yu Zhizuo
电路设计与制作

主　编 / 谢　珊　邓谊樱　苏　熠

策划编辑 / 李华宇　李芳芳　雷　勇
责任编辑 / 雷　勇
责任校对 / 谢玮倩
封面设计 / 吴　兵

西南交通大学出版社出版发行
（四川省成都市金牛区二环路北一段 111 号西南交通大学创新大厦 21 楼　610031）
营销部电话：028-87600564　　028-87600533
网址：https://www.xnjdcbs.com
印刷：四川玖艺呈现印刷有限公司

成品尺寸　　185 mm×260 mm
印张　15.75　　字数　392 千
版次　2024 年 12 月第 1 版　　印次　2024 年 12 月第 1 次

书号　ISBN 978-7-5774-0280-2
定价　49.00 元

课件咨询电话：028-81435775
图书如有印装质量问题　本社负责退换
版权所有　盗版必究　举报电话：028-87600562

前　言

党的二十大报告指出：统筹职业教育、高等教育、继续教育协同创新，推进职普融通、产教融合、科教融汇，优化职业教育类型定位。随着科技飞速发展，电子电路设计与制作已成为一项不可或缺的技术。本书旨在为初学者和有一定基础的读者提供全面而系统的电路设计与制作知识。从电子元器件的基础知识入手，详细介绍了电阻器、电容器、电感器等常见元件的原理、特性及应用，帮助读者打下坚实的理论基础。介绍电路设计软件的应用，使读者能够熟练掌握电子设计自动化（EDA）工具，提升电路设计的效率与准确性。

在项目实训部分，通过一个智能小风扇设计案例，逐步引导读者从项目需求分析到电路设计，再到 PCB 设计和生产准备。每个模块都注重实践操作，强调设计思想和系统分析，旨在帮助读者将理论知识转化为实际应用。在产品焊接与调试环节，介绍相关的仪器仪表和产品调试技巧，使读者能够完成项目的最终实现。

电路设计不仅需要扎实的理论基础，还需要丰富的实践经验。为此，本书不仅涵盖丰富的知识点和技术细节，还提供了大量的实例和图示，帮助读者更好地理解和应用所学内容。对于电子工程专业的学生、热爱电子制作的爱好者以及提升技能的职场人士，本书都是一本不可或缺的专业图书。希望读者在阅读本书时不仅能获得专业知识，更能激发读者对电子电路设计的热情与好奇。愿读者在探索电子技术的旅程中收获满满，创造出属于自己的精彩作品。

本书由成都工业职业技术学院谢珊、成都亚平领航科技有限公司邓谊樱、成都亚平领航科技有限公司苏熠担任主编。隆基绿能科技股份有限公司苏鑫、成都工业职业技术学院张良玺、成都工业职业技术学院陈富浩、成都工业职业技术学院周颖、国网四川省电力公司电力应急中心周炜、西充天宝中学蒲映红担任副主编。具体编写分工如下：谢珊负责全书的策划、统稿以及项目模块 1~项目模块 5 的编写；苏熠、邓谊樱负责提供技术资料、产品实物图片，参与项目模块 6 的编写；苏鑫负责制作配套资源，参与项目模块 7 的编写；张良玺负责课程思政建设，参与项目模块 7 的编写；陈富浩、周颖负责资源建设，参与项目模块 7 和完成项目模块 8 的编写；蒲映红负责编写教材大纲，参与项目模块 6 的编写；周炜负责把材编写进度，参与项目模块 7 的编写。

由于编者水平有限，书中难免出现疏漏、不妥之处，恳请广大读者批评指正！

编　者

2024 年 12 月

二维码目录

序号	资源名称	资源类型	资源页码
1	数字电路基础	视频	2
2	电阻的功能和分类	视频	3
3	电阻的标识方法	视频	6
4	特殊电阻	视频	18
5	电容的概念和分类	视频	20
6	电容的标识方法	视频	21
7	常见电容的介绍	视频	23
8	电感的概念和分类	视频	29
9	常见电感的介绍和标识	视频	30
10	稳压器件的工作原理及应用电路	视频	31
11	二极管的分类	视频	34
12	场效应管的介绍	视频	40
13	三极管的标识	视频	47
14	STM32最小系统绘制	视频	115
15	核心板其他模块绘制和使用（上）	视频	125
16	核心板其他模块绘制和使用（下）	视频	125
17	按键及LED灯绘制	视频	133
18	蜂鸣器模块绘制	视频	142
19	风扇控制模块绘制	视频	148
20	温度传感器模块绘制	视频	153
21	电源模块绘制	视频	156

目　录

第 1 篇　基础知识

项目模块 1　电子元器件的基础知识 002
 1.1　电阻器 003
 1.2　电容器 020
 1.3　电感器 029
 1.4　变压器 031
 1.5　二极管 033
 1.6　三极管 045
 1.7　集成电路 050
 1.8　开关件及常用接插件 060
 1.9　其他元器件 066

项目模块 2　电路设计软件介绍 076
 2.1　软件介绍 077
 2.2　软件安装 078
 2.3　嘉立创 EDA 基础知识 085

第 2 篇　项目实训

项目模块 3　智能小风扇系统分析 112
 3.1　项目需求分析 112
 3.2　项目设计思想 113

3.3 项目总体设计 113

项目模块 4 智能小风扇电路设计 115

4.1 STM32 最小系统设计 116

4.2 核心板其他模块设计 125

4.3 LED 灯及按键设计 133

4.4 蜂鸣器模块设计 142

4.5 风扇控制模块设计 148

4.6 温度传感器模块设计 153

4.7 电源模块设计 156

项目模块 5 智能小风扇 PCB 板设计 161

5.1 模块布局 162

5.2 规则设置 171

5.3 布　线 182

5.4 覆铜及 PCB 板检查 188

项目模块 6 生产准备 201

6.1 BOM 清单及 Gerber 文件 202

6.2 PCB 板打样 214

项目模块 7 产品焊接与调试 219

7.1 调试工具 220

7.2 焊接与调试 228

项目模块 8 项目总结 242

参考文献 244

第 1 篇 基础知识

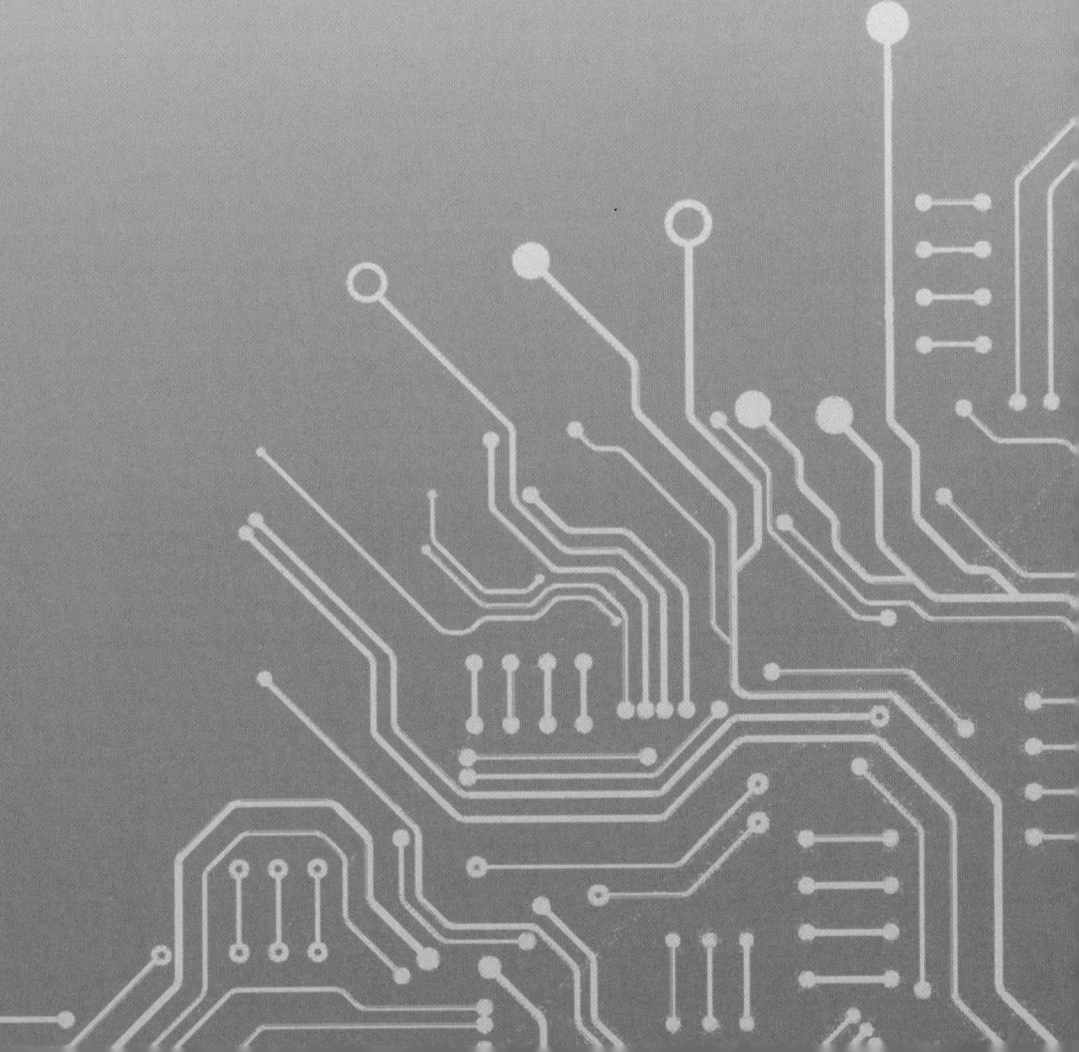

项目模块 1　电子元器件的基础知识

电子元器件作为电子电路的基础构件，其特性和应用范围在很大程度上取决于电路设计的优劣、性能的高低、成本的多少以及安全性的好坏。电子元器件包括但不限于电阻器、电容器、电感器、二极管、晶体管、集成电路等，每一种元器件都有其特定的功能和用途。了解和掌握电子元器件的基本特性和应用方法，对于设计和实现一个高效、可靠且经济的电子系统至关重要。

对于电子领域的初学者来说，学习电子元器件的基本知识是进入这一领域的第一步。通过掌握电子元器件的基础知识，初学者可以逐步理解电子电路的工作原理，为进一步的学习和实践打下坚实的基础。对于那些经验丰富的电子工程师而言，深入了解和熟练运用各类电子元器件同样是必不可少的，这不仅有助于电子工程师在设计复杂电路时做出更明智的选择，还能在面对各种技术挑战时迅速找到解决方案，从而提高工作效率和产品质量。

无论是电子领域的初学者还是资深的电子工程师，都需要不断学习和更新关于电子元器件的知识，以适应不断变化的技术要求和市场需求。只有这样，才能在激烈的竞争中保持领先地位，设计出更先进、更可靠的电子设备。

学习目标

能力目标

1. 能直观识别各种元器件。
2. 能熟练检测各种元器件。
3. 能根据元器件的标示识别元器件参数。

知识目标

1. 掌握常用元器件的标示含义。
2. 掌握常用元器件的电路图形符号。
3. 理解常用元器件的主要技术指标。
4. 掌握常用元器件的常规型号。
5. 掌握常用元器件的选用标准。

微课：数字电路基础

1.1 电阻器

在电子电路的设计和应用中，具有电阻性能的实体元件称为电阻器，简称"电阻"。电阻器在电子电路中扮演着不可或缺的角色，其应用数量在所有电子元件中名列前茅。电阻器的主要功能在于为电路提供一个电阻值，以确保电流的稳定流动，在电路中起着分流、分压、限流、偏置等作用。

1.1.1 电阻器的分类

1. 电阻器的一般分类

电阻器的分类如图 1.1 所示，其中普通电阻器为最常用的电阻器，可调电阻器的电阻值可在一定范围内改变，熔断电阻器具有过流保护功能，特殊电阻器（敏感电阻器）在光线或磁场等影响下可以改变其电阻值。

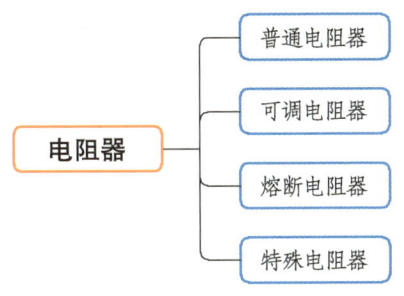

图 1.1 电阻器的分类

微课：电阻的功能与分类

2. 电阻器的其他分类

电阻器按结构形式可分为一般电阻器、可变电阻器（电位器），本节只介绍一般电阻器相关知识。

电阻器按材料可分为合金型电阻器、薄膜型电阻器。电阻器按用途可分为：
（1）普通型电阻器，允许误差为±5%、±10%、±20%等。
（2）精密型电阻器，允许误差为±0.001%～±2%。
（3）高频型电阻器，也称为无感电阻，功率可达 100 W。
（4）高压型电阻器，额定电压可达 35 kV，电阻值为 10～100 MΩ。
（5）敏感型电阻器，其电阻值对温度、压力、气体等较为敏感。
（6）熔断型电阻器，也称为保险丝电阻器。

3. 普通电阻器分类

普通电阻器主要包括：

（1）薄膜电阻器。

薄膜电阻器主要包括碳膜电阻器、合成碳膜电阻器、金属膜电阻器、金属氧化膜电阻器、化学沉积膜电阻器、玻璃釉膜电阻器、金属氮化膜电阻器，如图1.2所示。

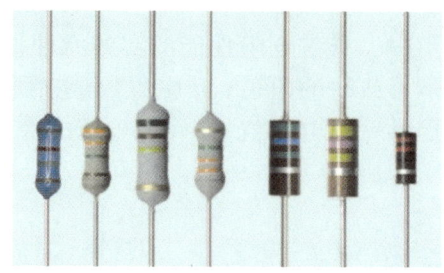

图 1.2　薄膜电阻器

（2）线绕电阻器。

线绕电阻器主要包括通用线绕电阻器、精密线绕电阻器、大功率线绕电阻器、高频线绕电阻器，其中线绕电阻器如图1.3所示。

图 1.3　线绕电阻器

（3）实心电阻器。

实心电阻器主要包括无机合成实心碳质电阻器、有机合成实心碳质电阻器。

1.1.2　电阻器电路图形符号

普通电阻器的电路图形符号如图1.4所示。R_1 中的 1 表示该电阻器在电路图中的编号为 1，1 kΩ 表示该电阻器的电阻值为 1 kΩ。

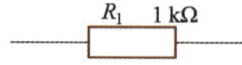

图 1.4　普通电阻器的电路图形符号

普通电阻器的电路图形符号如图1.5所示，其中图1.5（a）为国标电路图形符号，图1.5（b）为欧标和美标电路图形符号。电阻器用字母 R 表示，有 2 条引脚。

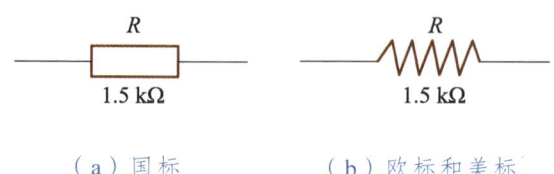

（a）国标　　　　　（b）欧标和美标

图 1.5　不同标准的普通电阻器电路图形符号

1.1.3 电阻器的主要技术指标

1. 标称电阻值

电阻器的电阻值基本单位为欧姆,用希腊字母"Ω"表示,常用的单位还有千欧(kΩ)、兆欧(MΩ)等。

用户在使用过程中最关心的是电阻器的电阻值有多大,这一电阻值称为电阻器的标称电阻值,如某电阻器的标称电阻值为 9 kΩ。

电阻值是电阻器的主要参数之一,不同类型电阻器的电阻值范围不同,不同精度电阻器的电阻值系列不同。电阻器的标称电阻值分为 E6、E12、E24、E48、E96、E192 共 6 个系列,分别适用于允许偏差为±20%、±10%、±5%、±2%、±1%和±0.5%的电阻器。E24 系列为常用电阻器系列,E48、E96、E192 系列为高精密电阻器系列。

在电路设计过程中,需要根据电路要求选用不同等级允许偏差的电阻器,这就需要在不同系列中寻找相应的电阻器。同时,根据电路设计中计算结果得到电阻值后,也需要在不同系列中寻找相应的电阻器,有些电阻值只在特定的系列中才出现。

2. 精度

在电阻器生产过程中,考虑生产成本以及技术方面的原因,无法制造与标称电阻值完全一致的电阻器,不可避免存在着一些偏差。所以,电阻器有一个允许的偏差参数,实际电阻值与标称电阻值的相对误差称为电阻器的精度,也称为允差。

不同电路中,由于对电路性能的要求不同,也可以选择不同偏差的电阻器,这需要综合考虑生产成本和产品质量之间的平衡关系。偏差大的电阻器成本低,可以有效地降低整个电路的生产成本。

普通电阻器的精度可分为±5%、±10%、±20%;精密电阻器的精度可分为±2%,±1%,±0.5%,…,±0.001%共 10 多种系列。在电子产品设计中,可根据电路的不同要求选用不同精度的电阻器。

3. 额定功率

额定功率是电阻器的一个常用参数,是指在规定的大气压力下和特定的环境温度范围内电阻器所允许承受的最大功率,单位用 W 来表示,电子电路中一般使用 1/8 W 的电阻器。通常电阻器的额定功率越大,其体积也越大。

4. 温度系数

电阻器的温度系数是指温度每变化 1 ℃所引起电阻器的电阻值相对变化量。电阻器的电阻值随温度升高而增大,该类电阻器称为正温度系数电阻器;电阻器的电阻值随温度升高而降低,该类电阻器称为负温度系数电阻器。温度系数越小,电阻器的稳定性越好。在衡量电阻器温度稳定性时,使用温度系数来表示。电阻器温度系数可表示为

$$\alpha_r = \frac{R_2 - R_1}{R_1(t_2 - t_1)}$$

式中　R_1——温度为 t_1 时的电阻值;

R_2——温度为 t_2 时的电阻值。

金属膜、合成膜等电阻器具有较小的正温度系数，碳膜电阻器具有负温度系数。适当控制材料及加工工艺可以制成温度稳定性高的电阻器。

5. 非线性特性

流过电阻器的电流与加在电阻器两端的电压不成正比关系时，这种伏-安特性称为非线性特性。一般金属型电阻器的线性度很好，非金属型电阻器的线性度差。

6. 噪声

噪声是指电流流过电阻器时在电阻器中产生的一种不规则起伏电压，包括热噪声和电流噪声。任何电阻器都有热噪声，降低电阻器的工作温度可以减少热噪声；电流噪声与电阻器的微观结构有关。合金型电阻器无电流噪声，薄膜型电阻器的电流噪声较小，合成型电阻器的电流噪声最大。

7. 极限电压

电阻器两端的电压增加到一定值时电阻器会发生烧毁现象，使电阻器损坏，该电压称为电阻器的极限电压，极限电压与电阻器的尺寸及结构有关。

1.1.4　电阻器的标志及含义

电阻器有多项技术指标，但由于表面积有限以及对参数的关注程度不同，电阻器一般只标示出电阻值、精度、材料、功率等。对于 1/8～1/2 W 的小电阻器，通常只标注电阻值和精度、材料及功率，由外形尺寸及颜色可以判断。电阻器参数的标示方法一般采用色码标示法、文字符号直标法。

微课：电阻的标识方法

1. 色码标示法

小功率电阻器一般采用色码标示法，特别是 0.5 W 以下的碳膜电阻器和金属膜电阻器。电阻器色标的基本色环及意义如表 1.1 所示。

表 1.1　电阻器的色环表

色别	第一环	第二环	第三环	第四环	第五环	
	第一位数	第二位数	第三位数	应乘倍数		精度
棕	1	1	1	10^1	F	±1%
红	2	2	2	10^2	G	±2%
橙	3	3	3	10^3		
黄	4	4	4	10^4		
绿	5	5	5	10^5	D	±5%
蓝	6	6	6	10^6	C	±0.2%
紫	7	7	7	10^7	B	±0.1%

续表

色别	第一环 第一位数	第二环 第二位数	第三环 第三位数	第四环 应乘倍数	第五环 精度	
灰	8	8	8	10^8		
白	9	9	9	10^9		
黑	0	0	0	10^0	K	±10%
金	—	—	—	10^{-1}	J	±5%
银	—	—	—	10^{-2}	K	±10%

电阻器的色环及含义如图 1.6 所示，电阻器按色环可分为：

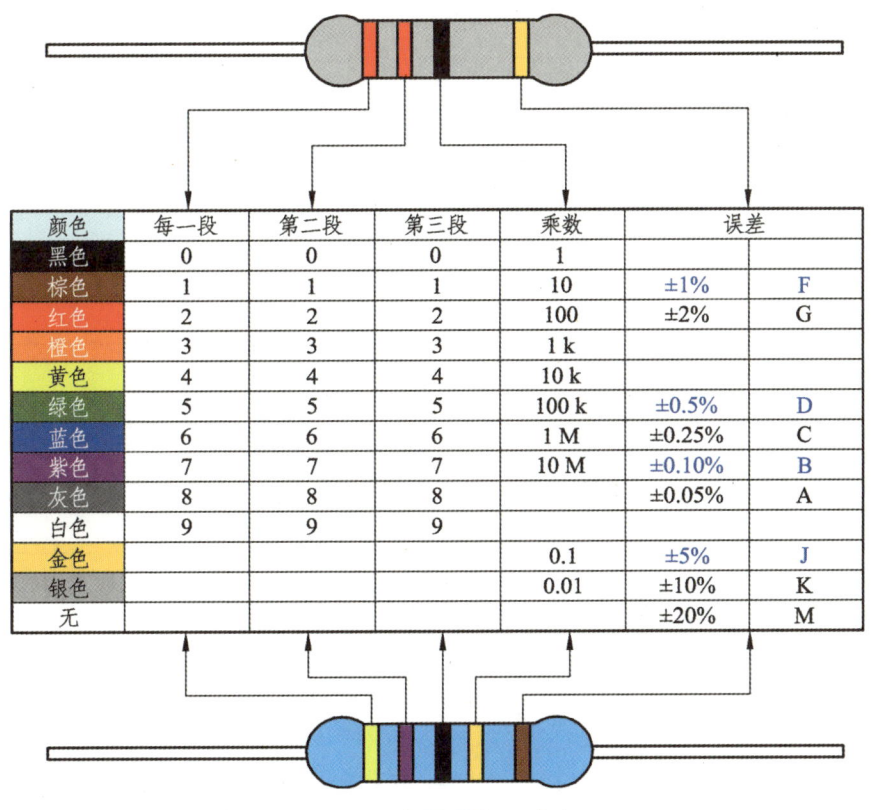

图 1.6 电阻器色环含义

（1）三环色标电阻器：表示标称电阻值（精度均为±20%）。
（2）四环色标电阻器：表示标称电阻值及精度。
（3）五环色标电阻器：表示标称电阻值（三位有效数字）及精度。
为了避免混淆，电阻器上第五色环宽度是其他色环宽度的 1.5～2 倍。

2. 文字符号直标法

（1）标称电阻值。
电阻器的标称电阻值单位包括 Ω（欧）、kΩ（千欧）、MΩ（兆欧）、GΩ（吉欧）、TΩ

（太欧）。1 kΩ=10^3 Ω，1 MΩ=10^6 Ω，1 GΩ=10^9 Ω，1 TΩ=10^{12} Ω。

文字符号直标法主要用于体积较大的电阻器，将标称电阻值和允许偏差直接用数字标在电阻器上。例如，在某电阻器上标出 1 kΩ，允许偏差为±10%，显然这种表示方式方便识别。

在文字符号直标法中，对于 5.7 kΩ 的电阻器，如果在印刷或使用中将小数点漏掉，这样 5.7 kΩ 的电阻器会被误认为是 57 kΩ 的电阻器。为了避免这类失误，可采用字母数字混标法来解决这一问题，将 5.7 kΩ 的电阻器标示为 5k7，采用 k 来表示小数点。一般采用 Ω、k、M 取代小数点，例如：0.10 Ω 可标示为 Ω1，3.6 Ω 可标示为 3Ω6，3.3 kΩ 可标示为 3k3，2.7 MΩ 可标示为 2M7。字母数字混标法电阻器的应用实例如表 1.2 所示。

表 1.2　字母数字混标法电阻器应用实例

标称电阻值	表示方式	标称电阻值	表示方式
0.1 Ω	R10	3.3 kΩ	3k3
0.12 Ω	R12	3.9 MΩ	3M9
0.59 Ω	R59	1 000 MΩ	1G
1 Ω	1R0	3 300 MΩ	3G3
1.5 Ω	1R5	10^6 MΩ	1T
1 kΩ	1k		

（2）精度。

普通电阻器精度分为±5%、±10%、±20%三种，在电阻器标称值后标明Ⅰ（J）、Ⅱ（K）、Ⅲ（M）符号。精密电阻器的精密等级可用不同符号标明，如表 1.3 所示。

表 1.3　精密电阻器的精密等级

精度等级/%	±0.001	±0.002	±0.005	±0.01	±0.02	±0.05	±0.1	±0.2	±0.5	±1	±2	±5	±10	±20
精度符号	E	X	Y	H	U	W	B	C	D	F	G	J	K	M

（3）功率。

一般情况下 2 W 以下功率的电阻器不标出功率，但是可以通过外形尺寸来判断；2 W 以上功率的电阻器，在电阻器上以数值方式标出其功率。

（4）材料。

一般情况下 2 W 以下的小功率电阻器，不标出电阻器材料。对于普通碳膜电阻器和金属膜电阻器，可以通过外表颜色来判定。一般情况下碳膜电阻器涂有绿色或棕色，金属膜电阻器涂有红色或棕色。2 W 以上功率的电阻器大部分在电阻器上以符号标出，电阻器材料及符号含义如表 1.4 所示。

表 1.4　电阻器材料及符号

符号	T	J	X	H	Y	C	S	O	N
材料	碳膜	金属膜	线绕	合成膜	氧化膜	沉积膜	有机实心	玻璃釉膜	无机实心

1.1.5 贴片电阻器简介

贴片电子元件通常称为表面贴装技术（Surface Mounted Technology，SMT）元件，以其高组装密度和小巧轻便的特性在电子制造领域备受青睐。与传统插装元件相比，SMT元件的体积和质量约为插装元件的十分之一。采用SMT封装后，电子产品的体积可减少40%~60%，质量可减轻60%~80%，这使得SMT元件在追求小型化和轻量化的现代电子产品设计中扮演着至关重要的角色。

SMT元件以其卓越的可靠性、出色的抗震性能以及极低的焊点缺陷率著称。SMT元件的自动化生产流程不仅提高了制造效率，还显著降低了生产成本，生产成本降幅可达30%~50%。正因如此，SMT元件在手机、计算机以及其他众多追求小型化的电子设备中得到了广泛应用。部分贴片电阻器封装如图1.7所示。

图 1.7 贴片电阻器封装

1. 贴片电阻器命名方法

贴片电阻器命名方法如表 1.5 所示。

表 1.5 贴片电阻器的命名方法

产品代号		型号		电阻器温度系数		电阻值		电阻值误差	
		代号	型号	代号	T.C.R	表示方式	电阻值	代号	误差值
RC	片状电阻器	02	0402	K	≤±100×10/℃	E-24	前2位表示有效数字 第3位表示零的个数	F	±1%
		03	0603	L	≤±250×10/℃			G	±2%
		05	0805	U	≤±400×10/℃	E-96	前3位表示有效数字 第4位表示零的个数	J	±5%
		06	1206	M	≤±500×10/℃			0	跨接电阻器
示例	RC	05		K		103		J	
备注	小数点用R表示，例如，E-24：1R0=1.0 Ω，103=10 kΩ；E-96：1003=100 kΩ；跨接电阻器采用"000"表示								

2. 贴片电阻器的封装与尺寸

贴片电阻器的封装与尺寸的关系如表 1.6 所示。

表 1.6　贴片电阻器的封装与尺寸

英制/mil	米制/mm	长（L）/mm	宽（W）/mm	高（H）/mm
0201	0603	0.60±0.05	0.30±0.05	0.23±0.05
0402	1005	1.00±0.10	0.50±0.10	0.30±0.10
0603	1608	1.60±0.15	0.80±0.15	0.40±0.10
0805	2012	2.00±0.20	1.25±0.15	0.50±0.10
1206	3216	3.20±0.20	1.60±0.15	0.55±0.10
1210	3225	3.20±0.20	2.50±0.20	0.55±0.10
1812	4832	4.50±0.20	3.20±0.20	0.55±0.10
2010	5025	5.00±0.20	2.50±0.20	0.55±0.10
2512	6432	6.40±0.20	3.20±0.20	0.55±0.10

部分贴片电阻器的封装如图 1.8 所示。

图 1.8　贴片电阻器封装

3. 贴片电阻器封装与功率的关系

贴片电阻器封装与功率的关系主要包括：
（1）0201 封装，功率为 1/20 W。
（2）0402 封装，功率为 1/16 W。
（3）0603 封装，功率为 1/10 W。
（4）0805 封装，功率为 1/8 W。
（5）1206 封装，功率为 1/4 W。

4. 贴片电阻器参数表示方法

（1）三位数表示法。

三位数表示法的贴片电阻器实物如图 1.9 所示，其体积非常小，没有引脚但是两端分别有焊盘。

图 1.9　三位数表示法的贴片电阻器

当贴片电阻器的电阻值精度为±5%时,采用三个数字表示:
① 电阻值小于 10 Ω 的电阻器,在 2 个数字之间补加"R"。
② 电阻值大于 10 Ω 的电阻器,最后一位数字表示增加的零的个数。
如:4.7 Ω 可表示为 4R7;100 Ω 可表示为 101;1 MΩ 可表示为 105。
(2)四位数表示法。
四位数表示法的贴片电阻器实物如图 1.10 所示。

图 1.10　四位数表示法的贴片电阻器

当贴片电阻器的电阻值精度为±1%时,则采用四个数字表示:
① 前面三个数字为有效数,第四位表示增加的零的个数。
② 电阻值小于 10 Ω 的电阻器,仍在第二位补加"R"。
③ 电阻值为 100 Ω 的电阻器,则在第四位补 0。
如:4.7 Ω 可表示为 4R70;100 Ω 可表示为 1000;1 MΩ 可表示为 1004;10 Ω 可表示为 10R0。

1.1.6　常用电阻器的特点及应用

1. 薄膜类电阻器

(1)金属膜电阻器。

金属膜电阻器的型号为 RJ,具有工作环境温度范围广(-55~125 ℃)、温度系数小、噪声低、体积小的特点。与碳膜电阻器相比,在相同体积下金属膜电阻器的额定功率比碳膜电阻器的额定功率大 1 倍。

金属膜电阻器在稳定性要求较高的电路中应用非常广泛,其额定功率一般包括 0.125 W、0.25 W、0.5 W、1 W、2 W 等;标称电阻值一般为 100 Ω ~ 100 MΩ;精度等级为±5%、±10%等。

(2)金属氧化膜电阻器。

金属氧化膜电阻器的型号为 RY,具有极好的脉冲、高频和过负荷特性;机械性能好,坚硬、耐磨;在空气中不会氧化,因而化学稳定性好。金属氧化膜电阻器的电阻值范围窄,温度系数比金属膜电阻器的大,外形与金属膜电阻器相似。

(3)碳膜电阻器。

碳膜电阻器的型号为 RT,是一种应用最早、最广泛的薄膜型电阻器。碳膜电阻器的电阻值范围宽，一般为 100 Ω ~ 10 MΩ；额定功率为 0.125 ~ 10 W；精度等级为±5%、±10%、±20%。

碳膜电阻器的体积比金属膜电阻器大，其温度系数为负值。碳膜电阻器的最大特点是价格低廉，在电子产品中被广泛应用。碳膜电阻器的外表通常为绿漆。

2. 合金类电阻器

（1）精密线绕电阻器。

精密线绕电阻器的型号为 RX，在量测仪表或要求高的电路中一般采用精密线绕电阻器。精密线绕电阻器的精度一般为±0.01%，最高可达±0.005%或更高；温度系数小于 $10^{-6}/℃$，长期工作稳定性高；电阻值范围为 0.010 ~ 10 MΩ。精密线绕电阻器由于工艺为线绕方式，分布参数大，不适宜在高频电路中使用。

（2）功率型线绕电阻器。

功率型线绕电阻器的型号为 RX，其额定功率在 2 W 以上，电阻值范围从 0.15 kΩ 到数百千欧，精度等级为±5% ~ ±20%，最大功率可达 200 W。功率型线绕电阻器又分为固定式和可调式，其中可调式功率型线绕电阻器是从电阻器上引出一个滑动头来调节该电阻器的电阻值。

（3）精密合金箔电阻器。

精密合金箔电阻器具有自动补偿电阻器温度系数功能，在较宽的温度范围内保持极小的温度系数，因而具有高精度、高频特性好的特点，弥补了金属膜电阻器和绕线电阻器的不足。精密合金箔电阻器的精度可达±0.001%，稳定性为$±5×10^{-5}$%/年，温度系数为$±1×10^{-6}/℃$。

目前，国内生产的金属箔电阻器型号有 RJ711 型。

3. 合成类电阻器

合成类电阻器最突出的优点是可靠性高，如优质实心电阻器的可靠性通常要比金属膜电阻器和碳膜电阻器高出 5 ~ 10 倍。合成类电阻器的电性能较差，如噪声大、线性度差、精度低、高频特性不好等，但具有高可靠性，仍应用于一些特殊领域，如宇航工业、海底电缆等。

合成类电阻器种类较多，按电阻器体形不同可分为实心电阻器、漆膜电阻器，按黏结剂种类不同可分为有机型（如酚醛树脂）电阻器和无机型（如玻璃、陶瓷等）电阻器，按用途不同可分为通用型电阻器、高阻型电阻器、高压型电阻器等。

常见的合成类电阻器主要包括：

（1）实心电阻器。

实心电阻器的型号为 RS，常见型号为 RS11 型，其电阻值范围为 4.70 ~ 22 MΩ，精度为±5%、±10%、±20%，相同功率时实心电阻器的体积与金属电阻器的体积相当。

（2）高压合成膜电阻器。

高压合成膜电阻器的国内常见型号包括 RHY-10 型和 RHY-35 型，其中 RHY-10 型的耐压为 10 kV，RHY-35 型的耐压可达 35 kV，电阻值范围为 0.5 ~ 1 000 MΩ；

高压合成膜电阻器的精度包括±5%和±10%。

（3）真空兆欧合成膜电阻器。

真空兆欧合成膜电阻器为高阻型，型号为 RH。高于 10 MΩ 的电阻器大部分为合成膜电阻器，国内常见型号为 RHZ 型。真空兆欧合成膜电阻器的电阻值范围为 10～100 MΩ；允许误差为±5%、±10%。

（4）金属玻璃釉电阻器。

金属玻璃釉电阻器的型号为 RI，一般以无机材料做黏结剂，采用印刷烧结工艺在陶瓷基体上形成电阻膜，这种电阻膜的厚度要比普通薄膜类电阻器的膜厚。金属玻璃釉电阻器具有较高的耐热性和耐潮性，一般制成小型化片状电阻器。

随着电子技术的发展，电路中常需要一些电阻器网络，如计算机中的 A/D、D/A 转换等。这些电阻器网络往往需要精度高、温度系数小的电阻器。如果采用分立元件不仅工作量大，难以达到技术要求。采用掩膜技术、光刻技术、烧结技术等综合工艺，可在一块基片上制成电阻网络即集成电阻器，可以满足电路要求。

4. 敏感电阻器

敏感电阻器也称半导体电阻器，根据不同材料和制作工艺可以对温度、光通量、湿度、压力、磁通、气体浓度等物理量起敏感作用。敏感电阻器主要包括热敏、压敏、光敏、湿敏、磁敏、气敏、力敏等不同类型的电阻器，利用这些敏感电阻器可以构成检测相应物理量的探测器及无触点开关等。各类敏感电阻器按其输入-输出关系可分为"缓变形"和"突变性"两种。敏感电阻器广泛应用于测试技术和自动化技术等领域，这类电阻器发展较快，详细应用可参阅有关厂家的产品手册及相关书籍。

1.1.7 电位器的基础知识

电位器是一种可调电阻器，其封装包括 3 条引脚，其中 2 条引脚为固定端，1 条引脚为滑动端（也称中心抽头）。滑动端在 2 条固定端之间的电阻器上做机械运动，使其与固定端之间的电阻发生变化。电位器及可调电阻器的封装如图 1.11 所示。

图 1.11　电位器及可调电阻器

1. 电位器的符号

电位器的电路图形符号采用 RP 来表示。电位器和可调电阻器的电路图形符号如图 1.12 所示，标出了电位器和可调电阻器的 3 条引脚，中间引脚为动片引脚。

图 1.12　电位器和可调电阻器的电路图形符号

2. 电位器的主要技术指标

衡量电位器质量的技术参数很多。对于一般电子产品来说,电位器较为重要的技术指标包括标称电阻值、额定功率、滑动噪声、分辨力、电阻值变化规律、电位器的轴长与轴承端结构。

(1) 标称电阻值。

电位器的标称电阻值一般指标在产品上的名义电阻值,其系列与电阻器的系列类似。实测电阻值与标称电阻值的误差范围,根据不同精度等级可分为±20%、±10%、±5%、±2%、±1%,精密电位器的精度可达±0.1%。

(2) 额定功率。

电位器的额定功率是指电位器两条固定端允许耗散的最大功率,在使用时应注意额定功率不等于中心抽头与固定端的功率。电位器的额定功率系数一般为 0.063、0.125、0.25、0.5、0.75、1、2、3。线绕电位器的功率系列包括 0.5、0.75、1、1.6、3、5、10、16、25、40、63、100,单位为 W。

(3) 滑动噪声。

电位器的滑动噪声是指电刷在电阻器上滑动时,电位器的滑动端与固定端的电压出现无规则的起伏现象,是由电阻率分布的不均性和电刷滑动时接触电阻的无规律变化引起的。

(4) 分辨力。

电位器的分辨力是指对输出量可实现的最精细调节能力,绕线电位器不如非绕线电位器的分辨力高。

(5) 电阻值变化规律。

电位器的电阻值变化规律包括线性变化规律、指数变化规律和对数变化规律,此外,根据不同需要还可以制成其他函数(如正弦、余弦)规律变化的电位器。

(6) 电位器的轴长与轴承端结构。

电位器的轴长是指安装基准面到轴端的尺寸,如图 1.13 所示。轴长尺寸 L 系列值包括 6、10、12.5、16、25、30、40、50、63、80,单位为 mm;轴的直径系列包括 2、3、4、6、8、10,单位为 mm。

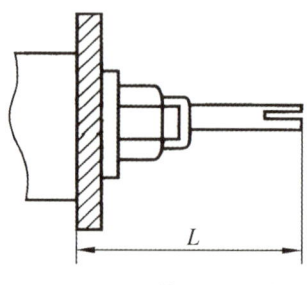

图 1.13　电位器的轴长

3. 电位器的类别与型号

电位器的种类繁多，用途各异，通常可按材料、用途、电阻值变化规律、结构特点、调节方式等进行分类。常见电位器的种类如表 1.7 所示。

表 1.7 电位器的种类

分类方式			举 例
材料	合金型	线绕	线绕电位器（WX）
		金属箔	金属箔电位器
	薄膜型		金属膜电位器（WJ）、金属氧化膜电位器（WY）、复合膜电位器（WH）、碳膜电位器（WT）
	合成型	有机	有机实心电位器（WS）
		无机	无机实心电位器、金属玻璃釉电位器（WI）
	导电塑料		直滑式（LP）电位器、旋转式（CP）电位器
用途			普通、精密、微调、功率、高频、高压、耐热等电位器
电阻值变化规律	线性		线性电位器（X）
	非线性		对数式（D）、指数式（Z）、正余弦式等电位器
结构特点			单圈、多圈、单联、多联、有止挡、带推拉开关、带旋转开关等电位器
调节方式			旋转式电位器、直滑式电位器

4. 电位器的标示

电位器标示方法主要为直标法，通常将标称电阻值及允许偏差、额定功率和类型标注在电位器的外壳上，一些小型电位器只标出标称电阻值。

例1：某电位器外壳的标注为 W51K-0.5/X。

该类型电位器标注所表示的含义：

（1）该类电位器的标称电阻值为 51 kΩ。

（2）该类电位器的额定功率为 0.5 W。

（3）该类电位器为 X 型电位器。

例2：某电位器外壳的标注为 WT-23.3kΩ±10%。

该类型电位器标注所表示的含义：

（1）该类电位器为碳膜电位器。

（2）标称电阻值为 23.3 kΩ。

（3）精度为±10%。

例3：某电位器外壳的标注为 WX-1W5100J。

该类型电位器标注所表示的含义：

（1）该类电位器为线绕电位器。

（2）标称功率为 1 W。

（3）精度为±5%。

上述 3 个实例中的型号 W 表示电位器，材料符号与电阻器材料符号相同。

5. 常用电位器

（1）线绕电位器。

线绕电位器的型号为 WX，是指利用电阻器合金线在绝缘骨架上绕制而成的电位器，其外形如图 1.14 所示，常用于精密电位器和大功率电位器。国内精密线绕电位器的线性精度可达 0.1%，大功率电位器的功率可达 100 W 以上。

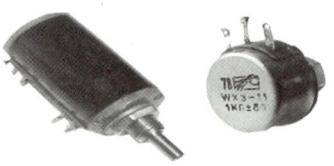

图 1.14　线绕电位器

线绕电位器的性能特点主要包括：

① 精度易于控制，稳定性好。

② 电阻器的温度系数小、噪声小、耐高温。

③ 电阻器的电阻值范围较窄，一般为几欧到几十千欧。

（2）合成碳膜电位器。

合成碳膜电位器的型号为 WH，具有分辨力高、变化均匀、范围宽（100 Ω～5 MΩ）的特点，功率一般包括 0.125 W、0.5 W、1 W、2 W 等，但精度较差（一般为±20%），耐温及耐潮性差，使用寿命短。由于合成碳膜电位器的成本低，因而广泛用于家用电器产品中，如收音机、电视机等。合成碳膜电位器的电阻值变化规律分为线性和非线性，按轴端形式可分带锁紧和不带锁紧两种。合成碳膜电位器如图 1.15 所示。

图 1.15　合成碳膜电位器

（3）有机实心电位器。

有机实心电位器的型号为 WS，其电阻值范围为 47 Ω～4.7 MΩ，功率范围为 0.25～2 W，精度包括±5%、±10%、±20%。有机实心电位器具有结构简单、体积小、寿命长、可靠性好的特点，但是其缺点是噪声大、起动力矩大，这种电位器多用于对可靠性要求较高的电子仪器。有机实心电位器分为带锁紧和不带锁紧两种，其轴端尺寸与形状有不同规格。

有机实心电位器如图 1.16 所示。

图 1.16　有机实心电位器

（4）多圈电位器。

多圈电位器属于一种精密电位器，电阻值调整精度高，调节范围最多可达40圈。多圈电位器的种类也有很多，常见的多圈电位器如图1.17所示。

图1.17　多圈电位器

当电阻值在较大范围内微调时，可选用多圈电位器。多圈电位器包括线绕式、薄膜式和导电塑料式等类型，按调节方式可分为螺旋式（指针）、螺杆式等类型。

（5）导电塑料电位器。

导电塑料电位器具有耐磨性好、接触可靠、分辨力高的特点，其寿命可达线绕电位器的100倍，但耐潮性差。

（6）其他电位器。

除了上述各种接触式电位器外，还有非接触式电位器，如光敏电位器、磁敏电位器。非接触式电位器没有与电阻器体做机械接触的电刷，克服了接触电阻不稳定、滑动噪声及断线等缺点。

1.1.8　熔断电阻器的基础知识

熔断电阻器又称保险电阻器，是一种具有电阻器和熔丝双重作用的元器件，其作用主要以过流保护为主。

1. 熔断电阻器封装特征

熔断电阻器的封装与电阻器基本相同，其封装特征主要包括：

（1）熔断电阻器的封装比普通电阻器略粗、长一些，其2条引脚不分正极和负极。

（2）熔断电阻器的标称电阻值较小，只有几欧到100Ω，一般采用色标方式标识。

（3）熔断电阻器主要用于直流电源电路和一些需要进行过流保护的电路，在电路中的安装方式与普通电阻器一样。

熔断电阻器按其工作方式可分为：

（1）可修复型熔断电阻器。

可修复型熔断电阻器采用低熔点焊料焊接在一根弹性金属片上，当负荷过大、温度过高时低熔点焊料的焊点就会熔化，弹性金属片便会自动脱开焊点使电路开路。

（2）不可修复型熔断电阻器。

不可修复型熔断电阻器在承受超负荷电流时会使电阻器膜层或绕组线匝熔断。

不可修复型熔断电阻器的工作原理：当过载引起温度上升并达到设定温度时，涂有熔断料的电阻器膜层或绕组线匝就自动熔断，导致电路断开。

熔断电阻器按其材料又可分为线绕型、碳膜型、金属膜型、氧化膜型和化学沉积膜型等，其中膜式熔断电阻器的应用最为广泛。

2. 熔断电阻器电路图形符号

目前熔断电阻器的电路图形符号还没有统一规定，各制造厂商有自己的规定。熔断电阻器在电路中一般采用 R 来表示。

3. 熔断电阻器重要特性

熔断电阻器的重要特性主要包括：
（1）不可修复型熔断电阻器是一次性的，其熔断后呈开路状态，无法恢复正常。
（2）电路在正常工作时，熔断电阻器起电阻器的作用，允许电流通过。当电路中出现过流故障并且流过熔断电阻器的电流大于其熔断电流时，熔断电阻器迅速无声、无烟、无火地熔断，相当于一个熔丝，起到了过流熔断的作用，能防止因过流而烧坏电路中的其他元器件。

1.1.9 常见的特殊电阻器

1. 热敏电阻器

普通电阻器的电阻值受温度变化的影响很小，但是热敏电阻器完全不同，其电阻值随温度的变化而变化，是一种用温度控制电阻值的电阻器。

热敏电阻器封装如图 1.18 所示，有 2 条引脚，不分正极和负极，形状似瓷片电容器，图 1.18（a）是圆片形热敏电阻器的封装，图 1.18（b）为热敏电阻器的电路图形符号。

微课：特殊电阻

此外，热敏电阻器还有多种形状，如球形、杆状、管形、圆圈形等。

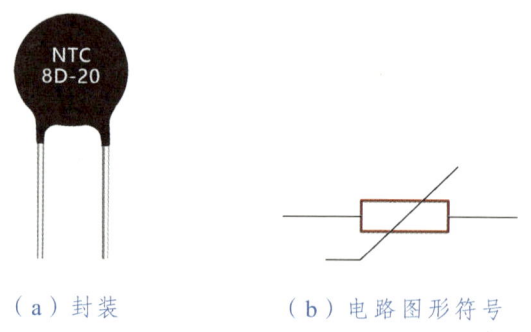

（a）封装　　　　（b）电路图形符号

图 1.18　热敏电阻器封装及电路图形符号

热敏电阻器按温度系数的不同可分为正温度系数（Positive Temperature Coefficient，PTC）和负温度系数（Negative Temperature Coefficient，NTC）两大类。

PTC 热敏电阻器的电阻值随着温度升高而增大，NTC 热敏电阻器的电阻值随着温度升高而减小。

2. 压敏电阻器

压敏电阻器的特点是当外加电压增加到某一临界值（标称电压值）时，其电阻值将急剧减小。压敏电阻器利用具有非线性伏-安特性的半导体材料制成，主要包括碳化硅压敏电阻器和氧化锌压敏电阻器，其中氧化锌压敏电阻器具有更多的优良特性。压敏电阻器的封装及其电路图形符号如图1.19所示。

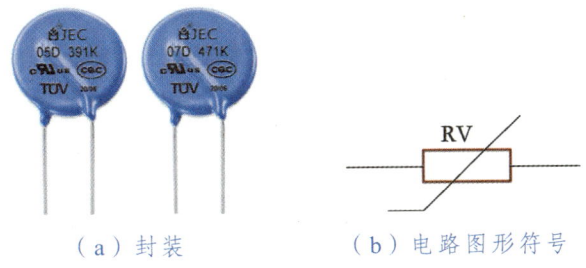

（a）封装　　　　　　（b）电路图形符号

图1.19　压敏电阻器封装及电路图形符号

3. 光敏电阻器

光敏电阻器大多数是由半导体材料制成的，利用半导体的光导特性使电阻器的电阻值随射入光线的强弱发生改变。光敏电阻器主要由玻璃基片、光敏层、电极组成。光敏电阻器的外形结构多为片形，其封装和电路图形符号如图1.20所示。

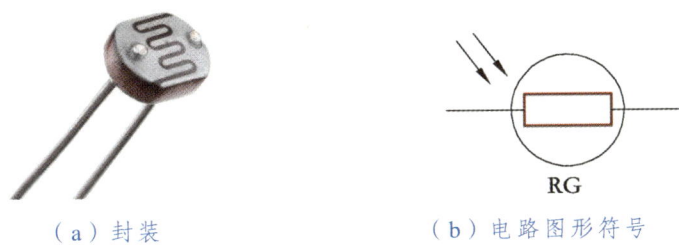

（a）封装　　　　　　（b）电路图形符号

图1.20　光敏电阻器封装及电路图形符号

4. 湿敏电阻器

湿敏电阻器由感湿层、电极、绝缘体组成，主要包括氯化锂湿敏电阻器、碳湿敏电阻器、氧化物湿敏电阻器，具有灵敏度低、电阻值受温度影响大、易老化的特点，应用较少。湿敏电阻器的封装及电路图形符号如图1.21所示。

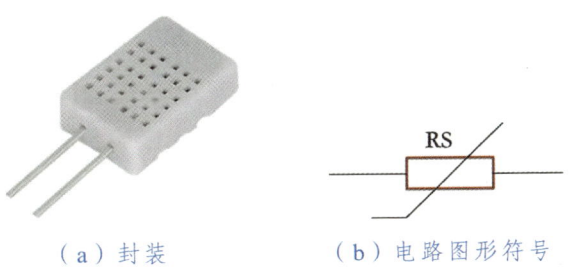

（a）封装　　　　　　（b）电路图形符号

图1.21　湿敏电阻器封装及电路图形符号

1.2 电容器

1.2.1 认识电容器

电容器在电子仪器中是一种必不可少的基础元件。在电子电路中，电容器起到耦合、滤波、隔直流和调谐等作用，其基本结构是在 2 个相互靠近的导体之间夹一层不导电的绝缘材料（介质）。电容器是一种储能元件，可在介质两边储存一定的电荷，储存电荷的能力可以用电容值表示，基本单位是法拉，用 F 表示。由于法拉的单位太大，因而电容值的常用单位为 μF（微法）和 pF（皮法，又称微微法）。

1 F=1 000 mF，1 mF=1 000 μF，1 μF=1 000 nF，1 nF=1 000 pF。

常规电容器如图 1.22 所示。

图 1.22　常规电容器

电容器一般采用大写字母 C 来表示，C 是英文 Capacitor（电容器）的缩写。普通电容器的电路图形符号如图 1.23 所示。

（a）普通电容器　　　　　　（b）电解电容器

图 1.23　电容器的电路图形符号

1.2.2 电容器的主要技术参数

1. 标称电容值及精度

电容器的标称电容值是电容器的基本参数，标称电容值标在电容器上，不同类型的电容器有不同系列的标称值，常用的标称系列与电阻器标称值类似。

值得注意的是，某些电容器的体积过小，在标识标称电容值时一般不标电容器符号，只标出标称电容值，这就需要使用者根据电

微课：电容的概念和分类

容器的材料、外形尺寸、耐压等因素加以判断，以正确识别电容器。

电容器的电容值精度等级较低，一般允许误差在±5%以上，最大允许误差可达 50%或者-20%。

2. 额定电压

电容器两端施加电压后，能保证长期工作而不被击穿的电压称为电容器的额定电压，额定电压系列随电容器类别不同而有所区别。额定电压的数值通常都标在电容器上。

3. 损耗角正切值

电容器介质的绝缘性能取决于材料及厚度，绝缘电阻越大则漏电流越小。漏电流的存在，将使电容器消耗一定电能，漏电流与电容充电电流之比为电容器的损耗角正切值。

4. 温度系数

电容器的温度系数表示电容器的电容值随温度变化而变化的特性（温度特性），通常是以 20 ℃基准温度的电容值与有关温度电容值的百分比来表示，电容器的温度系数符号为 α。

5. 漏电流

电容器的漏电流是指直接流过电容器两极板的电流，此电流愈小愈好。

6. 绝缘电阻

电容器的绝缘电阻又称漏电阻，是产生漏电流的电阻，在漏电流增大时绝缘电阻变小。当电容器的容量较小时，电容器的绝缘电阻主要取决于电容器的表面状态；当电容值大于 0.1 μF 时，电容器的绝缘电阻主要取决于介质的性能。

1.2.3 电容器型号的命名方法

根据国家的相关标准规定，电容器型号由 4 部分内容组成，其中第三部分作为补充说明电容器的某些特征，如无说明则电容器型号只需由 3 部分组成，即 2 个字母、1 个数字。大多数电容器由 3 部分内容组成。电容器型号的命名格式如图 1.24 所示。

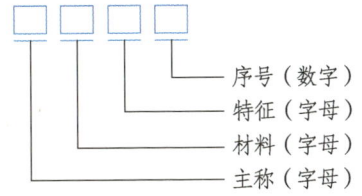

图 1.24 电容器型号命名格式　　微课：电容的标识方法

电容器的标识内容如表 1.8 所示。

表 1.8 电容器的标识

第一部分（主称）		第二部分（材料）		第三部分（特征）	
符号	含义	符号	含义	符号	含义
C	电容器	C	瓷介	W	微调
		Y	云母		
		I	玻璃釉		
		O	玻璃（膜）		
		B	聚苯乙烯		
		F	聚四氟乙烯		
		L	涤纶		
		S	聚碳酸酯	J	金属膜
		Q	漆膜		
		Z	纸介		
		H	混合介质		
		D	铝电解		
		A	钽		
		N	铌		
		T	钛		

例如：CY5101 表示云母电容器，精度为 1 级（±5%），电容值为 510 pF；CL1nK 表示涤纶电容器，精度为 K 级（±10%），电容值为 1 nF；CC223 表示瓷介电容器，精度为 Ⅲ 级（±20%），电容值为 0.22 μF；CBB120.47Ⅱ 表示聚丙烯电容器，精度为 2 级（±10%），电容值为 0.47 μF。

一般电容器的主体上除标有上述符号外，还标有标称容量、额定电压、精度与技术条件等。

1.2.4 电容器的容量标识

1. 直标法

电容器的电容值单位为 F（法拉）、mF（毫法）、μF（微法）、nF（纳法）、pF（皮法或微微法），一般 1 mF=10^{-3} F，1 μF =10^{-6} F，1 nF=10^{-9} F，1 pF=10^{-12} F。

例如：4n7 表示 4.7 nF 或 4 700 pF；0.22 表示 0.22 μF；510 表示 510 pF。

没标单位的读法：当电容值在 1~（10^5-1）pF 之间时，读为 pF，如 510 pF；当电容值大于 10^5 pF 时，读为 μF，如 0.22 μF。

用大于 1 的 3 位以上数字表示，电容值单位为 pF；用小于 1 的数字表示，电容值单位为 μF。

2. 数码表示法

一般采用三位整数来表示电容值的大小时，单位为 pF。前面的两位数为有效数字，第三位数为电容值有效数字后面零的个数（或倍率 10^n），即乘以 10^n，n 为第三位数字。

例如：224 表示 22×10^4 pF=220 000 pF=0.22 μF。

103 表示 10×10^3 pF=10 000 pF=0.01 μF。

334 表示 33×10^4 pF=330 000 pF=0.33 μF。

数码表示法的特殊之处在于，当第三位数字为"9"时，电容器的电容值可以用有效数字乘以 10^{-1} 来表示，单位也是 pF。

例如：339 表示 33×10^{-1} pF=3.3 pF。

479 表示 47×10^{-1} pF=4.7 pF。

3．色码表示法

色码表示法与电阻器的色码标示法类似，颜色涂于电容器的一端或从顶端向引脚排列。色码一般只有 3 种颜色，前两环为有效数字，第三环为位率，单位为 pF。有时色环较宽，如红红橙，2 个红色环涂成一个宽的红色，表示 22 000 pF。

1.2.5　常见的电容器

1．有机介质电容器

常见的有机介质电容器除传统的纸介电容器、金属化纸介电容器外，还包括有机薄膜电容器（如涤纶电容器、聚苯乙烯电容器等）。

微课：常见电容的介绍

（1）纸介电容器。

纸介电容器的型号为 CZ，其电容值范围宽、耐压范围宽（36 V～30 kV），成本低、体积大、损耗因数（tan σ）大，因而只适用于直流或低频电路。

（2）金属化纸介电容器。

金属化纸介电容器的型号为 GJ，其电参数（如 tan σ 值、绝缘电阻等）与纸介电容器基本一致，但体积小，在相同耐压和电容值条件下两种电容器的体积相差 3～5 倍。

（3）有机薄膜电容器。

有机薄膜电容器是一个统称，具体包括涤纶电容器、聚丙烯电容器等。有机薄膜电容器的体积、质量、电参数等方面都比纸介质电容器具有更高的性能。各种有机薄膜电容器的性能如表 1.9 所示。

表 1.9　各种有机薄膜电容器性能

种类	型号	电容值范围	额定电压/V	工作温度/℃	温度系数/($10^{-6} \cdot ℃^{-1}$)	应用
涤纶	CL	510 pF~5 μF	35~1 000	-55~125	-600~200	低频直流
聚碳酸酯	CS	510 pF~5 μF	50~250	-55~125	±200	低压交直流
金属化聚碳酸酯	CSJ	0.01 pF~10 μF	50~500	-55~125	±200	低压交直流
聚丙烯	CBB	1 nF~1 μF	50~1 000	-55~85	-300~-100	高压电路
聚苯乙烯	CB	10 pF~1 μF	58~1 000	-10~85	-200~-100	高精度电路
聚四氟乙烯	CF	510 pF~0.1 μF	250~1 000	-55~200	-200~-100	高温环境

2. 无机介质电容器

无机介质电容器可分为瓷介电容器、云母电容器、玻璃电容器等。

（1）瓷介电容器。

瓷介电容器的型号为CC，是一种生产历史悠久的电容器，按其性能一般可分为低压小功率电容器和高压大功率电容器，通常把直流额定电压低于1 kV 的称为小功率电容器，直流额定电压高于1 kV 的称为高压大功率电容器。常见的低压小功率电容器包括瓷片、瓷管、瓷介独石等类型。瓷片电容器如图1.25所示。

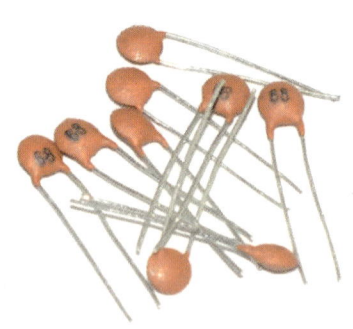

图 1.25 瓷介电容器

瓷片电容器具有体积小、质量轻、价格低廉的特点，在普通电子产品中使用广泛。瓷片电容器的电容值范围较窄，一般从几皮法到 0.1 μF。

（2）云母电容器。

云母电容器的型号为CY，是一种以云母为介质的电容器。由于云母材料的优良电性能和机械性能，使得云母电容器具有损耗小、可靠性高、性能稳定、容量精度高等优良电参数，被广泛应用于高频电路和要求高稳定度的电路。

云母电容器的应用范围较广，该类电容器的电容值范围一般为 4.7～47 000 pF，最高精度可达±0.01%～±0.03%，这是其他类型的电容器所不具备的。云母电容器的直流耐压通常为 100～5 000 V，最高可达 40 kV。

云母电容器具有稳定性好、温度系数小的特点，其温度系数一般可达 $10^{-6}/℃$，长期存放后电容值变化小于 0.02%；可应用于高温条件下，最高环境温度可达 460 ℃。

由于云母电容器具有上述优良参数，使得云母电容器广泛应用于一些具有特殊要求的电路中，如高频、高温、高稳定电路等。

云母电容器的生产工艺复杂，具有成本高、体积大的特点，限制了云母电容器的应用范围。

（3）玻璃电容器。

玻璃电容器是指以玻璃为介质的电容器，目前以玻璃独石电容器和玻璃釉独石电容器较为常见。

与云母电容器和瓷介电容器相比，玻璃电容器的生产工艺简单，成本低，具有良好的防潮性和抗振性，能在 200 ℃高温条件下长期稳定工作，是一种高温稳定性的电容器。玻璃电容器的稳定性介于云母电容器和瓷介电容器之间，其体积却小于云母电容器的体积，一般只是云母电容器的几十分之一，在印刷电路中应用十分广泛。

3. 电解电容器

电解电容器采用金属氧化膜作为介质,以金属和电解质作为电容器的两极。金属为正极,电解质为负极。使用电解电容器时应注意电容器的极性,电解电容器不能用于交流电路。由于电解电容器的介质是一层极薄的氧化膜(厚度只有 $10^{-3} \sim 10^{-2}$ μm),在相同电容值和耐压下电解电容器的体积比其他电容器要小几个或十几个数量级,特别是低压电容器更

图 1.26 电解电容器

为突出,这是任何其他电容器都不能与之相比的特点。在要求电容值大的场合如滤波等,均选用电解电容器。电解电容器具有损耗大、温度和频率特性差、绝缘性能差、漏电流大(可达毫安级)的特点,长期存放可能干涸、老化等,因而除体积小以外,其余性能远不如其他类型的电容器。电解电容器如图 1.26 所示。常见的电解电容器包括铝电解电容器、钽电解电容器、铌电解电容器等。

(1)铝电解电容器。

铝电解电容器的型号为 CD,是一种应用最广泛的通用型电解电容器,其额定电压一般为 6.3 ~ 500 V,容量为 0.33 ~ 4 700 μF。

(2)钽电解电容器。

钽电解电容器的型号为 CA。由于钽及氧化膜的物理性能稳定,具有比铝电解电容器更小的漏电流和更长的寿命,长期存放性能稳定,温度、频率等特性好。钽电解电容器比铝电解电容器具有更高的成本、更低的额定电压(最高只有 160 V)。

钽电解电容器主要应用于一些电性能要求较高的电路,如积分电路、计时电路、延时开关电路等。钽电解电容器可分为有极性和无极性电解电容器。除液体钽电容器外,近几年又发展了超小型固体钽电容器。为适应混合集成电路的需求,微型薄膜电容器也已在微型电子产品中应用。

(3)铌电解电容器。

铌电解电容器的型号为 CN。铌电解电容器是有极性的电容器,具有高介电常数、低漏电流和优良化学稳定性的特点,其工作温度最高可达105℃,电容范围为100~470μF。

4. 可变电容器

可变电容器主要包括:

(1)微调电容器。

微调电容器的特点是可以采用螺钉调节两极金属片的距离从而改变电容值,可应用于收音机的振荡或补偿电路。

(2)可变电容器。

可变电容器的特点是定片组与支架一起固定,动片组连接旋柄能自由旋转,通过改变面积来调节电容值。聚苯乙烯薄膜密封的可变电容器可应用于晶体管收音机,空气可变电容器多用于电子管收音机。

1.2.6 电容器的合理选用及质量判别

1. 电容器选用

电容器种类较多，性能指标各异，选用时应考虑的因素主要包括：

（1）电容器额定电压。

不同类型的电容器有其不同的电压系列，所选电容器必须在其系列之内。此外，所选用电容器的额定电压一般应高于施加在电容器两端电压的 1～2 倍。电解电容器特别是液体电解质电容器，限于自身结构特点，其额定电压一般要高于实际电压的 1 倍以上，即实际电压相当于电容器额定电压的 50%～70%，这样才能充分发挥电解电容器的作用。选用何种电容器，都不得使电容器的额定电压低于线路的实际电压，否则电容器将会被击穿；同时也不必过分提高电容器的额定电压，否则不仅提高了成本，而且增大了体积。

（2）标称电容值及精度等级。

各类电容器均有其标称电容值及其精度等级。电容器在电路中的作用不同，所要求的精度也不一样，在不同应用中要求电容器的电容值也不尽相同。在确定电容器的电容精度时，应首先考虑电路对电容精度的要求，不要盲目追求电容器的精度等级。由于电容器在制造过程中电容值控制较难，不同精度的电容器价格相差很大。

（3）体积。

相同耐压及容量的电容器，如果所用的介质材料不同，其体积可能相差几倍或几十倍。在产品设计过程中，希望电容器的体积小、质量轻，特别是在印制电路中更希望选用小型电容器。单位体积的电容值称为电容器的比率电容，比率电容越大，电容器的体积越小。

（4）成本。

各种电容器的生产工艺相差较大，价格也相差很大。在满足产品技术条件的情况下，尽量使用价格低的电容器，以降低产品成本。

在实际应用过程中，可以根据表 1.10 所示的电容器参数参考表来选用电容器。

表 1.10 电容器参数参考表

用　　途	电容器种类	电容值/pF	工作电压/V
高频旁路	陶瓷（Ⅰ型）	8.2～1 000	500
	云母	51～4 700	500
	玻璃釉	100～3 300	500
	涤纶	100～3 300	400
	玻璃釉	10～3 300	100
低频旁路	纸介	0.001～0.5	500
	陶瓷（Ⅱ型）	0.001～0.047	<500
	铝电解	10～1 000	25～450
	涤纶	0.001～0.047	400

续表

用　　途	电容器种类	电容值/pF	工作电压/V
滤波	铝电解	10～3 300	25～450
	纸介	0.001～10	1 000
	复合纸介	0.01～10	2 000
	液体钽	220～3 300	16～125
滤波器	陶瓷	100～4 700	500
	聚苯乙烯	100～4 700	500
	云母	51～4 700	500
调谐	陶瓷（Ⅰ型）	1～1 000	500
	云母	51～1 000	500
	玻璃膜	51～1 000	500
	聚苯乙烯	51～1 000	<1 600
高频耦合	云母	470～6 800	500
	聚苯乙烯	470～6 800	400
	陶瓷（Ⅰ型）	10～6 800	500
低频耦合	纸介	0.001～0.1	<630
	铝电解	1～47	450
	陶瓷（Ⅱ型）	0.001～0.047	<500
	涤纶	0.001～0.1	<400
	固体钽电容器	0.33～470	<62
电源输入Z抗高频干扰	纸介	0.001～0.22	<1 000
	陶瓷（Ⅱ型）	0.001～0.47	<500
	云母	0.001～0.47	<500
	涤纶	0.001～0.1	<1 000
储能	纸介	10～50	1～30 000
	复合纸介	10～50	1～30 000
	铝电解	100～3 300	1～5 000
计算机电源	铝电解	1 000～100 000	25～100
高频电压	陶瓷（Ⅰ型）	470～6 800	<12 000
	聚苯乙烯	180～4 000	<30 000
	云母	330～2 000	<10 000

续表

用　　途	电容器种类	电容值/pF	工作电压/V
晶体管电路小型电容器金属化纸介	陶瓷（Ⅰ型）	0.001～10	<160
	陶瓷（Ⅱ型）	1～500	<160
	云母	0.047～680	63
	铝电解	4.7～1 000	100
	钽电解	1～3 300	6.3～50
	聚苯乙烯	1～3 300	6.3～50
	玻璃釉	0.004 7～0.47	<50～100
	金属化涤纶	10～3 300	<63
	聚丙烯	0.1～1	63

2. 电容器的质量判别

电容器质量的判别方法主要包括：

（1）对于容量不小于 5 100 pF 的电容器，可用万用表"Ω×10 k""Ω×1 k"挡测量电容器的两条引脚。正常情况下，万用表的指针先向零的方向摆去，然后向 ∞ 方向退回（充电）。如果退不到 ∞ 而停在某一数值上，指针稳定后的电阻值就是电容器的绝缘电阻，也称为漏电电阻。一般电容器的绝缘电阻在几十兆欧以上。若所测电容器的绝缘电阻小于上述值，则表示电容器漏电。绝缘电阻越小，漏电越严重。若绝缘电阻为零，则表明电容器已经击穿短路；若指针不动，则表明电容器内部开路。

（2）对于容量小于 5 100 pF 的电容器，由于充电时间很快，充电电流很小，使用万用表的高电阻挡也看不到指针摆动，可以借助一个 NPN 型三极管（$\beta \geqslant 100$，I_{CEO} 越小越好）的放大作用来测量。小容量电容器的测量方法如图 1.27 所示，电容器接到 A、A′ 两端，通过晶体管的放大作用就可以看到指针摆动。

电容器好坏的判断方法与（1）的判断方法相似。

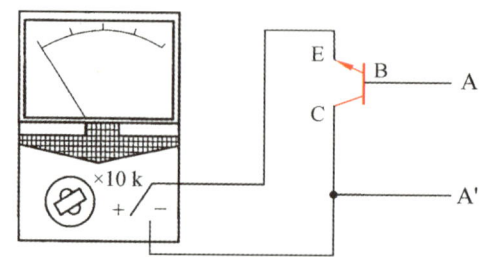

图 1.27　小容量电容器的测量方法

（3）测量电解电容器时应注意电容器的极性，一般电解电容器的正极引脚长于负极引脚。测量时应注意将万用表的黑表笔表针与电容器的正极引脚相接，万用表的红表笔表针与电容器的负极引脚相接，这种连接方式称为电容器正接。

（4）可变电容器的漏电、碰片，可用万用表的"Ω"挡来检查。将万用表的两只表笔表针分别与可变电容器的定片引脚和动片引脚相连，同时将电容器来回旋转几次，表针均应在"∞"位置不动。如果表针指向零或某一较小的数值,说明可变电容器已发生碰片或漏电严重。

(5)用万用表只能判断电容器的质量好坏,不能测量其电容值的大小。若需精确测量电容值,则需用"电容测量仪"进行测量。

1.3 电感器

1.3.1 认识电感器

电感器和电容器一样,也是一种储能元件,能把电能转化为磁场能,在磁场中储存能量。电感器可广泛应用于调谐、振荡、耦合、匹配、滤波、陷波、延迟、补偿及偏转聚焦等电路。电感器的用途、工作频率、功率、工作环境不同,对电感器的基本参数和结构形式就有不同的要求,导致电感器的类型和结构多样化。图1.28所示为两种常见电感器的电路图形符号和实物图片。

(a)空心/一般电感器　　　　(b)铁心电感器

图1.28　电感器的电路图形符号和实物

1.3.2 电感器的基本参数

1. 电感量

在没有非线性导磁物质存在的条件下,一个载流线圈的磁通与线圈中电流成正比,其比例常数称为电感系数,用 L 表示,简称电感。电感可表示为

$$L = \frac{\Phi}{I}$$

微课:电感的概念和分类

电感的单位是亨利(H),常用的有毫亨(mH)、微亨(μH)。

$$1\ H = 10^3\ mH = 10^6\ \mu H$$

2. 固有电容

电感线圈匝与匝之间的导线,通过空气、绝缘层和骨架而存在着分布电容。此外,屏蔽罩之间以及多层绕组的层与层之间、绕组与底板之间也存在着分布电容,因此电感器可以等效成如图1.29所示的电路。

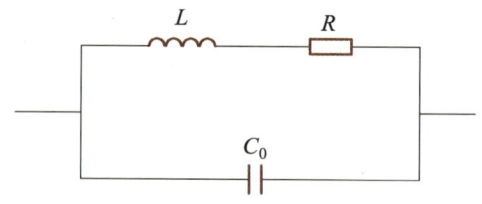

图 1.29 电感器的等效电路

图 1.29 中，等效电容 C_0 为电感器的固有电容，固有电容会使线圈的等效总损耗电阻增大，降低电感器的品质。

3. 品质因数（Q 值）

电感线圈的品质因数可表示为

$$Q = \frac{\omega L}{R}$$

式中　ω——工作角频率；
　　　L——线圈的电感量；
　　　R——线圈的等效总损耗电阻，包括直流电阻、高频电阻及介质损耗电阻。

4. 额定电流

线圈中允许通过的最大电流称为额定电流。

5. 稳定性

使线圈产生某种变形以及温度变化所引起的固有电容和漏电损耗增加，都会影响电感器的稳定性。

电感器线圈的稳定性通常用电感器的温度系数和不稳定系数来衡量，这 2 个系数越大，表示电感器的稳定性越差。

电感器的参数测量较复杂，一般通过专用仪器进行测量，如电感测量仪和电桥等。

微课：常见电感的介绍和标识

1.3.3　电感器的分类

电感器的分类主要包括：

（1）电感器按形式可分为固定电感器、可变电感器。

（2）电感器按导磁体性质可分为空心线圈、铁氧体线圈、铁心线圈、铜心线圈。

（3）电感器按工作性质可分为天线线圈、振荡线圈、扼流线圈、陷波线圈、偏转线圈。

（4）电感器按绕线结构可分为单层线圈、多层线圈、蜂房式线圈。

（5）电感器按封装形式可分为小功率电感器和大功率电感器，其中小功率电感器主要包括线绕片状电感器、多层片状电感器、高频片状电感器。

1.4 变压器

1.4.1 认识变压器

1. 变压器组成

变压器由初级线圈、次级线圈、铁心和磁心组成，一般铁心用于低频变压器，磁心用于高频变压器。变压器的作用主要包括变压、阻抗变换和耦合交流信号等。

变压器的外形特征主要包括：

（1）变压器通常有一个外壳，一般是金属外壳。有些变压器没有外壳，形状也不一定是长方体。

（2）变压器引脚有许多，最少有3条引脚，有的甚至多达10多条引脚，各引脚之间一般不能互换使用。

（3）各种类型的变压器都有自己的外形特征，如中间有一个明显的方形金属外壳。

（4）变压器与其他元器件在外形特征上有明显的不同，所以在电路板上很容易识别。

变压器的封装形式如图1.30所示。

图1.30 变压器的封装形式

2. 变压器的电路图形符号

在电路图中，变压器通常用字母T来表示，这是变压器英文单词Transformer的首字母。变压器的电路图形符号如图1.31所示。

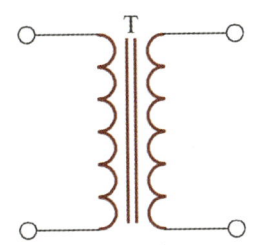 

图1.31 变压器电路图形符号　　　　　　　微课：稳压器件的工作原理及应用电路

变压器的电路图形符号通常包括一个或多个线圈，表示变压器的初级线圈和次级线圈。

1.4.2　变压器的分类

变压器的分类方式主要包括：

（1）变压器按冷却方式可分为干式（自冷）变压器、油浸（自冷）变压器、氟化物（蒸发冷却）变压器。

（2）变压器按防潮方式可分为开放式变压器、灌封式变压器、密封式变压器。

（3）变压器按铁心或线圈结构可分为芯式变压器、环形变压器、金属箔变压器。

（4）变压器按电源相数可分为单相变压器、三相变压器、多相变压器。

（5）变压器按用途可分为电源变压器、调压变压器、音频变压器、中频变压器、高频变压器、脉冲变压器。

1.4.3　变压器型号的命名方法

变压器型号命名方法如表 1.11 所示。

表 1.11　变压器型号的命名方法

字母	意义
DB	电源变压器
CB	音频输出变压器
RB	音频输入变压器
GB	高频变压器
SB 或 ZB	音频（定阻式）输出变压器
SB 或 EB	音频（定压式）输出变压器

1.4.4　变压器的标示方法

变压器参数的标示方法通常采用直标法，各种用途变压器标注的具体内容不相同，无统一的格式。

1.4.5　常用变压器

1. 低频变压器

在电子线路中，低频变压器一般包括收音机的输入、输出变压器、1 kV·A 以下的电源变压器。图 1.32 所示为一种低频变压器。

（1）输入、输出变压器。

输入、输出变压器的作用是阻抗匹配、耦合、倒相等，主要由磁心、尼龙骨架、线圈构成。铁心通常采用 E 字形硅钢片，骨架由尼龙或塑料压制而成，在骨架上绕制漆包线。对于乙类推挽输入变压器，初级线圈和次级线圈匝数比为 3∶1～1∶1；输出变压器初级线圈和次级线圈的匝数比为 10∶1～7∶1。

输入变压器和输出变压器的大小、外形相似，应用中难以区分。输入变压器的初级线圈和输出变压器的次级线圈皆为 2 条引线，前者引出导线细、匝数多、电阻值为几十欧至几百欧，后者引出导线粗、匝数少、电阻值约为 10 Ω。

（2）电源变压器。

电源变压器是一种利用电磁感应原理来转换交流电压的电气设备，主要由 2 个或多个绕组（线圈）组成，这些绕组缠绕在一个共同的铁心上。在交流供电系统中，电子设备都离不开电源变压器。电源变压器必须根据设备的容量和应用环境来确定。

图 1.32　低频变压器

2. 中频变压器

中频变压器又称中周变压器，简称中周，主要用于收音机、电视机的中频放大级。

中频变压器的型号由三部分组成，即主称（用几个字母表示名称、特征和用途）、尺寸（用数字表示）、序号（用数字表示），其中主称的字母 T、L 或 F、S 分别表示中频变压器、线圈或振荡线圈、调幅收音机用短波段，尺寸中的 1、2、3、4 分别表示 7 mm × 7 mm × 12 mm、10 mm × 10 mm × 14 mm、12 mm × 12 mm × 16 mm、20 mm × 25 mm × 36.5 mm。序号中的 1、2、3 分别表示第一级、第二级、第三级。

例如，TTF-2-1 表示调幅收音机用第一级中周线圈，外形尺寸为 10 mm × 10 mm × 14 mm。

中频变压器如图 1.33 所示。

图 1.33　中频变压器

常用的中频变压器 TTF-1、TTF-2、TTF-3 等一般用于收音机，10TV21、10LV23、10TS22 等用于电视机。目前，厂家一般将中频变压器所用的电容器和中频变压器制作在一起，构成谐振回路，减小了振荡器的体积，又减少了振荡器的焊接点。

1.5 二极管

1.5.1 认识二极管

二极管是用半导体材料（如硅、硒、锗等）制成的一种电子器件。二极管有 2 个电极，即正极和负极，二极管的正极又称为阳极，负极又称为阴极。在二极管两极间加上正向电压时，二极管导通；在二极管两极间加上反向电压时，二极管截止。二极管的导通和截止相当于开关的接通与断开。

二极管具有单向导电性能，导通时电流方向由阳极通过半导体材料流向阴极。

1. 二极管的外形

二极管的 2 条引脚通常沿轴向伸出。常见的二极管体积不大，与一般电阻器相当。有的二极管外壳上会标出二极管的负极，有的还会标出二极管的电路图形符号。二极管的封装形式如图 1.34 所示。

图 1.34　二极管的封装

2. 普通二极管电路图形符号

普通二极管电路图形符号如图 1.35 所示，一般采用 VD 来表示二极管，以前一般采用 D 来表示二极管。二极管只有 2 条引脚，电路图形符号中表示了这 2 条引脚。

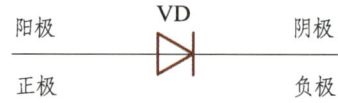

图 1.35　二极管电路图形符号

二极管的电路图形符号表示了二极管的正极和负极，三角形底边一端为正极，另一端为负极，如图 1.35 所示。二极管的电路图形符号形象地表示了二极管工作电流流动的方向，流过二极管的电流只能从其正极流向负极，电路图形符号中三角形的指向是电流流动的方向。

1.5.2　二极管的分类

二极管的分类方法主要包括：

（1）二极管按材料可分为锗二极管、硅二极管和砷化镓二极管等。

（2）二极管按结构可分为点接触二极管和面结合二极管等。

（3）二极管按工作原理可分为隧道二极管、雪崩二极管、变容二极管等。

（4）二极管按用途可分为检波二极管、整流二极管和开关二极管等。

（5）二极管按片状封装方式可分为整流二极管、快速恢复二极管、肖特基二极管、开关二极管、稳压二极管、瞬态抑制二极管、发光二极管、变容二极管、天线开关二极管等。

微课：二极管的分类

二极管在电子产品及通信设备中具有广泛用途。

1.5.3 二极管的主要特性及主要参数

1. 二极管的主要特性

二极管具有单向导电性，其伏-安特性曲线如图 1.36 所示。

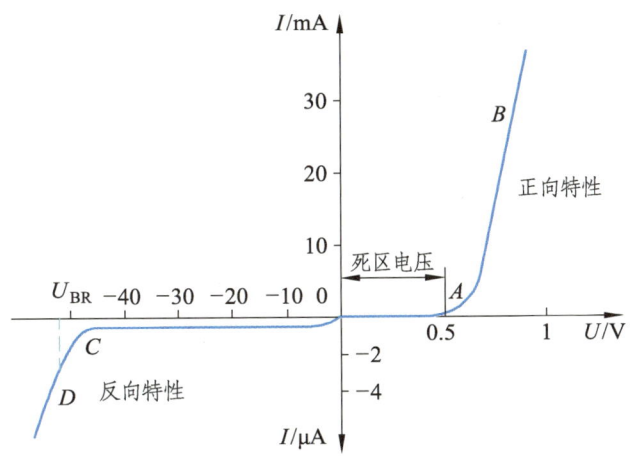

图 1.36 二极管的伏-安特性曲线

在二极管两端施加正向电压时，二极管伏-安特性曲线的特点主要包括：

（1）当施加的正向电压较小时，流过二极管的电流极小。

（2）当施加的正向电压超过 0.5 V 时，流过二极管的电流开始按指数规律增大，通常称此电压为二极管的开启电压。

（3）当施加的正向电压为 0.7 V 时，二极管处于完全导通状态，通常称此电压为二极管的导通电压，用符号 U_D 来表示。

在二极管两端施加反向电压时，二极管的伏-安特性曲线的特点主要包括：

（1）当施加的反向电压较小时，流过二极管的电流极小，该电流为反向饱和电流 I_S。

（2）当施加的反向电压超过某个值时，流过二极管的电流开始急剧增大，二极管被反向击穿，此时施加的反向电压称为二极管的反向击穿电压，用符号 U_{BR} 来表示。

（3）不同型号二极管的反向击穿电压 U_{BR} 差别很大，从几十伏到几千伏。

二极管的特性主要包括：

（1）二极管的正向特性。

① 当二极管两端施加正向电压时，在正向特性曲线的起始部分，正向电压很小，不足以克服 PN 结内电场的阻挡作用，二极管的正向电流几乎为零，这一曲线段称为死区，在死区范围内使二极管不导通的最大正向电压称为死区电压。

② 当二极管两端施加的正向电压大于死区电压时，PN 结内电场被克服，二极管正向导通，流过二极管的电流随电压增大而迅速上升。在正常的电流范围内，二极管导通的端电压几乎维持不变，这个电压称为二极管的正向电压。

③ 当二极管两端施加的正向电压超过一定数值时，内电场很快被削弱，流过二极管

的电流迅速增长，二极管正向导通。二极管导通的正向电压被称为门槛电压或阈值电压。硅二极管的门槛电压约为 0.5 V，锗二极管的门槛电压约为 0.1 V；硅二极管的正向导通压降约为 0.6~0.8 V，锗二极管的正向导通压降约为 0.2~0.3 V。

（2）二极管的反向特性。

当二极管两端施加的反向电压不超过一定范围时，通过二极管的电流是少数载流子漂移运动所形成的反向电流。由于反向电流很小，二极管处于截止状态。这个反向电流又称为反向饱和电流或漏电流，二极管的反向饱和电流受温度影响很大。

一般硅二极管的反向电流比锗二极管的反向电流小得多，小功率硅二极管的反向饱和电流在 nA 数量级，小功率锗二极管的反向饱和电流在 μA 数量级。温度升高时，半导体受热激发，少数载流子数量增加，反向饱和电流也随之增加。

（3）二极管的击穿特性。

当二极管两端的反向电压超过某一数值时，反向电流会突然增大，这种现象称为电击穿。引起电击穿的临界电压被称为二极管反向击穿电压。电击穿时二极管失去单向导电性。

如果二极管没有因电击穿而引起过热，则单向导电性不一定会被永久破坏，不外加电压后二极管的性能仍有可能恢复。在使用过程时应避免对二极管外加过高的反向电压。

2. 二极管的主要参数

二极管的参数有很多，其主要参数如表 1.12 所示。

表 1.12 晶体二极管的主要参数

参数名称	表示方法	定义	选用思路及说明
正向电流	I_F	在长期连续工作且保证二极管不损坏的前提下，允许通过二极管的最大正向电流。对于交流电，正向电流就是二极管允许通过的最大半波电流平均值	在实际应用中，一般最大整流电流应大于电路电流的 2 倍以上，以保证管子在应用过程中不被烧毁
反向电流	I_R	PN 结施加反向电压时导通的电流。图 1.37 所示是测量 I_R 所用电路	反向电流反映二极管的单向导电性能，一般反向电流 I_R 越小越好。硅二极管的反向电流一般小于锗二极管的反向电流
反向击穿电压	U_{BR}	使二极管反向电流开始急剧增加的反向电压被称为反向击穿电压。图 1.38 所示为二极管的反向特性及反向击穿电压	除稳压二极管外，为保证正常工作，二极管两端的反向电压应小于 U_{BR} 的二分之一
最大反向工作电压	U_R	二极管的所有参数不超过允许值时（即不被击穿），允许施加的最大反向电压	为了保证安全，在实际工作过程中最大反向工作电压 U_R 一般只按反向击穿电压 U_{BR} 的一半计算

续表

参数名称	表示方法	定 义	选用思路及说明
正向压降	U_F	在规定的正向电流下二极管的正向电压降。图 1.39 是测量 U_F 所用电路	小电流硅二极管的正向压降在中等电流水平以下,为 0.6～0.8 V;锗二极管为 0.2～0.3 V
结电容	C_J	当 PN 结施加反向电压时,P 区积累负电荷,N 区积累正电荷,构成一个已储存电荷的电容器。结电容是指该电容器的等效电容	在高频应用过程时必须考虑结电容的影响
最高工作频率	f_M	二极管能正常工作的最高频率,主要取决于 PN 结的结电容大小	如果信号频率超过 f_M,二极管单向导电性变差。选用二极管时,必须使其工作频率低于最高工作频率

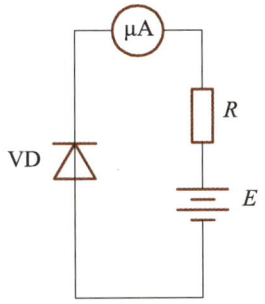

图 1.37 I_R 测量电路

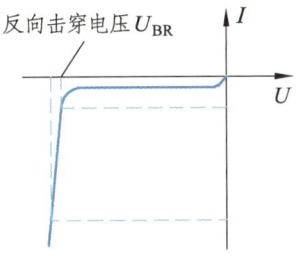

图 1.38 二极管的反向特性

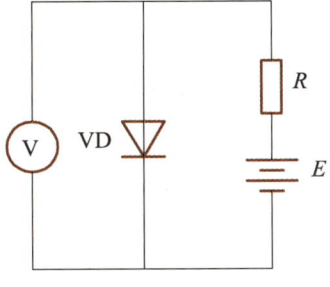

图 1.39 U_F 测量电路

1.5.4 二极管型号的命名方法

1. 我国半导体器件命名法

根据《半导体分立器件型号命名方法》(GB/T 249—2017),器件型号由五部分组成,前三部分如表 1.13 所示,第四部分用数字表示器件序号,第五部分用汉语拼音字母表示规格号。对于场效应管、特殊半导体器件、PIN 管、复合管和激光器件，只需用后三部分表示即可。

我国半导体器件型号的格式主要包括：
（1）第一部分：用阿拉伯数字表示器件电极数。
（2）第二部分：用字母表示器件的材料和极性。
（3）第三部分：用汉语拼音字母表示器件类型。
（4）第四部分：用数字表示器件序号。
（5）第五部分：用汉语拼音字母表示规格。

表 1.13　国产半导体器件命名方法

第一部分		第二部分		第三部分	
符号	意义	符号	意义	符号	意义
2	二极管	A	N 型锗材料	P	普通管
		B	P 型锗材料	V	微波管
		C	N 型硅材料	W	稳压管
		D	P 型硅材料	C	参量管
3	三极管	A	PNP 型锗材料	Z	整流管
		B	NPN 型锗材料	S	隧道管
		C	PNP 型硅材料	GS	光电子显示器
		D	NPN 型硅材料	K	开关器
		E	化合物材料	X	低频小功率管
		—	—	G	高频小功率管
		—	—	D	低频大功率管
		—	—	A	高频大功率管
		—	—	T	半导体闸流管
		—	—	Y	体效应器件
		—	—	B	雪崩管
		—	—	J	阶跃恢复管
		—	—	CS	场效应器
		—	—	BT	半导体特殊器件
		—	—	FH	复合管
		—	—	PIN	PIN 型管
		—	—	GJ	激光器件

例如，2CW56 表示一个 N 型硅材料的稳压二极管。

2. 国际电子联合会半导体器件命名法

国际电子联合会（International Electrotechnical Commission，IEC）半导体分立器件型号命名方法的组成部分及符号意义如表 1.14 所示，表中所列 4 个基本部分后面还可能加上后缀，以区别相关特性或进行进一步分类。

表 1.14　国际电子联合会半导体分立器件型号命名法

第一部分		第二部分				第三部分		第四部分	
用字母表示使用的材料		用字母表示类型及主要特征				用数字或字母加数字表示登记号		用字母对同型号者分挡	
符号	意义	符号	意义	符号	意义	符号	意义	符号	意义
A	锗材料	A	检波、开关和混频二极管	M	封闭磁路中的霍尔元件	三位数字	通用半导体器件的登记序号（同一类型使用同一登记号）	A B C D	同一型号器件按某一参数进行分挡的标志
		B	变容二极管	P	光敏器件				
B	硅材料	C	低频小功率三极管	Q	发光器件				
		D	低频大功率三极管	R	小功率可控硅				
C	砷化镓	E	隧道二极管	S	小功率开关管	一个字母加两位数字	专用半导体器件的登记号（同一类型器件使用同一登记号）		
		F	高频小功率三极管	T	大功率可控硅				
D	锑化铟	G	复合器件及其他器件	U	大功率开关管				
		H	磁敏二极管	X	倍增二极管				
R	复合材料	K	开放磁路中的霍尔元件	Y	整流二极管				
		L	高频大功率三极管	Z	稳压二极管即齐纳二极管				

国际电子联合会半导体分立器件型号命名法的特点主要包括：

（1）这种命名法被欧洲许多国家采用。凡型号以 2 个字母开头并且第一个字母为 A、B、C、D 或 R 的晶体管，大都是欧洲制造的产品，或是按欧洲的某一厂家专利生产的产品。

（2）第一个字母表示材料，如 A 表示锗二极管、B 表示硅二极管，但不表示管型，如 PNP 型或 NPN 型。

（3）第二个字母表示器件的类别和主要特征，如 C 表示低频小功率三极管，D 表示低频大功率三极管，F 表示高频小功率三极管，L 表示高频大功率三极管。若知道这些字母的意义，无须查手册也可以判断出类别。例如，BLY49 表示硅大功率专用三极管。

（4）第三部分表示登记顺序。如果第三部分是三位数字，则表示该晶体管为通用品；如果第三部分是一个字母加两位数字，则表示该晶体管为专用品。顺序号相邻的2个型号晶体管，其特性和技术参数可能非常相似。如AC184和AC185均为PNP型晶体管，技术参数完全一致。

（5）第四部分字母表示同一型号的某一参数（如hFE或NF）进行分挡。如NF为噪声系数（信噪比），具有频率特性，单位为dB，表明当信号通过晶体管电路时信噪比劣化的程度。

3. 美国半导体器件型号命名法

美国晶体管或其他半导体器件的型号命名法较多，其中美国电子工业协会（EIA）规定的半导体器件型号命名法组成部分及符号意义如表1.15所示。

表1.15 美国电子工业协会（EIA）半导体器件型号命名法

第一部分		第二部分		第三部分		第四部分		第五部分	
用符号表示用途的类别		用数字表示PN结的数量		美国电子工业协会（EIA）注册标志		美国电子工业协会（EIA）登记顺序号		用字母表示器件分挡	
符号	意义	符号	意义	符号	意义	符号	意义	符号	意义
JAN或J	军用品	1	二极管	N	该器件已在美国电子工业协会登记	多位数字	该器件已在美国电子工业协会登记的序号	ABCD	同一型号的不同挡别
		2	三极管						
无	非军用品	3	三个PN结器件						
		n	n个PN结器件						

美国半导体器件型号命名法的特点主要包括：

（1）型号命名法规定较早又未做过改进，型号内容很不完备，在型号中不能反映出晶体管的材料、极性、主要特性和类型。例如，2N开头的可能是一般晶体管，也可能是场效应管。此外，仍有一些厂家按自己规定的型号命名法命名。

（2）组成型号的第一部分是前缀，第五部分是后缀，中间的三部分为型号的基本部分。

微课：场效应管的介绍

（3）除去前缀外，凡型号以1N、2N、3N等开头的晶体管分立元件，大都是美国制造的，或按美国专利在其他国家制造的产品。

（4）第四部分数字只表示登记序号，而不含其他意义。顺序号相邻的2个型号晶体管，其特性和技术参数可能相差非常大。如2N2464为硅NPN类三极管，属于高频大功率三极管；2N3465为N沟道场效应管。

（5）不同厂家生产的性能基本一致的器件，都采用一个登记号。同一型号中某些参数的差异常用后缀字母表示。因此，型号相同的器件可以通用。

（6）登记序号数大的通常是近期产品。

1.5.5 常用晶体二极管

1. 整流二极管

将交流电源整流成为直流电源的二极管叫作整流二极管。整流二极管是一种面结合型的功率器件，因结电容大，故工作频率低。整流二极管的封装如图 1.40 所示。

图 1.40　整流二极管

选择整流二极管时主要考虑最大整流电流和最高反向工作电压应满足要求。一般整流二极管（包括硅单相桥）工作频率在 3 kHz 以下，高频整流应选高频整流管，其工作频率一般大于 20 kHz。表 1.16 给出了部分二极管的参数，以供选用。

表 1.16　部分整流二极管参数

类别	参数 类别及型号	最大整流 电流/mA	正向电 流/mA	正向压降 （在左栏电 流值下）/V	反向击 穿电压 /V	最高反向 工作电压 /V	反向 电流 /μA	零偏压 电容/pF	反向恢复 时间/ns
整流 二极管	2CZ52B～H	2	0.1	≤1					
	2CZ53B～M	6	0.3	≤1					
	2CZ54B～M	10	0.5	≤1					
	2CZ55B～M	20	1	≤1					
	IN4001～4007	30	1	1.1		50～1 000	5		
	IN5391～5399	50	1.5	1.4		50～1 000	10		
	IN5400～5408	200	3	1.2		50～100	10		

2. 发光二极管

（1）发光二极管概述。

发光二极管（Light Emitting Diode，LED）是一种半导体器件，通过电子与空穴复合释放能量，能够将电能直接转换为光能。当给发光二极管施加正向电压后，从 P 区注入到 N 区的空穴和由 N 区注入到 P 区的电子，在 PN 结附近数微米内分别与 N 区的电子和 P 区的空穴复合，产生自发辐射的荧光。发光二极管具有高能效、寿命长、响应速度快、体积小、易于控制等优点，可广泛应用于照明、显示、通信、医疗等多个领域。

发光二极管的核心部分是半导体材料，通常由两种不同性质的半导体材料（P 型和 N

型）组成。当电流通过这个结构时，电子和空穴在 PN 结处复合，释放出能量，这个能量以光的形式辐射出来。发光二极管封装及其电路图形符号如图 1.41 所示。

（a）封装　　　　　　　　（b）电路图形符号

图 1.41　发光二极管

发光二极管有 2 条引脚，长的引脚为正极，短的引脚为负极。

（2）发光二极管的参数。

① 正向工作电流 I_F。

发光二极管的正向工作电流是指发光二极管正常发光时的正向电流。发光二极管正向工作电流一般为 10～20 mA。

② 正向工作电压 U_F。

发光二极管的正向工作电压是指在给定正向电流（一般为 20 mA）时发光二极管两端的正向工作电压，发光二极管的正向工作电压为 1.4～3 V。外界温度升高时，发光二极管正向工作电压会下降。

③ 伏-安特性。

发光二极管的伏-安特性是指发光二极管电压与电流之间的关系。

（3）发光二极管的应用。

发光二极管的伏-安特性与普通二极管相似，但其正向压降较大，一般不大于 2 V。选择发光二极管时，除了需要查看其电气参数外，还需要考虑的因素主要包括：

① 颜色。

发光二极管的颜色通常包括红色、绿色、蓝色等。发光二极管包括单色发光二极管和多种颜色混合的发光二极管。选择颜色应根据具体应用需求而定。

② 亮度。

发光二极管的亮度是发光二极管最重要的参数之一。一般来说，亮度越高的二极管其价格也越高。在实际应用过程中，高亮度的二极管并不一定是最适合的选择，因为其电压和电流也可能更高。

③ 角度。

发光二极管的角度是指发光二极管的辐射角度，通常可分为聚光型和发散型。聚光型发光二极管的角度较小，适用于需要高亮度的照明系统；发散型发光二极管的角度较大，适用于需要广泛发光的指示灯。

④ 尺寸。

发光二极管的尺寸是指其外观尺寸，通常用 mm 表示。不同尺寸的发光二极管可用于不同的应用场合。

国产的发光二极管一般用 $FGX_1X_2X_3X_4X_5X_6$ 命名，其中 X_1 表示材料，取值为 1、2、

3，分别表示 GaASP、GaASAI 和 GaP；X_2 表示发光颜色，取值 1~6 整数，分别表示发光颜色为红、橙、黄、绿、蓝和复色；X_3 表示封装形式；X_4 表示外形，取值 0~6 整数，分别表示圆形、长方形、符号形、三角形、正方形、组合形和特殊形；X_5X_6 表示序号。

使用发光二极管的注意事项主要包括：

① 若用电压源驱动，要注意选择合适的限流电阻器，以限制流过二极管的正向电流。

② 一般发光二极管较长的引脚为阳极，较短的引脚为阴极。如壳帽上有凸起标志的，那么靠近凸起标志的引脚为阳极。

③ 发光二极管可用万用表的 $R\times 10\,k$ 挡判别其好坏，其正向电阻一般小于 $50\,k\Omega$，反向电阻一般在 $200\,k\Omega$ 以上。

④ 交流驱动时，为防止反向击穿，可反向并联整流二极管进行保护。

⑤ 部分发光二极管的参数如表 1.17 所示，供参考。发光二极管还有电压型、闪光型、双色型、三色型等，可查阅其他资料。

表 1.17　部分发光二极管的参数

型号	极限参数			电参数			光参数			
	最大功率/mW	最大正向电流/mA	反向击穿电压/V（I_r=100 μA）	正向电流 I_F/mA（I_p=20 mA）	正向电压 U_F/V（U_R=5 V）	反向电流 I_r/μA（U_p=0 V，f=1 MHz）	结电容/pF	发光主波波长/μm	带宽/MHz	光强分度角/（I_p=20 mA）
FG112001	100	50	≥5	10	≤100	≤100	6500	200	15	>0.5
FG112002				20						>0.5
FG11204	30	20		5						>0.5
FG112005	100	70		10						>0.5

3. 稳压二极管

（1）稳压二极管的概念。

稳压二极管是由硅材料制成的面结合型晶体二极管，利用 PN 结反向击穿时电压不随电流变化而变化的特点来达到稳压的目的。稳压二极管用于稳压时，主要根据稳压值和额定工作电流来选用，工作电流越大，动态电阻越小，则稳压效果越好。稳压二极管的封装及电路图形符号如图 1.42 所示。

（a）直插式封装　　（b）贴片式封装　　（c）电路图形符号

图 1.42　稳压二极管

稳压二极管的 2 条引脚同普通二极管一样也有极性之分，在电路中的接法与普通二极管恰好相反，PN 结处于反向偏置状态。

（2）稳压二极管的选用。

稳压二极管的正向电压温度系数一般是负的温度系数；稳压二极管的反向电压温度系数以 5~6 V 为界限，一般 4.5 V 以下为负电压温度系数，大于 6.5 V 为正电压温度系数，在 5~6 V 之间的电压温度系数近似为零。作为基准电源的稳压管，一般选用 6 V 左右的稳压管；要求更高的场合，可选用具有温度补偿的稳压管，如型号为 2DW230~2DW236 的稳压二极管。

部分稳压二极管的主要参数如表 1.18 所示，供参考。

表 1.18　部分稳压二极管的主要参数

测试条件 型号	工作电流为稳定电流时的稳定电压/V	稳定电压下的稳定电流/mA	环境温度<50 ℃，最大稳定电流/mA	反向漏电流/μA	稳定电流下的动态电阻/Ω	稳定电流下的电压温度系数	环境温度<50 ℃时最大耗散功率/W
2CW51	2.5~3.5	10	71	≤5	≤60	≥-9	0.25
2CW52	3.2~4.5		55	≤2	≤70	≥-8	
2CW53	4~5.8		41	≤1	≤50	-6~4	
2CW54	5.5~6.5		38		≤30	-3~5	
2CW56	7~8.8		27		≤15	≤7	
2CW57	8.5~9.5		26	≤0.5	≤20	≤8	
2CW59	10~11.8	5	20		≤30	≤9	
2CW60	11.5~12.5		19		≤40	≤9	
2CW103	4~5.8	50	165	≤1	≤20	-6~4	1
2CW110	11.5~12.5	20	76	≤0.5	≤20	≤9	
2CW113	16~19	10	52	≤0.5	≤40	≤11	
2DW1A	5	30	240		≤20		1
2DW6C	15	30	70		≤80		1
2DW7C	6.0~6.5	10	30		≤10	≤0.05	0.2

（3）稳压二极管检测及使用注意事项。

① 稳压二极管的检测方法与普通二极管的检测方法类似，可用万用表 $R \times 100$ 挡测量。

② 稳压管可串联使用，但不可并联使用。

③ 工作过程中，为了使稳压二极管工作在击穿状态，又要保证工作电流不超过最大值，可以选择合适的限流电阻器。稳压二极管的最大反向电流一般可按 2~3 倍额定工作电流选取。

4. 检波二极管

检波二极管是一种用于把叠加在高频载波上的低频信号筛选出来的器件，具有较高的检波效率和良好的频率特性。检波二极管的结构如图 1.43 所示。

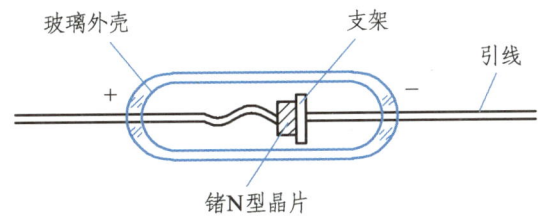

图 1.43　检波二极管的结构

5. 变容二极管

变容二极管是一种利用 PN 结的电容随外加偏压而变化所制成的非线性电容器，被广泛应用于参量放大电路、电子调谐电路及倍频电路等微波电路中。变容二极管的封装及电路图形符号如图 1.44 所示。

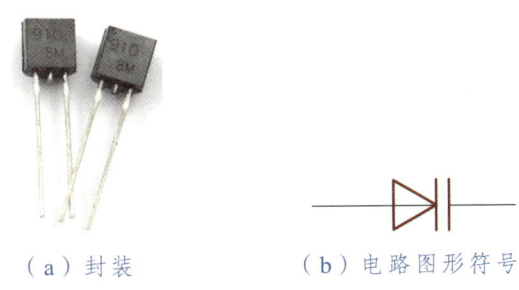

（a）封装　　　　　　（b）电路图形符号

图 1.44　变容二极管

1.6　三极管

1.6.1　三极管的概念

三极管是一种半导体器件，主要由发射极（Emitter，E）、基极（Base，B）和集电极（Collector，C）三个部分组成。在电子电路中，三极管有放大电信号、信号控制和处理等多种用途。

三极管有 3 条引脚，即基极（B）、集电极（C）和发射极（E），各引脚不能相互代用。三极管的封装如图 1.45 所示。

图 1.45　三极管封装

三极管的电路图形符号如图 1.46 所示。

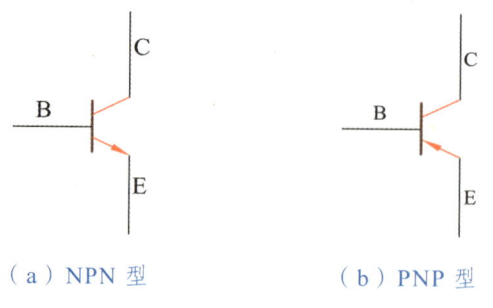

（a）NPN 型　　　　　（b）PNP 型

图 1.46　三极管电路图形符号

三极管的 3 条引脚中，基极是控制引脚，基极电流控制集电极电流和发射极电流。基极电流最小，且远小于另外 2 条引脚的电流；发射极电流最大；集电极电流略小于发射极电流。

1.6.2　三极管的分类

三极管的分类方式主要包括：
（1）三极管按材料可分为锗三极管、硅三极管。
（2）三极管按 PN 结的组合情况可分为 NPN 三极管、PNP 三极管。
（3）三极管按结构可分为点接触型和面结合型。
（4）三极管按工作频率可分为高频三极管（$f_T \geqslant 3$ MHz）、低频三极管（$f_T < 3$ MHz）。
（5）三极管按功率可分为大功率三极管（$P_C \geqslant 1$ W）、中功率三极管（P_C 为 $0.7 \sim 1$ W）、小功率三极管（$P_C < 0.7$ W）。

1.6.3　三极管的主要特性及主要参数

1. 三极管的输入-输出特性

三极管是一种电流控制元件，以共发射极接法为例，信号从基极输入，从集电极输出，发射极接地。当基极电压 U_B 有一个微小的变化时，基极电流 I_B 也会随之有一小的变化，集电极电流 I_C 受基极电流 I_B 的控制会有一个很大的变化。基极电流 I_B 越大，集电极电流 I_C 也越大；反之，基极电流 I_B 越小，集电极电流 I_C 也越小，即基极电流控制集电极电流的变化。但是集电极电流 I_C 的变化比基极电流 I_B 的变化大得多，这就是三极管的放大作用。

晶体三极管的输入特性曲线如图 1.47（a）所示。当 $U_{CE}=0$ 时，相当于集电极与发射极短路，即发射结与集电结并联。因此，输入特性曲线与 PN 结的伏-安特性类似，呈指数关系。当 U_{CE} 增大时，曲线将右移。对于小功率晶体管，U_{CE} 大于 1 V 的一条输入特性曲线可以近似 U_{CE} 大于 1 V 的所有输入特性曲线。晶体三极管的输出特性曲线如图 1.47(b)所示。对于每一个确定的 I_B 都有一条曲线，所以输出特性有一族曲线。在输出特性曲线的截止区，发射结电压小于开启电压且集电结反向偏置。在输出特性曲线的放大区，发射结正向偏置且集电结反向偏置。在输出特性曲线的饱和区，发射结与集电结均处于正向偏置。

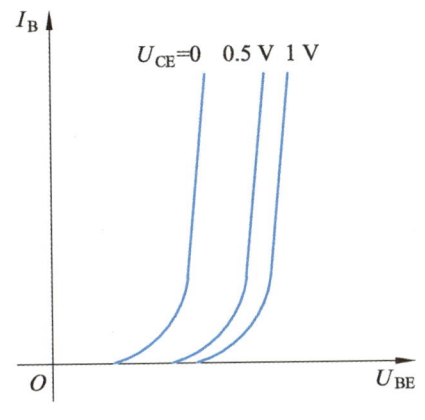
（a）输入特性曲线

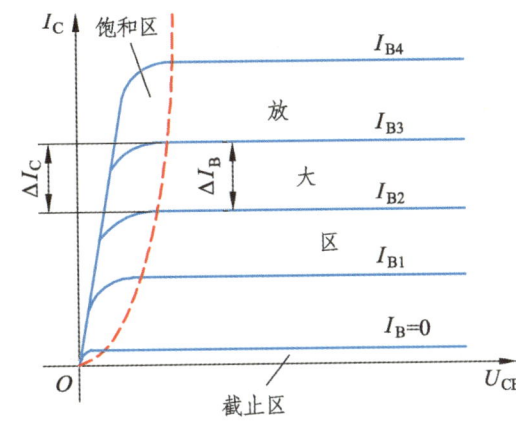
（b）输出特性曲线

图 1.47 三极管的特性曲线

2. 三极管的主要参数

三极管参数是反映三极管各种性能的指标数值，是放大电路分析和设计时要参考的指标，也是选用三极管的依据。因此，必须了解三极管参数。

（1）电流放大倍数 β。

电流放大倍数 β 是指三极管集电极电流 I_C 变化量与基极电流 I_B 变化量之比值，即

微课：三极管的标识

$$\beta = \Delta I_C / \Delta I_B$$

式中　β——三极管的放大倍数，一般在几十到几百；

　　　ΔI_C——三极管集电极电流的变化量；

　　　ΔI_B——三极管基极电流的变化量。

电流放大倍数 β 对于评估三极管的放大能力至关重要。三极管在放大信号时，首先要进入导通状态，先建立合适的静态工作点，也称为建立偏置，否则会产生放大失真。

（2）反向饱和电流 I_{CBO}。

反向饱和电流 I_{CBO} 是指当发射极开路时集电极与基极之间的反向电流。

（3）穿透电流 I_{CEO}。

穿透电流 I_{CEO} 是指在基极开路时，集电极接反向电压而发射极接正向电压时的集电极-发射极电流。

（4）特征频率 f_T。

特征频率 f_T 是指当三极管完全失去电流放大功能时的频率，这个参数对于确定三极管在高频电路中的应用非常重要。

（5）集电极最大允许耗散功率 P_{CM}。

集电极最大允许耗散功率 P_{CM} 是指三极管能承受的最大功率，超过此功率可能会导致三极管损坏。

（6）集电极最大允许电流 I_{CM}。

集电极最大允许电流 I_{CM} 是指三极管在正常工作时，集电极所允许通过的最大电流。

三极管的参数共同决定了三极管的工作性能和应用范围。为了选择合适的三极管，需要根据具体的应用需求来匹配这些参数。

1.6.4　三极管的命名方法

三极管命名方法和二极管命名方法均采用国家标准《半导体分立器件型号命名方法》（GB/T 249—2017）。

示例1：图1.48所示型号为3AD50C的三极管是指锗材料PNP型低频大功率三极管。

图 1.48　三极管型号

其中，型号中的3表示三极管，A表示PNP型锗材料，D表示低频大功率管，50C是序号和区别代号。

示例2：型号为3DC201B的三极管是指硅材料NPN型高频小功率三极管。

其中，型号中的3表示三极管，D表示硅材料NPN型，C表示高频小功率管，201B是序号和区别代号。

1.6.5　常用晶体三极管

1. 塑料封装大功率三极管

塑料封装大功率三极管如图1.49所示，其体积越大则输出功率较大，主要用于对信号进行功率放大，在实际应用过程中需要放置散热片。

图 1.49　塑料封装大功率三极管

2. 金属封装大功率三极管

金属封装大功率三极管的体积较大，金属外壳本身就是一个散热部件，如图 1.50 所示。这种封装的三极管只有基极和发射极 2 条引脚，集电极就是三极管的金属外壳。

图 1.50　金属封装大功率三极管

3. 塑料封装小功率三极管

塑料封装小功率三极管 3 条引脚的分布规律有多种，如图 1.51 所示。小功率三极管在电子电路中主要用于除放大信号功率之外的用途。

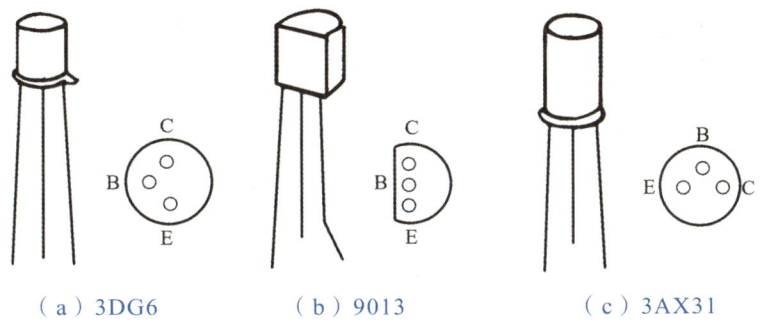

（a）3DG6　　　　（b）9013　　　　（c）3AX31

图 1.51　塑料封装小功率三极管

4. 达林顿三极管

达林顿三极管内部由两只输出功率不等的三极管按一定接线规律复合而成，如图 1.52 所示，可作为功率放大管和电源调整管。

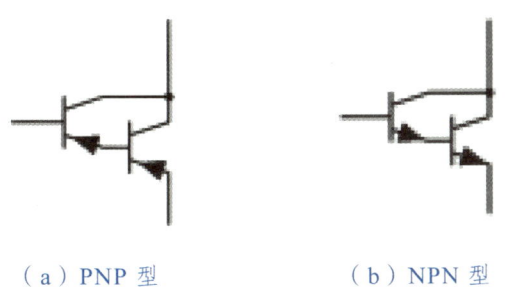

（a）PNP 型　　　　（b）NPN 型

图 1.52　达林顿三极管

5. 带阻尼三极管

带阻尼三极管主要用作电视机行输出级电路中的行输出三极管，如图 1.53 所示。

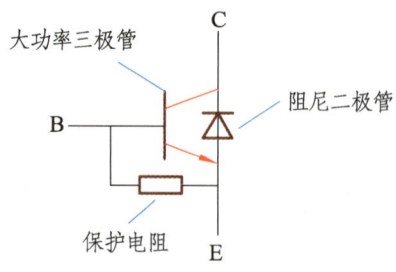

图 1.53　带阻尼三极管

6. 普通片状三极管

普通片状三极管也称为贴片三极管或 SMD 三极管，是一种表面贴片器件（Surface Mount Device，SMD）。普通片状三极管采用小型化设计，适合在印刷电路板（Printed Circuit Board，PCB）上进行自动装配。与传统的通孔安装三极管相比，片状三极管具有更小的体积、更高的可靠性和更好的高频性能。普通片状三极管如图 1.54 所示。

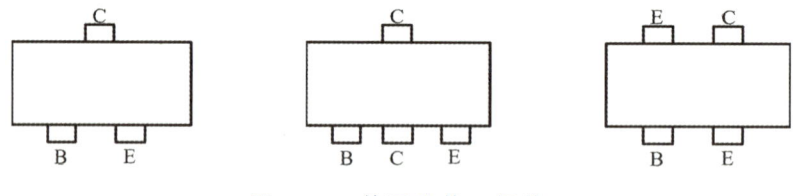

图 1.54　普通片状三极管

1.7 集成电路

在信息化高速发展的时代，各类电子电器设备广泛应用集成电路，构建出各类复杂的电路系统。与此同时，新型、功能更为强大的集成电路不断涌现，为电子电路领域带来了前所未有的变革，深入掌握集成电路相关知识尤为重要。

1.7.1　集成电路的封装和电路图形符号

1. 封装特征

集成电路封装的识别比较简单，其封装比其他电子元器件更有特点。常用集成电路的封装如图 1.55 所示。

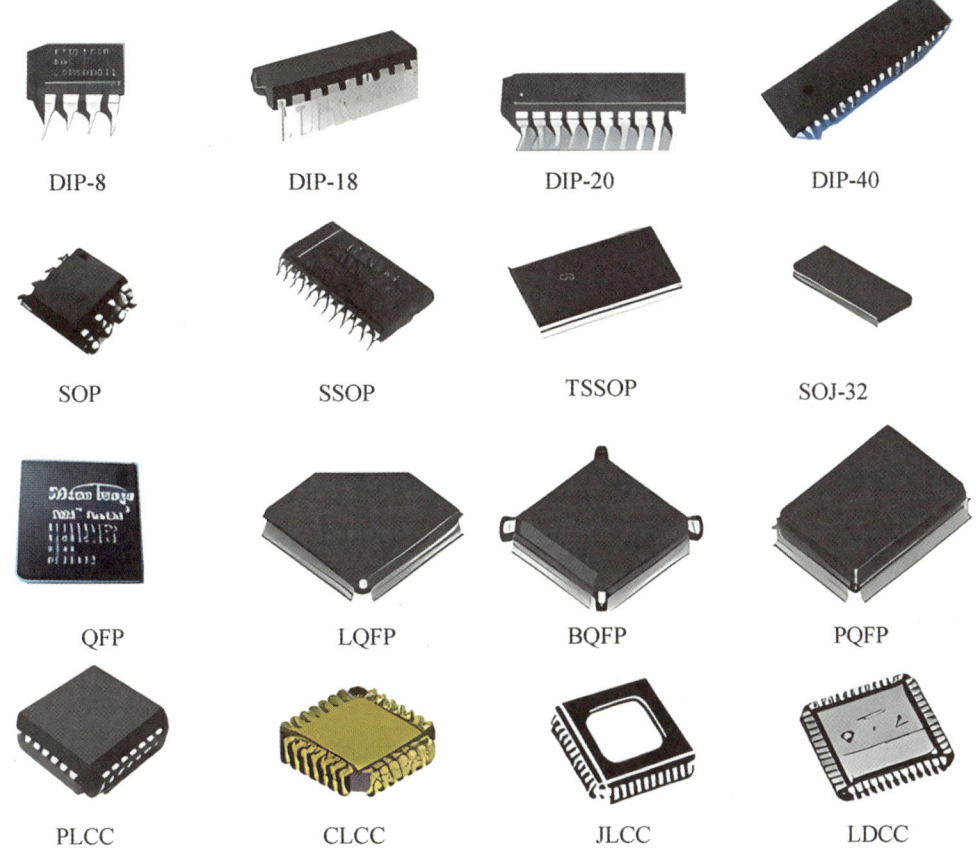

图 1.55　集成电路的封装

2. 电路图形符号

集成电路的电路图形符号比较复杂,变化比较多,常见电路图形符号如图 1.56 所示。集成电路的电路图形符号所表达的具体含义很少,不同于其他电子元器件的电路图形符号,通常只能表达这种集成电路有几条引脚,至于各个引脚的作用、集成电路的功能,电路图形符号均不会表示出来。

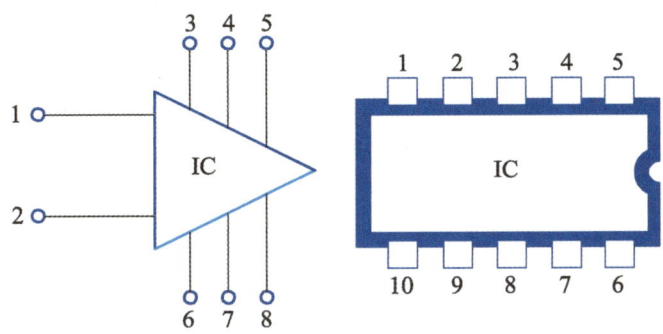

图 1.56　集成电路电路图形符号

1.7.2 集成电路应用电路图的识图方法

1. 应用电路图

集成电路应用电路图具备的功能主要包括：

（1）集成电路应用电路图详尽地描绘集成电路各引脚与外部电路的连接方式，以及电子元器件的具体参数，全面展示该集成电路在实际应用中的完整工作状态。

（2）部分集成电路应用电路图还包含集成电路内部电路的方框图，有利于对集成电路应用电路的深度分析。

（3）集成电路应用电路图可细分为典型应用电路图与实用电路图两类。典型应用电路图常见于集成电路手册之中，便于查阅；实用电路图则直接应用于实际电路设计中。典型应用电路图和实用电路图虽有所区别，但差异甚微。因此，在缺乏具体实用电路图的情况下，技术人员常借助典型应用电路图作为参考依据，这一方法在实际维修工作中尤为常见。

（4）通常情况下，集成电路应用电路图展示一个完整的单元电路或整个电路系统。在某些复杂电路系统中，可能需要2个或多个集成电路来实现设计要求的功能。

2. 应用电路图的特点

集成电路应用电路图的特点主要包括：

（1）无内电路方框图。

大多数情况下，应用电路图并未提供集成电路的内电路方框图，这不利于分析电路图，对于初学者更加困难。

（2）方便性。

对于初学者而言，分析集成电路的应用电路图相较于分析分立元器件电路图更加困难，因为缺乏对集成电路内部电路的深入了解。然而，一旦入门并掌握这些相关知识，设计、分析和修改由集成电路构成的应用电路相较于由分立电子元器件构成的应用电路，都要容易得多。

（3）规律性。

在分析集成电路应用电路图时，若能对集成电路内部电路有大致了解并详细掌握各引脚的作用，识图过程将变得相对容易。同类型集成电路之间存在一定的规律性，掌握这些共性特征后，可以更加高效地分析众多同功能但型号不同的集成电路应用电路。

3. 应用电路的识图方法和识图注意事项

（1）了解集成电路各引脚的作用是识图的关键。

了解集成电路各引脚的作用，可以更加方便分析各引脚外电路工作原理和电子元器件的作用。如某集成电路的第1脚是输入引脚，那么与该集成电路第1脚所串联的电容器就是输入端耦合电容器，与该集成电路第1脚相连的电路则是输入电路。

了解集成电路各引脚作用的方法包括：

① 查阅有关资料。

② 根据集成电路的内电路方框图进行分析。
③ 根据集成电路应用电路图中各引脚外电路的特征进行分析。
其中，第三种方法要求读者有比较好的电路分析基础。
（2）一般情况下不必去分析集成电路内电路的工作原理。

1.7.3　集成电路的分类

1. 按功能结构分类

集成电路按其功能结构的不同可分为模拟集成电路、数字集成电路。

模拟集成电路又称为线性电路，用来产生、放大和处理各种模拟信号。模拟信号是指幅度随时间变化而变化的信号，如半导体收音机的音频信号、录放机的磁带信号等，其输入信号和输出信号成比例关系。

数字集成电路用来产生、处理各种数字信号。数字信号是指在时间和幅度上均为离散取值的信号。数字集成电路所处理的都是数字信号，数字集成电路的应用十分广泛。

2. 按制作工艺分类

集成电路按其制作工艺的不同可分为半导体集成电路、膜集成电路和混合集成电路，其中膜集成电路又分为厚膜集成电路和薄膜集成电路。

3. 按集成度分类

集成电路按集成度高低的不同可分为小规模集成电路、中规模集成电路、大规模集成电路和超大规模集成电路。

对于模拟集成电路，由于制造工艺要求较高，电路较为复杂，按集成度可以分为：
（1）小规模模拟集成电路：集成 50 个以下元器件。
（2）中规模集成集成电路：集成 50～100 个元器件。
（3）大规模集成集成电路：集成 100 个以上元器件。

对于数字集成电路，按集成度可以分为：
（1）小规模数字集成电路：集成 1～10 个等效门或 10～100 个元件。
（2）中规模数字集成电路：集成 10～100 个等效门或 100～1 000 个元件。
（3）大规模数字集成电路：集成 100～10 000 个等效门或 1 000～100 000 个元件。
（4）超大规模数字集成电路：集成 10 000 个以上等效门或 100 000 个以上元件。

4. 按导电类型分类

集成电路按导电类型的不同可分为双极型集成电路和单极型集成电路：
（1）双极型集成电路的制作工艺复杂、功耗较大。典型的双极型集成电路包括 TTL、ECL、HTL、LST-TL、STTL 等类型。
（2）单极型集成电路的制作工艺简单、功耗也较低，易于制成大规模集成电路。典型的单极型集成电路包括 CMOS、NMOS、PMOS 等类型。

5. 按用途分类

集成电路按用途的不同可分为电视机用集成电路、音响用集成电路、影碟机用集成电路、录像机用集成电路、计算机（微机）用集成电路、电子琴用集成电路、通信用集成电路、照相机用集成电路、遥控集成电路、语言集成电路、报警器用集成电路及其他各种专用集成电路。

1.7.4 集成电路命名、封装、型号

1. 集成电路命名

半导体集成电路型号由 5 部分组成，这 5 个部分的表达方式及其内容如表 1.19 所示。

表 1.19 集成电路型号的命名方法

第一部分		第二部分		第三部分	第四部分		第五部分	
用字母表示器件符合的国家标准		用字母表示器件的类型		用阿拉伯数字表示器件的序号	用字母表示器件的工作温度范围		用字母表示器件的封装形式	
符号	意义	符号	意义		符号	意义	符号	意义
C	中国制造	T	TTL	器件系列和品种代号，一般用阿拉伯数字表示	C	0 ~ 70 ℃	W	陶瓷扁平
		H	HTL		E	−40 ~ 85 ℃（工业级）	B	塑料扁平
		E	ECL				F	全密封扁平
		C	CMOS		R	−55 ~ 85 ℃	D	陶瓷双列直插
		F	线性放大器				P	塑料双列直插
		D	音响、视频电路					
		W	稳压器				J	黑瓷双列直插
		J	接口电路		M	−55 ~ 125 ℃（军用级）	K	金属菱形
		B	非线性电路				T	金属圆壳
		M	存储器					
		u	微型机电路					

例：CT4020ED 为低功耗肖特基 TTL 双 4 输入与非门，其中 C 表示符合国家标准，T 表示 TTL 电路（第一部分），4020 表示低功耗肖特基系列双 4 输入与非门（第二部分），E 表示−40 ~ 85 ℃（第三部分），D 表示陶瓷双列直插封装（第四部分）。

2. 集成电路封装形式

集成电路（Integrated Circuit，IC）封装是一种将半导体元件嵌入陶瓷或塑料等封装材料之内，以抵御外部物理冲击及腐蚀，确保元件安全无损的技术手段。鉴于集成电路种类

繁多，其电路设计与外壳需求亦千差万别，这直接促使了多样化的 IC 封装设计应运而生，并形成了多种分类体系。

（1）集成电路的封装分类。

集成电路封装形式基本分为三类，即金属、陶瓷、塑料，如图 1.57 所示。三种形式各有特点，应用领域也有所区别，具体内容包括：

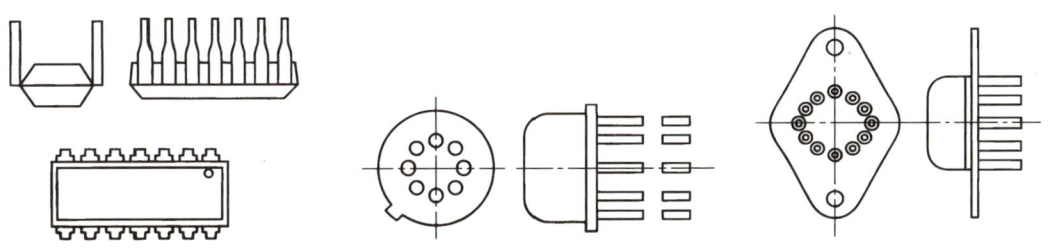

图 1.57　集成电路的封装形式

① 金属封装。

金属封装具有散热性能好、可靠性高，但安装使用不够方便、成本高的特点。一般高精度集成电路或大功率器件均采用此封装形式。金属封装主要包括 T 型封装和 K 型封装 2 种封装。

② 陶瓷封装。

陶瓷封装具有散热性差但体积小、成本低的特点。陶瓷封装的形式可分为扁平型（W 型）封装和双列直插型（D 型、J 型）封装。

③ 塑料封装。

塑料封装是目前使用最广泛的一种封装形式，其最大特点是工艺简单、成本低，一般适用于小功率器件。塑料封装形式与陶瓷封装形式一样，可分为扁平型（B 型）封装和双列直插型（P 型）封装，目前最常见的是 P 型封装。

目前，为了降低成本、使用方便，中功率器件也在大量采用塑料封装形式。为了限制温升，有利于散热，通常都在封装时加装金属板，以利于固定散热片。

（2）集成电路封装技术术语。

集成电路封装类型有很多，分类方法也不同，经常会遇到 BGA、QFP、PLCC、DIP、SIP、SOP、SOJ、COB、THT、SMT 等封装技术术语：

① BGA 封装。

球栅阵列（Ball Grid Array，BGA）封装，是面阵列封装的一种，如图 1.58 所示。

② QFP 封装。

方形扁平（Quad Flat Package，QFP）封装，如图1.59所示。

图 1.58　BGA 封装　　　　　　　图 1.59　QFP 封装

③ PLCC 封装。

有引线塑料芯片载体（Plastic Leaded Chip Carrier，PLCC）封装，如图1.60所示。

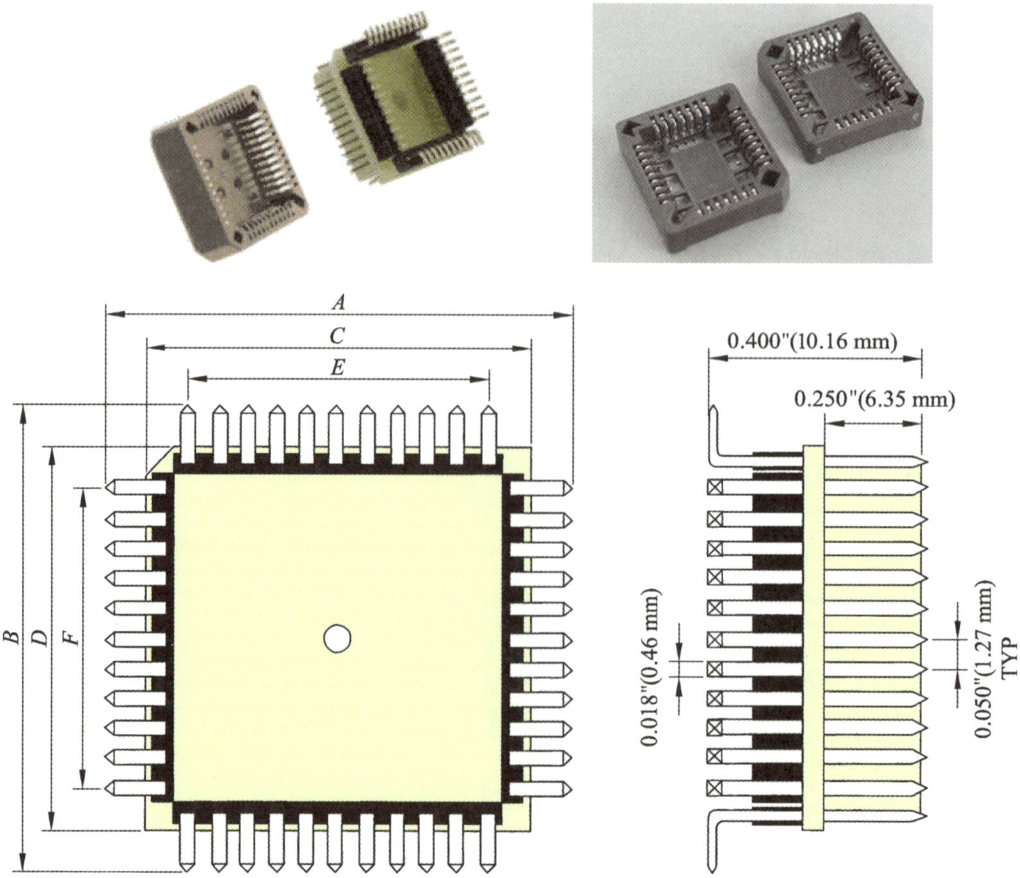

图 1.60　PLCC 封装

④ DIP 封装。

双列直插（Dual In-line Package，DIP）封装，如图 1.61 所示。

⑤ SIP 封装。

单列直插（Single In-line Package，SIP）封装，如图 1.62 所示。

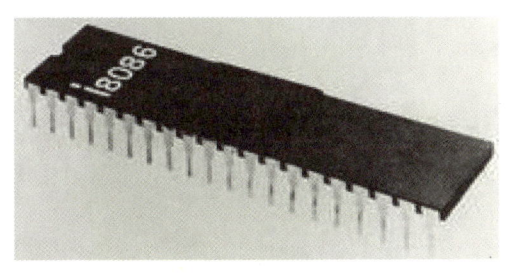

图 1.61　DIP 封装　　　　　　　　　图 1.62　SIP 封装

⑥ SOP 封装。

小外形（Small Out-line Package，SOP）封装，如图 1.63 所示。

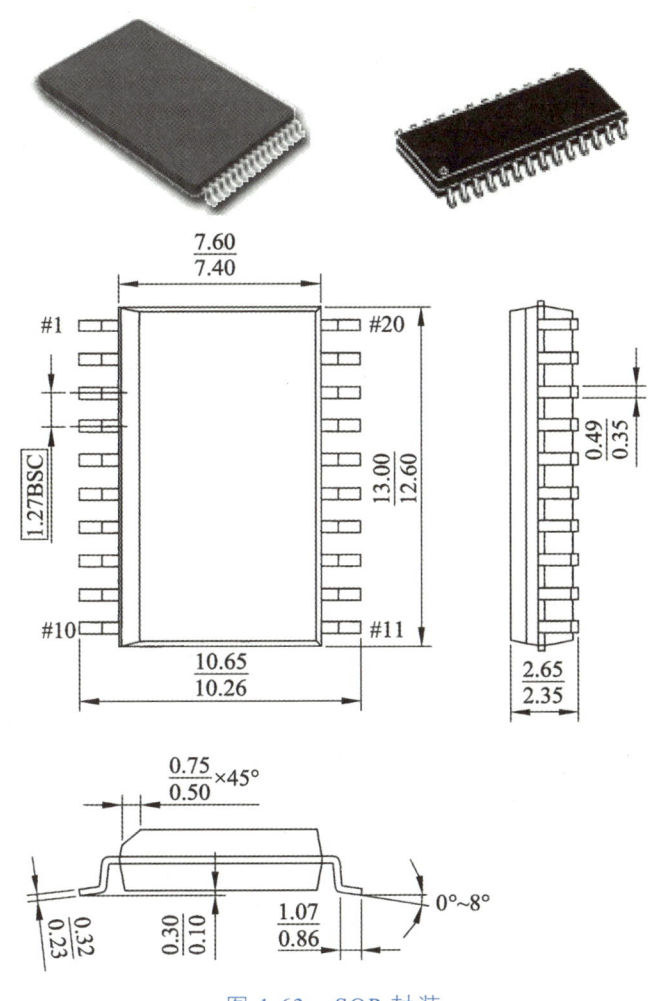

图 1.63　SOP 封装

⑦ SOJ 封装。

SOJ 封装是指 J 形引脚小外形（Small Out-line J-leaded Package，SOJ）封装，如图 1.64 所示。

⑧ COB 封装。

板上芯片（Chip on Board，COB）封装，如图 1.65 所示。

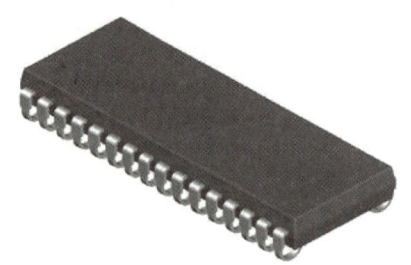
图 1.64　SOJ 封装

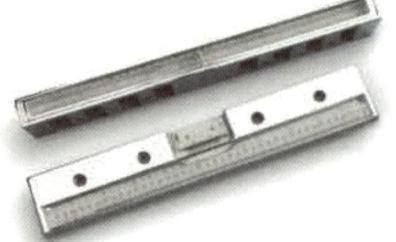
图 1.65　COB 封装

⑨ THT 封装。

通孔插装技术（Through Hole Technology，THT）封装，如图 1.66 所示。

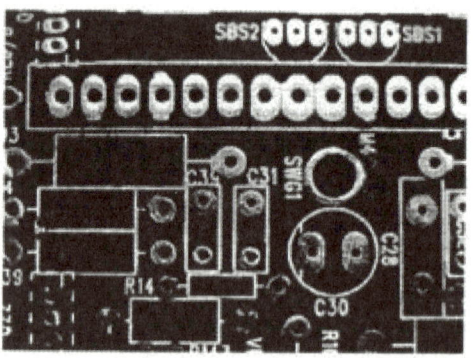
图 1.66　THT 封装

⑩ SMT 封装。

表面安装（Surface Mount Techology，SMT）技术，如图 1.67 所示。

图 1.67　SMT 封装

3. 集成电路的其他型号

集成电路还可能有其他型号,其基本组成形式与国标型号相同,只是把国标型号的(1)、(2)两部分换成各制造厂的代号,如 BG、TB、XG 等;第(3)部分相同;(4)、(5)两部分省略掉。这些集成电路的电特性基本上与国外同类产品相一致,只是质量一致性试验的要求略低于国标型号的集成电路。

数字集成电路的分类如表 1.20 所示。

表 1.20 数字集成电路的分类

系列	子系列	名称	国标型号	速度/功耗
TTL	TTL	标准 TTL 系列	54/74TTL	10 ns/10 nW
	HTTL	高速 TTL 系列	54/74HTTL	6 ns/22 mW
	STTL	甚高速 TTL 系列	54/74STTL	3 ns/19 mW
	LSTTL	低功耗肖特基系列	54/74LSTTL	5 ns/2 mW
	ALSTTL	先进低功耗肖特基系列	54/74ALSTTL	4 ns/1 mW
MOS	PMOS	P 沟道场效应管系列	CD4000	
	NMOS	N 沟道场效应管系列	MC14000	
	CMOS	互补场效应管系列	54/74HC	
	HCMOS	高速 CMOS 系列	54/74HCT	
	HCMOST	与 TTL 兼容的 HC 系列		

注:(1)74 为民用品,工作温度为 0~70 ℃,电源电压为(5±0.25)V。
(2)54 为军用品,工作温度为 -55~125 ℃,电源电压为(5±0.5)V。
(3)L 表示低功耗(Low Power)。
(4)S 表示采用肖特基工艺,高速 TTL。
(5)CT 为国标型号,分为 CT1000、CT2000、CT3000、CT4000 四个系列,分别为中速、高速、甚高速和低功耗肖特基高速。
(6)"40",有些厂家写为"140""340",对使用者而言,4000、14000、34000 一样。
(7)74HC 是 20 世纪 80 年代的产品,H 表示高速,C 表示 CMOS,其速度与 TTL 相近。输入、输出均为 CMOS 电平。
(8)74HCT 是输入为 TTL 电平、输出为 CMOS 电平的 HCMOS 电路,可取代 LSTTL。

1.7.5 集成电路使用的注意事项

1. 工艺筛选

工艺筛选的目的是及时淘汰一些潜在的早期失效电路,以保证产品有较高的可靠性。由于集成电路在出厂前都要进行多项筛选试验,一般包括检验筛选、检漏筛选、高温直流参数测试和模拟低温参数测试的动态测试、高温存储、温度冲击、高温功率老化等。出厂后的集成电路可靠性比较高,用户在一般情况下不必做老化筛选。但在一些特殊场合,由于对设备及系统的可靠性要求较高,使用前必须进行老化筛选,以达到提高可靠性的目的。

2. 使用时的注意事项

在使用集成电路时的注意事项主要包括:

(1)集成电路在使用时不允许超过极限值。在电源电压变化不超过额定值的±10%时,集成电路的电参数应符合规范值。电源接通与断开时,不得有瞬时高压产生,否则会击穿集成电路。

(2)集成电路使用温度一般为-30~85 ℃,在安装时要尽量远离热源。

(3)进行整机装配焊接时,一般最后焊接集成电路;手工焊接时,一般使用20~30 W的电烙铁,焊接时间应尽量短,避免由于焊接过程中的高温损坏集成电路。

(4)不能带电焊接和插拔集成电路。

(5)正确处理集成电路的空脚,不能擅自将空脚接地、接电源或悬空,应根据实际情况对集成电路的空脚进行处理(如接地或接电源)。

(6)对于MOS集成电路,要防止栅极静电感应击穿。此外,一切测试仪器(特别是信号发生器和交流测量仪器)、电烙铁、电路本身均需良好接地。MOS集成电路的"与非"门输入端不能悬空,不用时接电源正极,特别是加上源电压和漏电压时,若输入端悬空,用手触及到该类输入端时,由于静电感应极易造成栅极击穿烧坏集成电路。

(7)为了避免拨动开关时输入端瞬时悬空,可在输入端接一个几十千欧的电阻器到电源正极(或负极)。此外,在存放集成电路时必须将其存放到金属屏蔽盒内或用金属纸包装,以防止外界电场将栅极击穿。

1.8 开关件及常用接插件

开关、接插元件被广泛应用于实际电路中,其质量及可靠性直接影响电子系统或设备的可靠性,最突出的问题是接触问题。接触不可靠不仅影响电路的正常工作,也是产生噪声的重要来源之一。合理选用和正确使用开关及接插件,会大幅度地降低电子设备的故障率。

影响开关和接插元件质量及可靠性的主要因素是温度、湿度、工业气体和机械振动等。温度、湿度、工业气体易使接插件的触点氧化,致使触点电阻增大,绝缘性能下降。振动易使接插件的触点不稳。为此,应根据产品技术条件规定的电气、机械、环境、动作次数、镀层等合理地选择开关和接插件。

1.8.1 常用接插件

接插件又称连接器,为了便于组装、更换、维修电子设备,常采用接插件进行简便的插拔式电气连接。按工作频率可将接插件分为低频接插件和高频接插件。低频接插件是指频率在 100 MHz 以下的连接器；高频接插件则是指频率在 100 MHz 以上的连接器。高频接插件在结构上一般采用同轴结构与同轴线相连接，也称为同轴连接器，使用时需考虑高频电场的泄漏、反射等问题。

常用接插件按外形结构特征可分为圆形接插件、矩形接插件、印制板接插件、扁平排线接插件和其他连接件。

1. 圆形接插件

圆形接插件俗称航空插头插座，如图 1.68 所示，配置了一个标准的旋转锁紧机构，有多接点和插拔力较大的特点，连接较为方便，抗振性极好，还容易实现防水密封以及电场屏蔽等特殊要求。圆形接插件适用于大电流连接，广泛应用于不需要经常插拔的电器之间以及电器与机械之间的电路连接口。圆形接插件的连接点数量从 2 个到近百个，额定电流可从 1 A 到数百安，工作电压为 300 ~ 500 V。

图 1.68　圆形接插件

2. 矩形接插件

矩形接插件的引脚是矩形排列，能充分利用空间位置，被广泛应用于机内各部分电路的互连。当带有外壳或锁紧装置时，也可用于机外的电缆和面板之间连接。矩形接插件如图 1.69 所示。

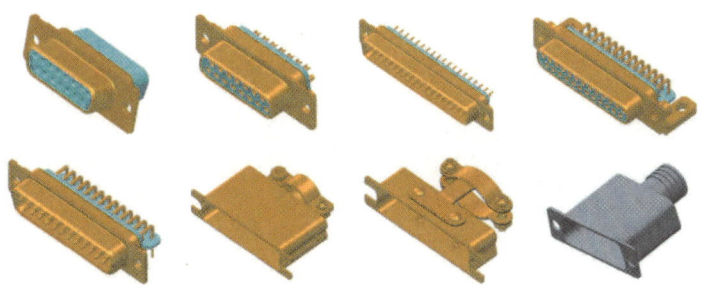

图 1.69　矩形接插件

矩形接插件的插头座可分为插针式和双曲线簧式、带外壳式和不带外壳式、带锁紧式和非锁紧式。接点数量、电流、电压均有多种规格，根据电路要求，可查手册。

3. 印制板接插件

印制板接插件的结构形式有直接型、插针型、间接型等，如图 1.70 所示。选用印制板接插件时可查相关接插件的数据手册。

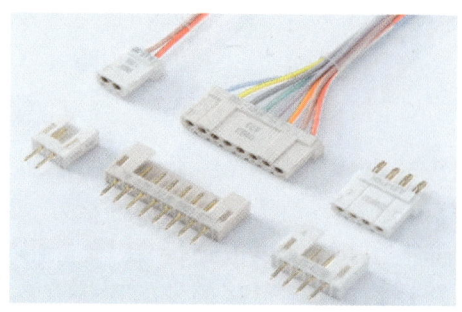

图 1.70　印刷板接插件

4. 扁平排线接插件

扁平排线接插件的端接方法不需触接，而是靠刀口刺透绝缘层，实现接点连接的目的，也称绝缘-位移-接触连接器，如图 1.71 所示。

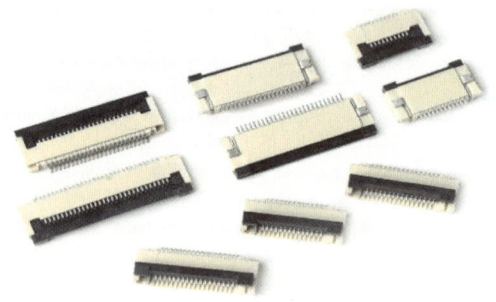

图 1.71　扁平排线接插件

扁平排线接插件接触可靠，适用于微弱信号连接，多用于计算机及外部设备。

5. 其他连接件

（1）接线柱。

接线柱常用于仪器面板的输入、输出接点，种类很多，如图 1.72 所示。

图 1.72　接线柱

（2）接线端子。

接线端子常用于大型设备的内部接线，如图1.73所示。

图1.73　接线端子

1.8.2　常用开关

开关在电子设备中作接通和切断电路用，其中大多数都是手动式机械结构。由于手动式机械结构操作方便，价廉可靠，目前使用十分广泛。常用的机械结构开关包括波段开关和刷型开关、按钮开关、键盘开关、琴键开关、钮子开关和拨动开关、拨码开关、薄膜按键开关等。随着新技术的发展，各种非机械机构的开关不断出现，如气动开关、水银开关以及高频振荡式电子开关、电容式电子开关、霍尔效应式电子开关。

1. 波段开关和刷型开关

波段开关如图1.74所示，是多位多层结构。波段开关的绝缘基体可分为瓷质、玻璃丝板等。波段开关的几刀、几掷为主要规格，使用过程中通过旋转，几刀联动可以同时切断或接通电路。

波段开关的工作电流一般为0.05～0.3 A，电压为50～300 V。与波段开关相似的一种开关称为刷型开关，其接点是簧片，靠摩擦接触。

图1.74　波段开关

2. 按钮开关

按钮开关如图1.75所示，可分为大型、小型按钮开关，形状多为圆形和方形。按钮开关主要包括簧片式、组合式、带指示灯的与不带指示灯的按钮开关等类型。按下按钮开关则电路接通，松开按钮开关则电路断开。按钮开关多用于电子设备的接触开关。

图 1.75　按钮开关

3. 键盘开关

键盘开关如图 1.76 所示，主要用于计算机或计算器的快速通断。键盘有数码键、符号键，其接触形式有簧片式、导电橡胶式等。

图 1.76　键盘开关

4. 琴键开关

琴键开关如图 1.77 所示，属于摩擦式接触，锁紧形式包括自锁、互锁、无锁、互锁复位。琴键开关包括单键、多键等形式。

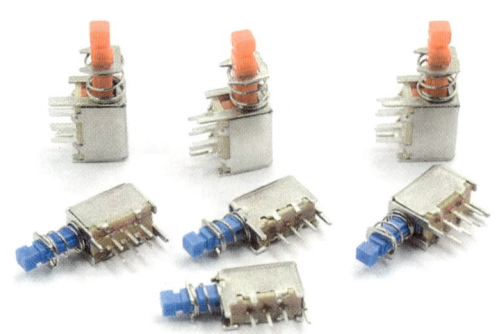

图 1.77　琴键开关

5. 钮子开关

钮子开关如图 1.78 所示，是电子设备中最常用的一种开关。钮子开关包括大型、中型、小型和超小型，可分为单刀、双刀和三刀等。钮子开关的触点包括单掷、双掷，工作电流范围为 0.5～5 A。

图 1.78　钮子开关

6. 拨动开关

拨动开关如图 1.79 所示，采用水平滑动换位、切入式咬合接触。拨动开关常用于计算器、收录机等电子产品。

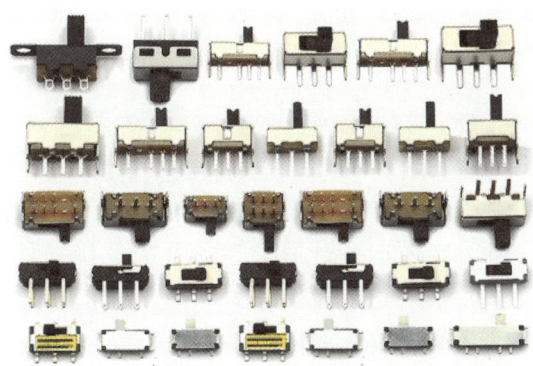

图 1.79　拨动开关

7. 拨码开关

常用的拨码开关有单刀 10 位（0～9）、2 刀 2 位和 8421 码拨码开关，如图 1.80 所示。

图 1.80　拨码开关

8. 薄膜按键开关

薄膜按键开关简称为薄膜开关，是一种集装饰与功能于一体的新型开关。与传统的机械式开关相比，薄膜按键开关具有结构简单、外形美观、密封性好、保新性强、性能稳定、寿命长（达 100 万次以上）等优点，目前被广泛用于各种微型计算机控制的电子设备。薄膜按键开关如图 1.81 所示。

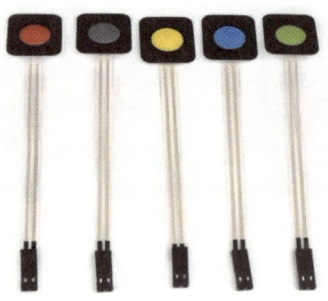

图 1.81　薄膜按键开关

薄膜按键开关按基材的不同可分为软性和硬性开关；按面板类型的不同可分为平面形和凸凹形开关；按操作感受的不同又可分为触觉有感式和无感式开关。

薄膜按键开关工作电压一般小于直流 36 V，工作电流一般小于 100 mA。薄膜按键开关只能瞬时接通且不能自锁。

1.8.3　开关及接插件选用

选用开关及接插件时应注意的事项主要包括：
（1）应根据使用条件和功能来选择合适类型的开关及接插件。
（2）开关及接插件的额定电压、额定电流要留有一定的裕量。
（3）为了接触可靠，开关的触点或接插件的线数要留有一定裕量，以便并联使用或备用。
（4）尽量选用带定位的接插件，避免插错而造成故障。
（5）触点的接线和焊接应可靠。为防止短线或短路，焊接处应加套管保护。

1.9　其他元器件

1.9.1　继电器

继电器是自动控制电路中的一种常用元器件，是一种根据某种输入信号变化而接通或断开控制电路，实现自动控制和保护等功能的电器。继电器的输入量可以是电流、电压等电量，也可以是温度、时间、压力、速度等非电量。

1. 继电器的外形特征

继电器通常为方块状,外形特征比较明显,在电路中比较容易识别。继电器的引脚比较多,大多数采用塑料或金属封装。外壳上标注了继电器的型号和工作电压,有的还会标出继电器的开关触点状态示意图,这给识别和使用各种类型继电器提供了方便。

继电器实物图如图1.82所示。

图1.82 继电器实物图

2. 继电器的电路图形符号

继电器的电路图形符号如图1.83所示,一般继电器的电路图形符号采用K来表示。

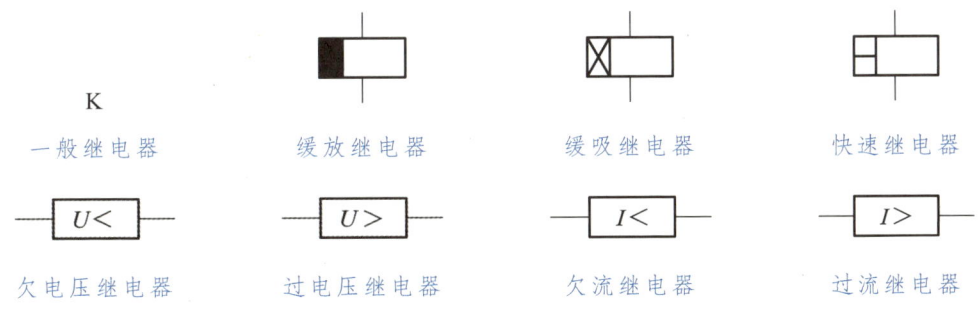

图1.83 继电器的电路图形符号

3. 继电器的主要参数及选用

继电器的参数在产品手册中有详细说明,在设计过程中经常涉及的有关参数主要包括:

(1)额定工作电压。

继电器的额定工作电压是指继电器正常工作时线圈需要的电压,可以是交流电压也可以是直流电压,根据型号的不同而不同。每一种型号的继电器,有多种额定工作电压,并用规格代号加以区别。

(2)吸合电压或吸合电流。

继电器的吸合电压或吸合电流是指继电器能够实现吸合动作的最小电压和电流,一般吸合电压为额定工作电压的75%。为了保证继电器可靠吸合,必须给继电器的线圈加上额定电压或略高于额定电压的电压,但一般不能超过额定工作电压的1.5倍,否则容易烧坏线圈。

（3）直流电阻。

继电器的直流电阻是指线圈的直流电阻值，精度为±10%。

（4）释放电压或释放电流。

继电器的释放电压或释放电流是指继电器由吸合状态转换为释放状态所需要的最大电压或电流。继电器的释放电压或释放电流一般为继电器的吸合电压或吸合电流的1/10～1/2。

（5）触点负荷。

继电器的触点负荷是指继电器触点允许的电压、电流。一般同一型号继电器的触点负荷是相同的，决定了继电器的控制能力。

此外，继电器的体积大小、安装方式、尺寸、吸合释放时间、使用环境、绝缘强度、触点数、触点形式、触点寿命（次数）等也是选用继电器时需要考虑的因素，详细参数可查阅继电器手册和使用说明书。

1.9.2 电动机

电动机是一种将电能转换为机械能的电气设备，可广泛应用于工业、农业、交通、家用电器等。电动机种类有很多，此处主要介绍直流有刷电动机。

1. 电动机的外形特征

电动机的体积不大，有1根转轴伸出外壳，一般情况下外壳背面有1个用于调整转速的小孔。

单速电动机有2条引脚，有正、负极性之分。双速电动机有4条引脚，其中1条是电源引脚，1条为接地引脚，另2条是转速调整引脚。

直流电动机如图1.84所示。

图1.84 直流电动机

2. 直流有刷电动机种类

（1）单速电动机。

单速电动机只有一种转速，但是转速可以微调。

（2）双速电动机。

双速电动机有两种转速，一个是常速，另一个是倍速，常速和倍速下的转速都可以进行微调。

（3）单向电动机。

单向电动机只能按顺时针或逆时针方向转动，一般电动机都是单向电动机。

（4）双向电动机。

双向电动机能够实现正向转动，也可以实现反向转动。

（5）直流稳速电动机。

直流稳速电动机的直流工作电压包括6 V、7.5 V、9 V、12 V、15 V。

直流稳速电动机按实现稳速的方式可分为电子稳速和机械稳速两种,目前主要使用电子稳速方式。

3. 直流有刷电动机的电路图形符号

直流有刷电动机的电路图形符号如图 1.85 所示。单速电动机有 2 条引脚,1 条是电源正极引脚,另一条是接地引脚。

图 1.85　直流有刷电动机电路图形符号

双速电动机有 4 条引脚,1 条是电源正极引脚,1 条是接地引脚,另两条是转速控制引脚,没有极性之分。

4. 直流有刷电动机主要性能参数

直流有刷电动机主要性能参数包括:

(1) 使用寿命。

直流有刷电动机在机器上的使用寿命大于 600 h,连续转动寿命为 1 000 h。

(2) 额定转矩。

直流有刷电动机的额定转矩越大越好。

(3) 额定转速偏差。

直流有刷电动机的额定转速偏差要求不大于 1%,稳速精度要求不大于 2%。

(4) 转速。

直流有刷电动机的转速有多种规格,一般为 2 000 r/min、2 200 r/min 和 2 400 r/min。双速电动机的转速一般为 1 400 r/min、1 800 r/min、2 400 r/min、2 800 r/min。

(5) 额定工作电流。

直流有刷电动机的额定工作电流一般为 100 mA,该参数对判断电动机工作是否正常有重要作用。

1.9.3　晶　振

晶振广泛应用于各种电子产品,如应用于电视机的遥控器、微控制器、集成电路、计算机主板、手机、钟表等应用电路。

例如,计算机主板上使用了多个频率的石英晶振:时钟晶振(14.318 MHz)、实时晶振(32.768 kHz)、声卡晶振(24.576 kHz)和网卡调制解调器晶振(25.000 kHz)。

1. 晶振外形特征

利用石英晶体可以构成石英晶振,图 1.86 所示是常见的石英晶振。石英晶振有多种形状:无源石英晶振只有 2 条引脚,且两条引脚没有极性之分;有源石英晶振通常是 4 条引脚,还有 DIP-8 封装、DIP-14 封装。

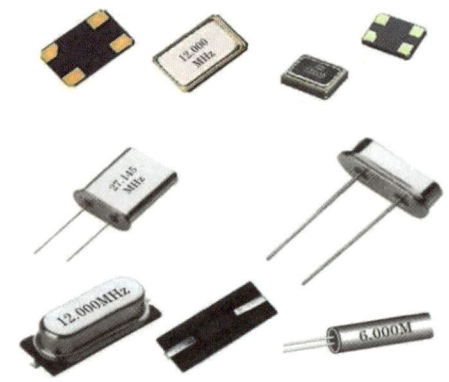

图 1.86 常见石英晶振

2. 石英晶振的电路图形符号

石英晶振的电路图形符号如图 1.87 所示，与两端陶瓷滤波器的电路图形符号相同，文字符号一般用 X 等字母表示。

图 1.87 石英晶振的电路图形符号

1.9.4 音频输出设备

音频输出设备涉及电信号到声音的转换，但音频输出设备的设计、用途和声音输出特性可能有所不同。扬声器通常提供更高质量的音频输出，适合播放复杂的音频内容；蜂鸣器通常用于发出简单、重复的声音信号。

1. 扬声器

常见扬声器如图 1.88 所示。

图 1.88 常见扬声器

扬声器的特点主要包括：

（1）扬声器有 2 个接线引柱，即有 2 条引脚。这 2 条引脚有时不分正极和负极，但有时要分清正极和负极。

（2）扬声器的外形有圆形和椭圆形两大类。

（3）扬声器有一个纸盆，颜色一般为黑色，也可以是白色或其他颜色。

（4）扬声器纸盆背面是磁铁。在外磁式扬声器中，用金属螺丝刀去接触磁铁时会感觉到磁性的存在；在内磁式扬声器中，感觉不到磁性，但确有磁铁存在。

（5）扬声器在设备中一般装在面板上或音箱内。

扬声器的电路图形符号如图 1.89 所示，只显示了 2 条引脚。扬声器的文字符号采用 BP 来表示，也可以采用 BL 来表示。

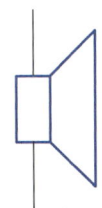

图 1.89　扬声器的电路图形符号

2．蜂鸣器

蜂鸣器是一种常见的电子元件，用于产生声音以达到报警或提示的目的。蜂鸣器主要由一个电磁系统和一个能发出声音的金属膜片组成，当电流通过蜂鸣器内的线圈时会产生磁场，这个磁场会使金属膜片振动从而发出声音。蜂鸣器的外形特征如图 1.90 所示。

图 1.90　蜂鸣器外形

蜂鸣器的电路图形符号如图 1.91 所示，一般用 BZ 来表示。

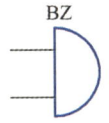

图 1.91　蜂鸣器电路图形符号

蜂鸣器可以分为有源蜂鸣器和无源蜂鸣器：

（1）有源蜂鸣器。

有源蜂鸣器内部已经集成了振荡电路，只要提供合适的直流电压就能发出固定频率的声音。有源蜂鸣器使用起来非常方便，但其音调是固定的，无法调整。

（2）无源蜂鸣器。

无源蜂鸣器更像是一个扬声器，需要外部提供一个特定频率的交流信号才能发声。为了改变声音的频率（即音调），可以通过改变输入信号的频率来实现。

无源蜂鸣器在使用时相对复杂一些，但具有更高的灵活性。

1.9.5　传声器

传声器又称话筒，是一种声电换能器件，可以将声音转换成电信号。传声器的种类相当多，主要包括驻极体电容式传声器和动圈式传声器两大类，具体内容包括：

（1）驻极体电容式传声器。

驻极体电容式传声器是一种广泛应用的高灵敏度麦克风，因其体积小、成本低、性能稳定等特点，在各种音频设备中得到广泛的应用。驻极体电容式传声器的工作原理是基于电容的变化将声音信号转换为电信号。驻极体电容式传声器实物如图1.92所示。

图1.92　驻极体电容式传声器

（2）动圈式传声器。

动圈式传声器实物如图1.93所示。动圈式传声器有一个音圈，音圈固定在振膜上，在音圈的附近设有一个磁性很强的永久性磁铁，这一结构相当于扬声器的结构，振膜相当于纸盆。

图1.93　动圈式传声器

1.9.6　电路板、面包板、散热片

1. 电路板

电路板通常指印制电路板（PCB板），可以提供集成电路等各种电子元器件固定装配的机械支撑，实现集成电路等各种电子元器件之间的布线和电气连接。同时，电路板还可以为自动焊锡提供阻焊图形，为元器件插装、检查、维修提供识别字符和图形。常见的电路板实物外观如图1.94所示。

 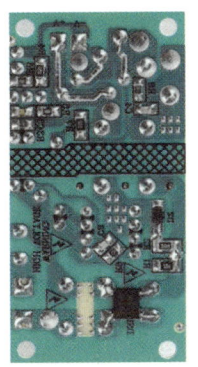

（a）正面　　　　　　　　（b）背面

图 1.94　电路板

（1）电路板正面和背面特征。

电路板的正面是元器件，其背面是铜箔电路。目前普通电子电器中主要使用单面铜箔电路板，即电路板只有一面有铜箔电路。

通常，铜箔电路表面往往涂有一层绿色绝缘漆，起绝缘作用。在测试和焊接时要注意，先用刀片刮掉铜箔电路上绝缘漆后再操作。铜箔电路很薄、很细，容易出现断裂故障，特别是电路板被弯曲时更易损坏，操作时要注意。

电路板的背面有许多形状不同的长条形铜箔电路，用来连接各元器件。铜箔电路是导体，图 1.95 中的圆形是焊点。

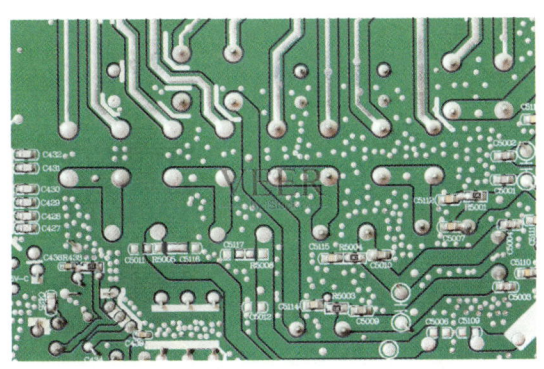

图 1.95　电路板示意图

（2）电路板规格。

电路板的规格主要包括：

① 厚度和尺寸。

电路板的厚度有多种规格，一般电路板的厚度为 1 mm。电路板的尺寸因用途不同而不同，其形状一般是长方形的，也有其他形状的。

② 层数。

常见的电路板是单层的，只有一层铜箔线路；双层和多层电路板则有多层铜箔线路，如图 1.96 所示。多层电路板中，每一层的铜箔电路都是不同的，只在复杂电路中才使用多层电路板。

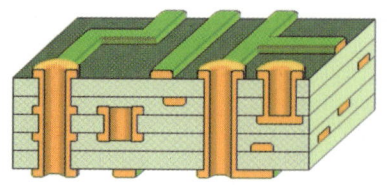

图 1.96　多层电路板

③ 通孔。

电路板上有许多通孔，孔径为 1 mm。对于直插式元器件，这些通孔为元器件的引脚孔，元器件的引脚从通孔伸到背面的铜箔电路上。对于贴片元器件，由于元器件没有引脚（如电阻器、电容器和晶体管等），因此无须引脚孔，这些通孔为信号从电路板的一边到另一边的连接线路。电路板的引脚焊点和贴片焊点如图 1.97 所示。

图 1.97　电路板的引脚焊点和贴片焊点

2. 面包板

在电子制作、实验过程中，需要将电子元器件放置在一个载体上，这就是电路板。但是电路板的制作在业余条件下比较困难，建议使用一次性面包板或万用面包板。

（1）一次性面包板。

一次性面包板如图 1.98 所示，其尺寸大小有许多规格，在电子器材商店很容易买到。

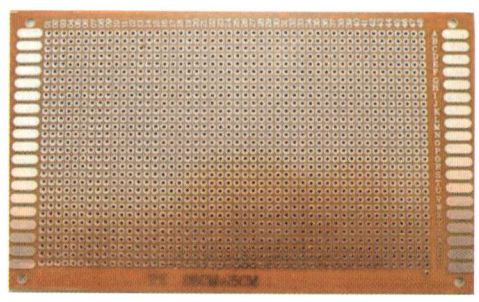

图 1.98　一次性面包板

一次性面包板上已经预先按照标准集成电路（2.54 mm）间距打好插孔，每一个插孔的后面都有铜箔焊盘，各种元器件都可以很方便地安装上去并焊接引脚。

（2）万用面包板。

万用面包板又称万用型免焊电路板，如图 1.99 所示。万用面包板的具体尺寸有许多种，是一种具有多孔插座的插件板，复杂电路、多引脚元器件均可使用。使用万用面包板时，各元器件引脚直接插入面包板的引脚孔中，无需焊接。

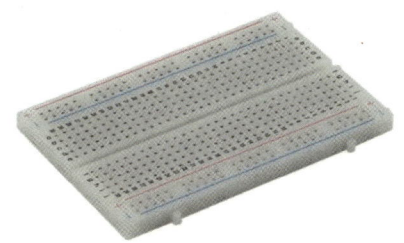

图 1.99　万用面包板

有的万用面包板标有 A、B、C、D、E 字母，其旁边的每竖列上有 5 个方孔，被其内部的一条金属簧片所接通，但竖列与竖列之间方孔是相互绝缘的。有的万用面包板标有 F、G、H、I、J 字母，其旁边每竖列的 5 个方孔也是相通的，被其内部的一条金属簧片所接通，但竖列与竖列之间方孔是相互绝缘的。

不同万用面包板有不同的连接形式，观察万用面包板实物可以看出这些连接规律，以便使用时正确接入元器件。

万用面包板的主要缺点包括：

① 元器件的引脚和连接导线比较长，当电路较复杂时万用面包板上相互跨线较多，显得比较乱。

② 电路的分布电容、分布电感较大，不适合制作高频电路。

③ 无法使用贴片元器件或引脚间距小于一个集成电路间距的元器件。

3. 散热片

散热片是用来帮助在大电流中工作、输出大功率信号的三极管和集成电路散热的元件，如图 1.100 所示。

功率放大管在工作时，集电结会产生大量的热量，如果不及时将这些热量散发掉，将影响功率放大管的耗散功率 P_{CM}，轻者影响器件的输出功率，重则损坏器件。三极管存在着热阻，影响了这些热量的散发。为此，在一些输出功率较大的场合下，给功率放大管和功放集成电路等装上散热片，以帮助其散热。

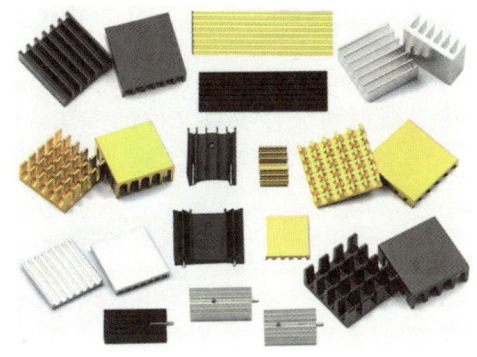

图 1.100　散热片

散热片在电子产品中主要用于集成电路、电路板、主板、三极管、MOS 管、TO-3P 大功率管、电子音响功放、模块电源等的散热。

项目模块 2　电路设计软件介绍

电路设计软件在电路设计领域中扮演着至关重要的角色。电路设计软件不仅为电路设计师们提供了一套便捷且高效的设计工具,还通过其全面而完善的服务体系,有助于用户将设计理念和创意成功地转化为实际可应用的产品。

本书采用国产软件嘉立创 EDA,该软件不仅涵盖从电路图绘制、仿真分析到 PCB 板布局布线的全设计流程,还提供丰富的元件库和设计验证功能,确保设计的准确性和可靠性。此外,该软件还支持团队协作和项目管理,使得多人协作项目变得更加高效和顺畅。通过嘉立创 EDA 的这些功能和服务,极大地提高设计效率,缩短产品从设计到上市的时间,从而在激烈的市场竞争中为用户争取到了宝贵的时间优势。

学习目标

能力目标

1. 能独立完成嘉立创 EDA 的安装。
2. 掌握嘉立创 EDA 的基本功能。

知识目标

1. 掌握嘉立创 EDA 的设计流程。
2. 掌握嘉立创 EDA 的基本操作界面及各个功能模块的作用。
3. 掌握嘉立创 EDA 创建、编辑和保存项目文件的方法。

2.1 软件介绍

嘉立创 EDA 是一款基于浏览器的电路板设计软件,包括在线绘制原理图、仿真分析、PCB 板制作,简单易用。嘉立创 EDA 是由国内团队研发、拥有完全自主知识产权的国产 EDA 工具。

嘉立创 EDA 拥有超过 100 多万个在线免费元件库并实时更新,可以在设计过程中检查元器件库存、价格并下单购买,缩短设计周期。

嘉立创 EDA 有两个版本,嘉立创 EDA 专业版和嘉立创 EDA 标准版。EDA 标准版面向学生、教育行业,功能和使用上更简单;EDA 专业版面向企业、专业设计团队,功能更加强大,约束性也更高。

2.1.1 EDA 标准版

嘉立创 EDA 标准版基于浏览器运行,轻量级,高效率,无需下载,打开网站就能开始设计。云端在线设计,文件云端存储,摆脱硬件储存束缚。支持 Windows、Mac、Linux 多设备、跨平台操作,设计进度自动同步。嘉立创 EDA 标准版兼容常用的其他 PCB 设计软件,支持文件导入、导出。

嘉立创 EDA 标准版提供团队协作功能,细化到单个工程权限管理;文件独立版本控制,互不影响;文件自动保存,一键恢复历史;一键生成 Gerber 文件、BOM 文件、坐标文件,方便生产制造。

嘉立创 EDA 标准版支持常用元件的在线仿真,一键将原理图布局传递到 PCB 板,一键导入图片到 PCB 板。

2.1.2 EDA 专业版

嘉立创 EDA 专业版基于 WebGL 引擎,相对标准版具有更好的布线体验,可以流畅提供数万焊盘的 PCB 设计,顺滑流畅不卡顿。嘉立创 EDA 专业版具有的优势主要包括:

(1)各种约束也会加强,提供规则管理等功能。

(2)提供器件选型功能,不需要频繁在嘉立创商城和嘉立创 EDA 编辑器之间来回切换。

(3)提供器件概念:器件=符号+封装+3D 模型,允许将器件放置在原理图画布中,加强库的复用。

(4)支持层次图绘制。可以支持多达 500 页的原理图绘制,PCB 板支持数万个元件依然可以流畅缩放、平移和布线。

(5)支持一个工程多个单板设计。

(6)支持 DXF 导入、导出,支持 PDF 导出。

嘉立创 EDA 标准版的文件类型后缀基本都是".json"。嘉立创 EDA 专业版扩展了很多个文件类型,不再只使用".json"后缀存储工程文档。嘉立创 EDA 专业版专属的一些文件类型如表 2.1 所示。

表 2.1　嘉立创 EDA 专业版专属的一些文件类型

文件后缀	文件类型	备　　注
zip	压缩包文件	工程压缩包、Gerber 压缩包、PDF 压缩包等，具体需要看文件名前缀
elib	离线客户端元件库文件	存放各种库文件，如器件、符号、封装等
eprj	离线客户端工程文件	客户端专用的工程文件，可以直接被客户端离线模式打开
efoo	封装文件	工程压缩包内的封装库文件
esym	符号文件	工程压缩包内的符号库文件
epan	面板文件	工程压缩包内的面板文件
esch	原理图文件	工程压缩包内的原理图文件
epcb	PCB 文件	工程压缩包内的 PCB 文件
ecop	铺铜文件	工程压缩包内铺铜的路径文件
eins	实例值文件	工程压缩包内原理图实例值属性的存储文件
efon	字体文件	工程压缩包内 PCB 字体的路径文件
epanm	面板制造文件	面板导出的面板制造文件
enet	网表文件	原理图导出的嘉立创 EDA 专业版网表文件
json	配置文件	编辑器导出的各种配置文件，具体看文件名前缀

2.2　软件安装

2.2.1　软件官网

在浏览器中输入嘉立创访问网址 https://lceda.cn，打开嘉立创官网，在图 2.1 所示的网页界面点击"立即下载"即可下载嘉立创 EDA。

图 2.1　网站界面

2.2.2 下载客户端

在图 2.1 中选择"立即下载",弹出如图 2.2 所示的软件下载界面,点击"嘉立创 EDA 专业版",即可下载嘉立创 EDA 专业版(简称嘉立创专业版)软件。

图 2.2　软件下载界面

2.2.3 安装客户端

打开下载好的嘉立创 EDA 专业版软件安装包,点击安装文件,弹出如图 2.3 所示的界面。

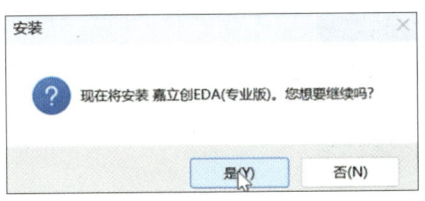

图 2.3　安装界面

单击图 2.3 中的"是",弹出如图 2.4 所示的界面,选择安装路径可以把安装文件存到指定的存储位置,如果不更改安装路径则可以跳过此步骤。

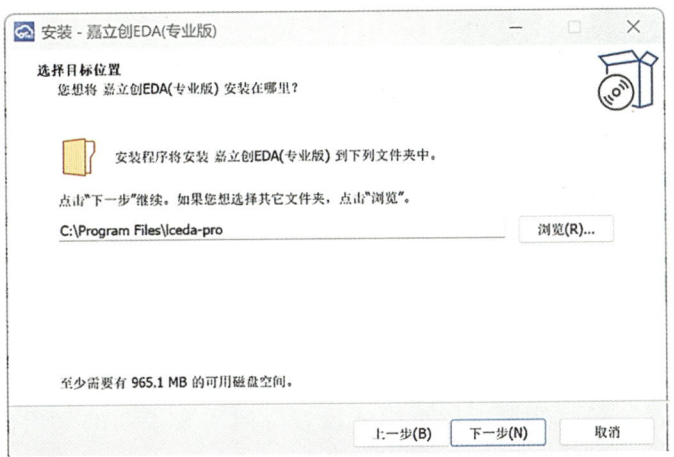

图 2.4　安装路径

单击图 2.4 中的"下一步",弹出图 2.5 所示的嘉立创 EDA 专业版软件的安装进度。

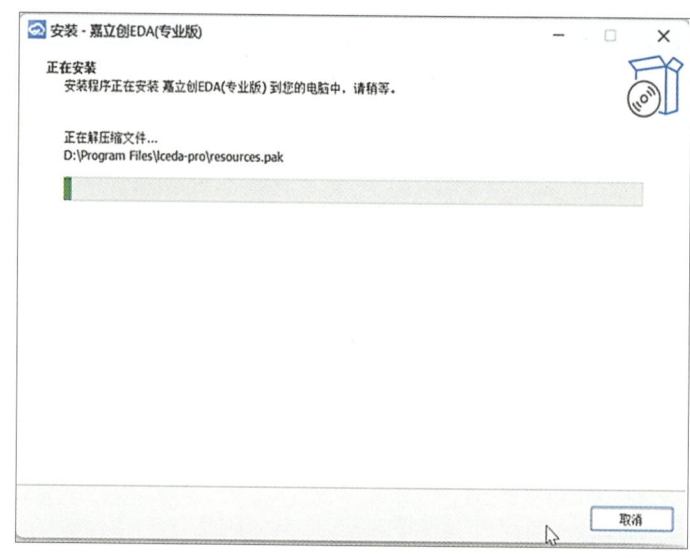

图 2.5　安装进度

安装进度达到 100%后会弹出如图 2.6 所示的安装完成界面。

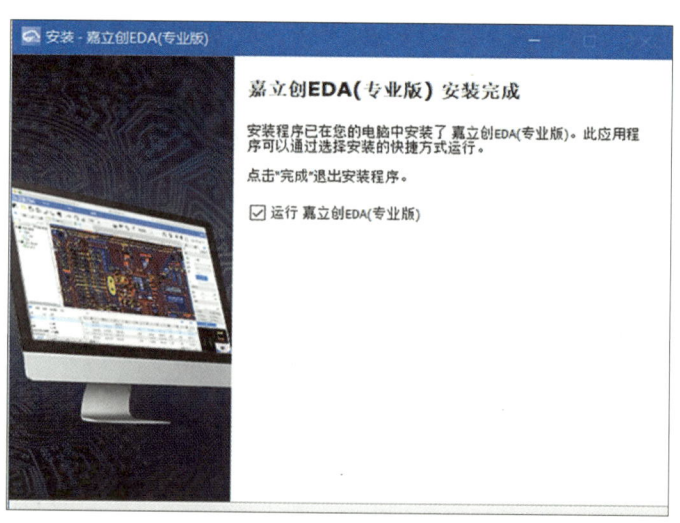

图 2.6　安装完成

在图 2.6 中选择"运行嘉立创 EDA（专业版）"再点击"确定",即可完成软件的安装并立即运行嘉立创 EDA 专业版,也可采用其他方式运行嘉立创 EDA 专业版。

首次运行嘉立创 EDA 专业版时,系统会自动弹出如图 2.7 所示的"客户端设置"界面,修改"库路径"后,选择"半离线模式"（工程和库均保存在本地,支持使用在线系统库）,单击"确定"。

在"客户端设置"界面选择"运行模式设置"时需要说明的事项包括：
（1）全在线模式（工程和库均保存在服务器）。
① 全在线模式需要登录后联网使用,支持团队协作,数据全部存储在云端服务器。

② 支持在线工程自动备份到本地硬盘。编辑器会根据设置的备份时间间隔把工程文件进行压缩并备份到设置的文件夹内。

（2）半离线模式（工程和库均保存在本地，支持使用在线系统库）。

① 半离线模式支持使用在线系统库。

② 个人的库和工程都存储在本地。

③ 支持设置库路径，支持添加多个库路径。

图 2.7　客户端设置界面

2.2.4　嘉立创 EDA 注册

首次使用时，在设置好客户端设置界面相关内容后，弹出图 2.8 所示的"激活客户端"界面，点击"免费下载激活文件"，弹出图 2.9 所示的申请嘉立创 EDA 客户端激活文件界面。

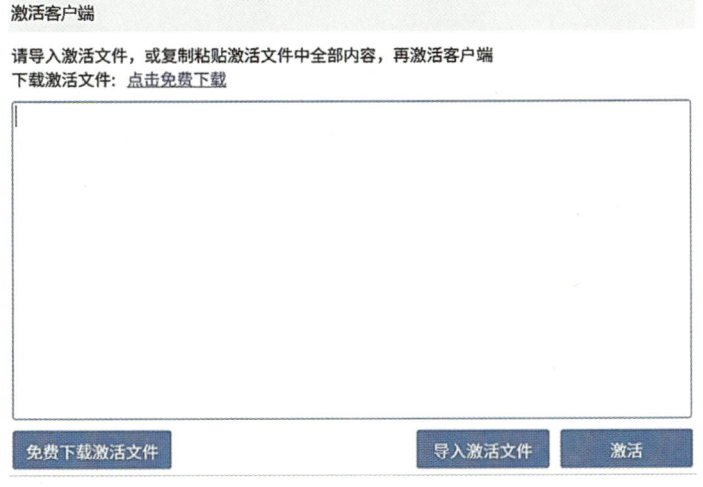

图 2.8　激活客户端界面

在图 2.9 所示的界面中,单击"一键复制"按钮,生成客户端激活文件,复制该激活文件。

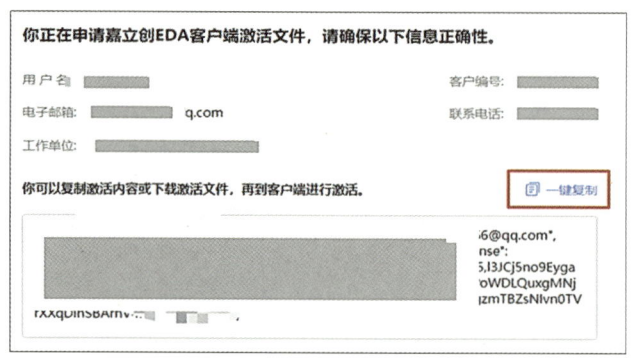

图 2.9　申请嘉立创 EDA 客户端激活文件界面

将复制的激活文件内容粘贴到图 2.10 所示的"激活客户端"界面的白框内,然后点击"激活"。

图 2.10　激活客户端界面

激活后打开软件,显示如图 2.11 所示的嘉立创 EDA 客户端主界面。

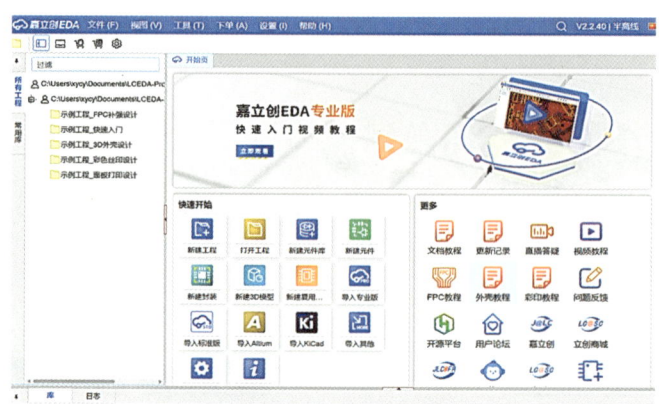

图 2.11　嘉立创 EDA 客户端主界面

2.2.5 新建工程

嘉立创 EDA 新建工程的步骤主要包括：

（1）在嘉立创 EDA 主界面依次选择"文件（F4）"→"新建"→"工程"；也可以在快速开始界面直接点击"新建工程"。嘉立创 EDA 主界面新建工程如图 2.12 所示。

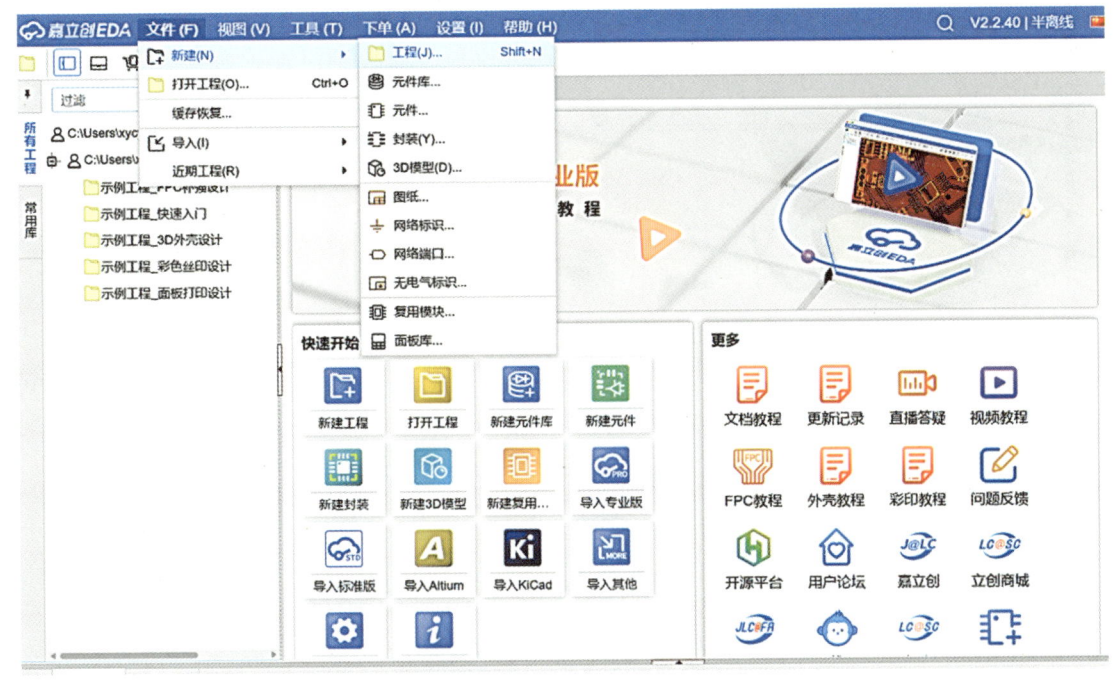

图 2.12　主界面新建工程

（2）修改工程名称。在"新建工程"对话框的"工程"中可以修改工程名称，在"工程路径"中可以修改工程的存储路径，点击"保存"，如图 2.13 所示。

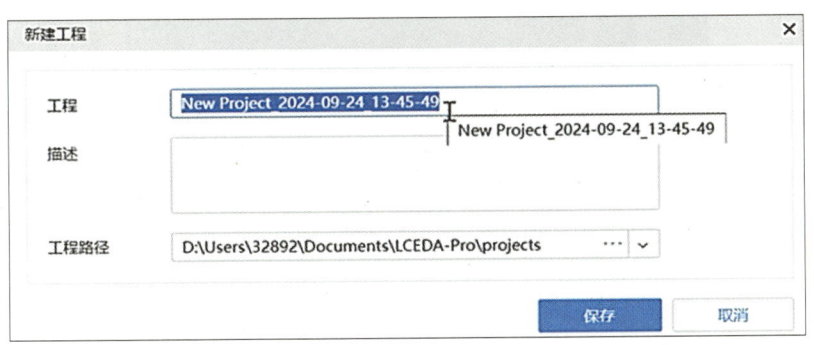

图 2.13　新建工程对话框

（3）在图 2.14 所示的工程文件树中选择"Schematic1"，展开后选择"1.P1"，显示图 2.15 所示的原理图工作界面。

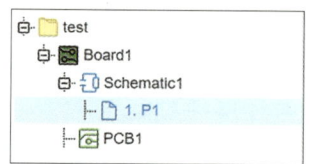

图 2.14　工程文件树

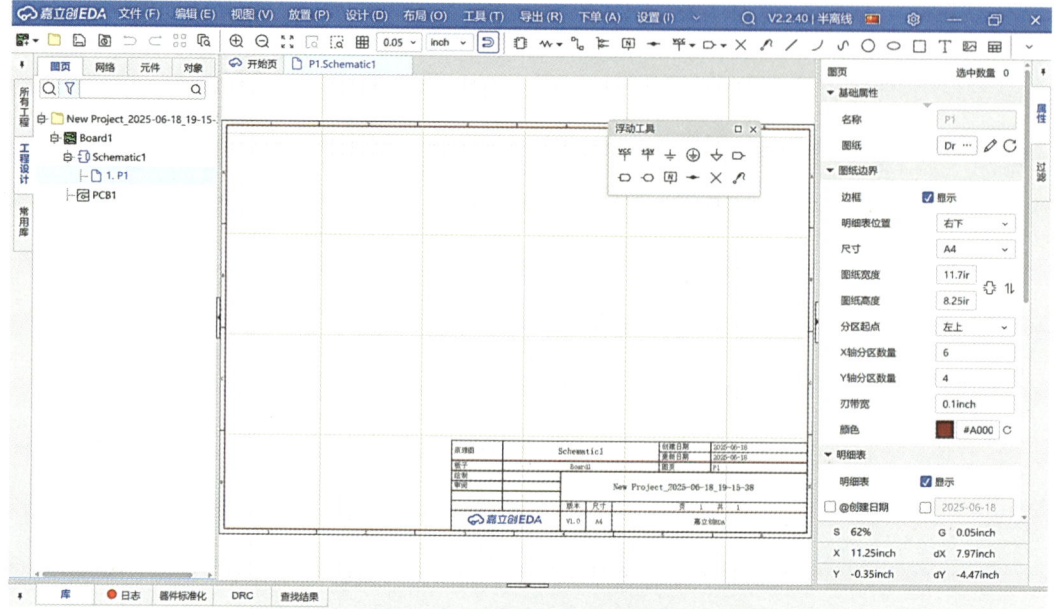

图 2.15　原理图工作界面

（4）单击图 2.15 左边工程文件树的"PCB1"，显示图 2.16 所示的 PCB 工作界面。

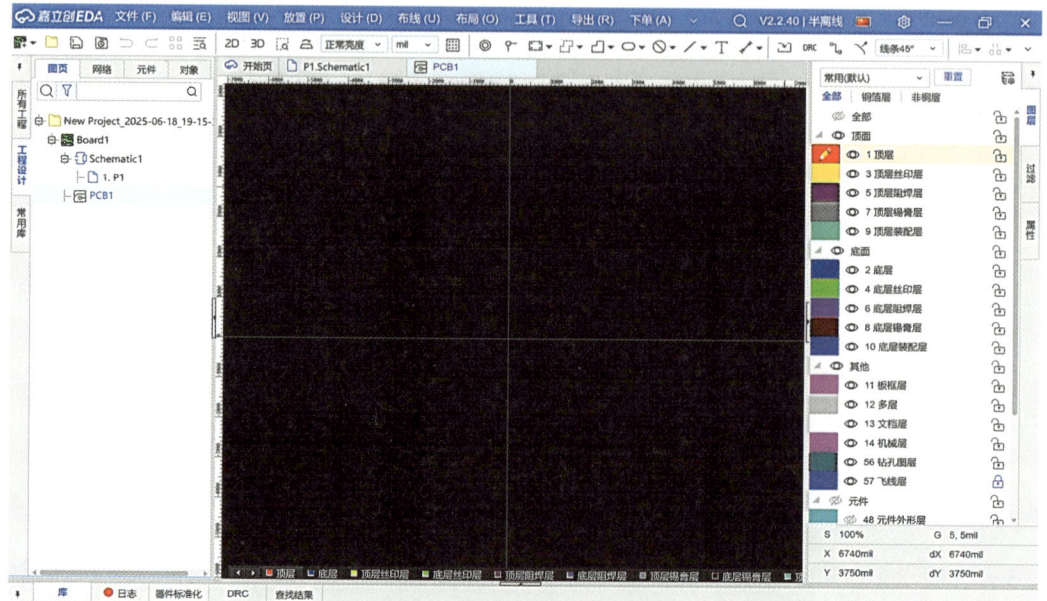

图 2.16　PCB 工作界面

2.3 嘉立创 EDA 基础知识

2.3.1 主页面介绍

嘉立创 EDA 专业版提供如图 2.17 所示的现代简约易用的界面，用户可以很方便地找到常用的功能入口。

图 2.17 现代简约易用的界面

1. 顶部菜单

图 2.18 所示的嘉立创 EDA 专业版顶部菜单可以新建工程文件，文件的导入，元件、图纸、面板的新建，视图切换，嘉立创的下单服务，嘉立创 EDA 功能的配置等相关操作。

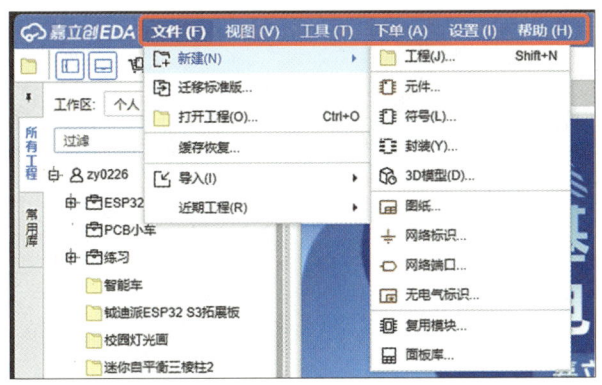

图 2.18 顶部菜单

2. 左侧面板

在图 2.19（a）所示的左侧面板中，可以查看当前用户（如图中的 zy0226 用户）的所有工程。点击图 2.19（a）中"工作区"右边的"∨"切换工作区，可以查阅如图 2.19（b）所示的"原理图""PCB""面板"的常用库。

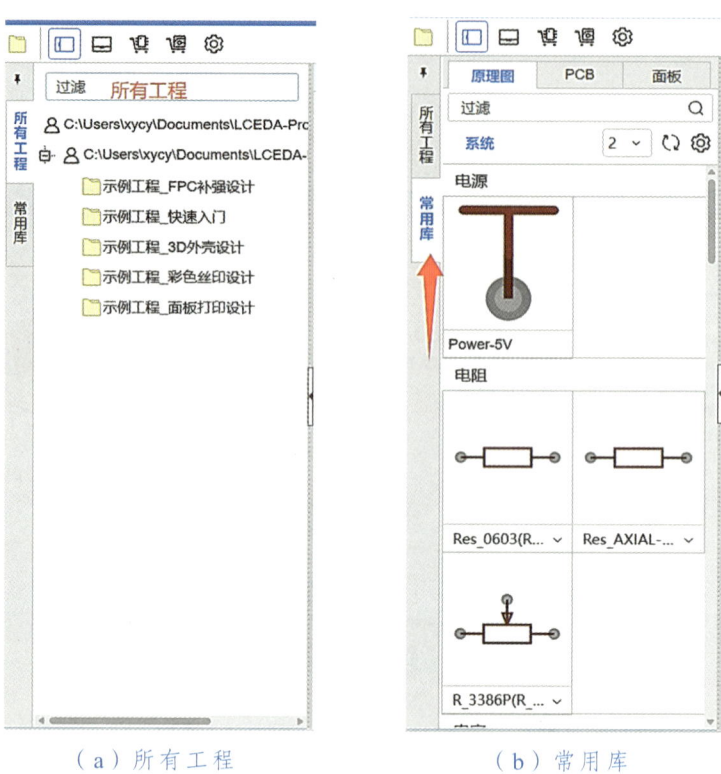

(a) 所有工程　　　　　　　(b) 常用库

图 2.19　面板

3. 编辑器

编辑器包含了常用的快捷功能，如图 2.20（a）所示。常用网站快捷方式的列表如图 2.20（b）所示。

(a) 常用快捷方式　　　　　　　(b) 网站快捷方式

图 2.20　编辑器的常用快捷功能

在底部面板中,可以查看最近设计的"工程""器件""封装""复用模块",如图 2.21 所示。

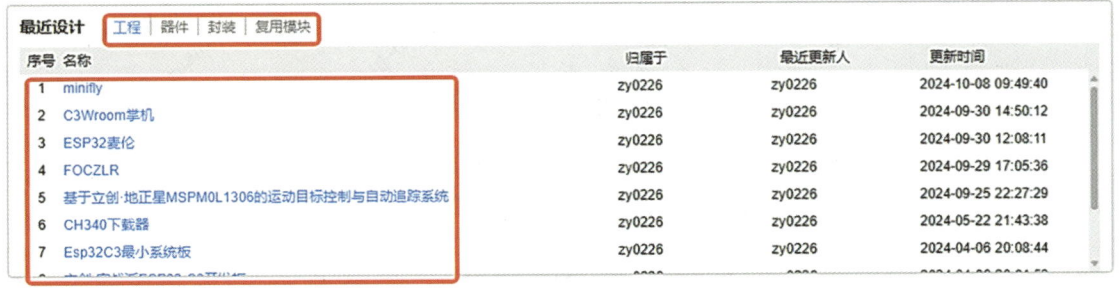

图 2.21 底部面板

2.3.2 设计流程

嘉立创 EDA 专业版的设计流程如图 2.22 所示,主要包括:

(1)如果没有需要的库,则先创建库,包括器件、符号、封装。器件需要绑定符号和封装。

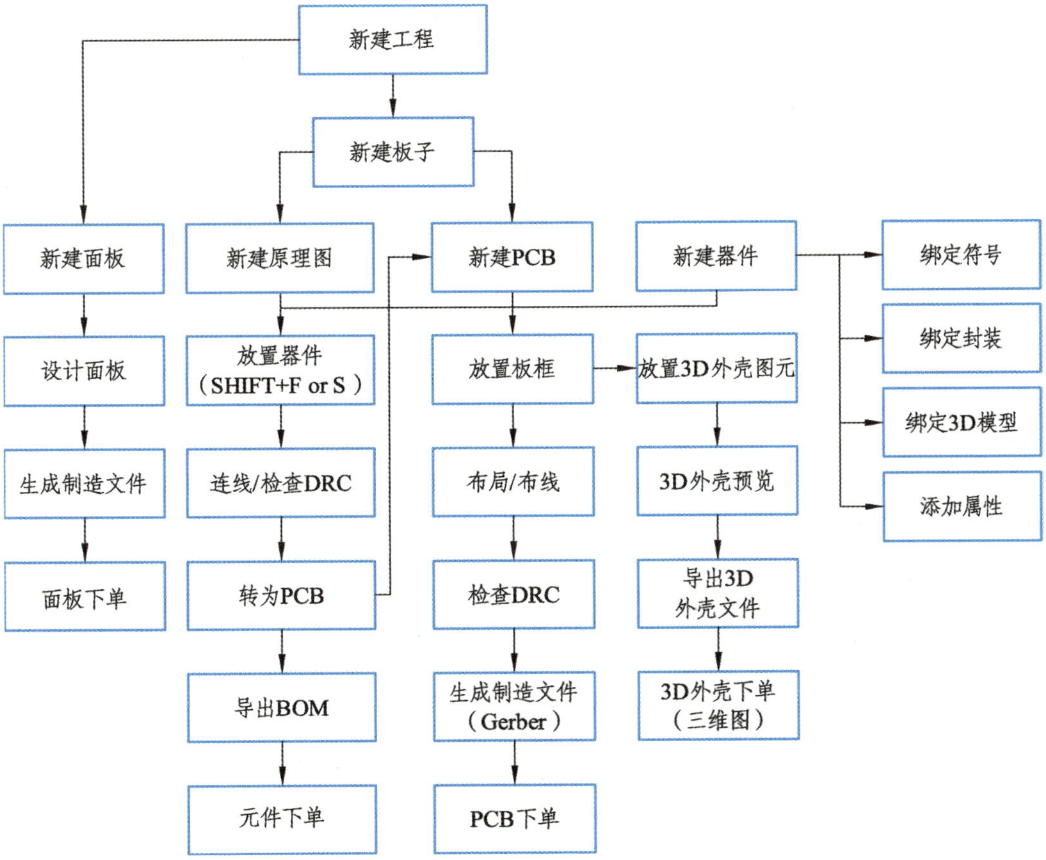

图 2.22 设计流程

（2）新建工程，在原理图中放置器件。
（3）原理图转 PCB 板。
（4）导出 BOM 清单和 Gerber 文件。

2.3.3 团队协作

嘉立创 EDA 专业版是一款拥有在线团队协作功能的 EDA 设计软件，支持用户便捷地添加工程团队成员，能够对团队成员的权限进行详尽的管理和配置。

1. 操作步骤

点击图 2.23 所示的右上角头像，进入图 2.24 所示的工程管理界面。

图 2.23　工程管理图标

图 2.24　工程管理界面

在工程管理界面中依次选择"工作区"→"工程"→"所有工程"→"我参与的"，进入图 2.25 所示的工程成员管理界面。在工程成员管理界面中能看到工程的"工程封面""工程名称""归属""创建时间""最后修改人员""更新时间"等信息。

图 2.25　工程成员管理界面 1

2. 添加成员

在图 2.26 所示的工程成员管理界面 2 中单击"添加成员",弹出如图 2.27 所示的对话框,在此对话框中可以添加成员的用户名称。

图 2.26　工程成员管理界面 2

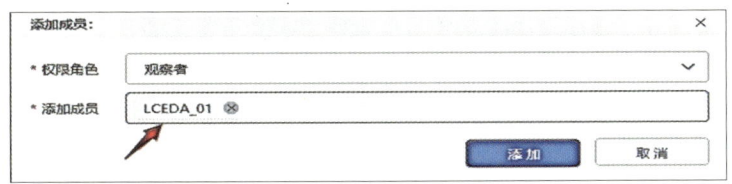

图 2.27　"添加成员"对话框

选择成员的"权限角色",点击"添加",即可添加成员进入工程。工程成员的"权限角色"设置如图 2.28 所示,主要包括:

(1)超级管理员。

超级管理员是指工程的所有者,拥有对工程进行操作的权限。

(2)管理者。

管理者拥有对工程文档、工程设置、工程下载、移除工程成员(除了超级管理员外)、管理工程成员进行操作的权限。

(3)开发者。

开发者拥有创建工程文档、附件并进行编辑的权限。

(4)观察者。

观察者拥有查看工程文档、附件的权限。

图 2.28　工程成员的"权限角色"设置

添加并设置工程成员的权限后弹出如图 2.29 所示的界面。

图 2.29　工程成员管理界面 3

3. 创建团队

在工作区中，可以通过创建一个团队来进行协作开发，如图 2.30 所示。

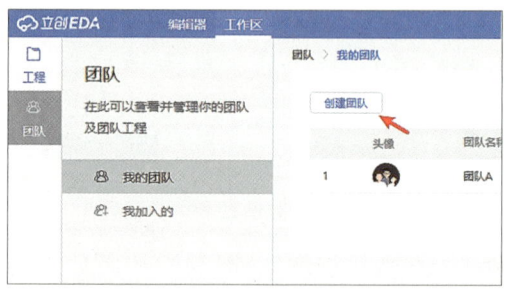

图 2.30　创建工程团队

添加工程团队成员，设置团队成员的权限，如图 2.31 所示。

图 2.31　添加工程团队成员

在创建库或工程时，选择团队，可以给团队的成员设置不同的工程权限。

2.3.4　个人设置

嘉立创 EDA 专业版具备个人设置同步功能，该功能确保用户在任何浏览器上登录嘉立创 EDA 专业版时，其个性化设置都会自动与服务器同步更新，减少了因重复配置而产生的不便。

1. 系统设置

（1）通用设置。

通用设置内容如图 2.32 所示，主要包括"符号库管理""新建库弹窗""双击工程""工程库重名""画布缩放""鼠标中键拖动""面板自动收起""放置更新的器件"等设置。

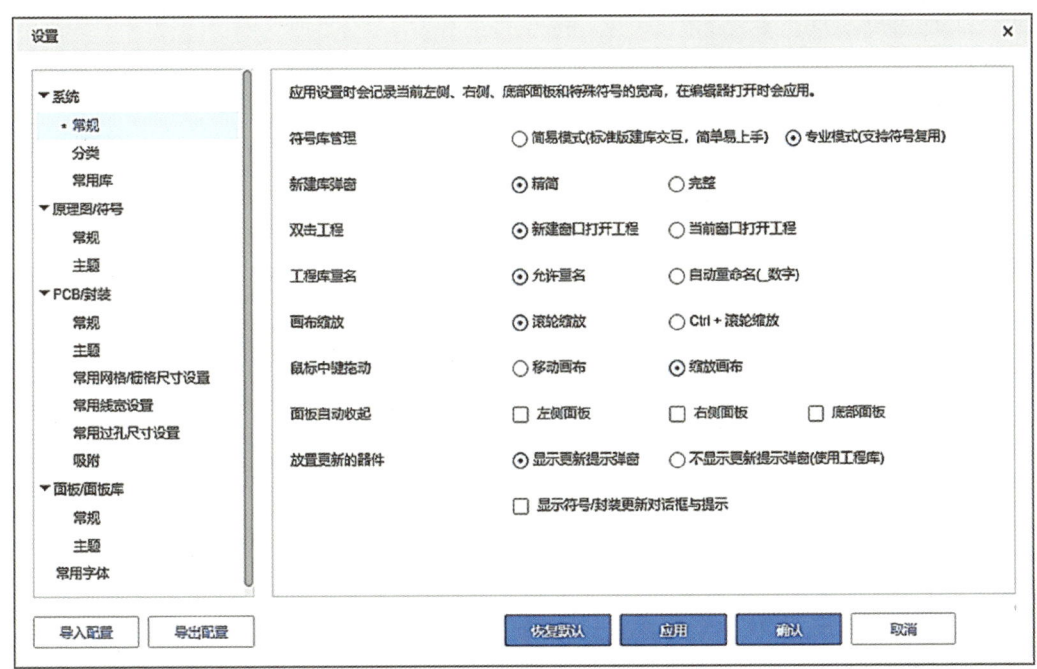

图 2.32 通用设置界面

① 符号库管理。

符号库管理模式分为简易模式和专业模式。简易模式会合并器件和符号，无法对符号进行复用，器件与符号一一对应；专业模式的器件和符号可以独立管理，多个器件可以绑定同一个符号，复用符号。

② 新建库弹窗。

新建库弹窗的默认模式为精简模式，可以在弹窗中选择完整模式。

③ 双击工程。

双击工程的设置决定了在工程列表中双击"工程"操作时，编辑器的操作结果是新建一个窗口打开所选工程还是在当前窗口打开所选工程。

④ 工程库重名。

工程库重名设置是为了解决导入第三方 EDA 文件时，库可能重名但是库内容不一致的问题（如图形有部分差异等）。设置默认允许重名，可以减少导出 BOM 时元件被拆分成多行的问题。

自动重命名则根据导入的名称和图元形状自动区分，名称后面加数字可以区分名称相同但是图形有差异的元件。

⑤ 画布缩放。

画布缩放的默认设置为鼠标滚轮缩放，可根据个人喜好修改为"Ctrl+滚轮"进行缩放。在绘制过程中，长按鼠标右键移动画布，绘制时默认单击右键取消绘制。

⑥ 鼠标中键拖动。

鼠标中键拖动设置可以实现在按下鼠标中键时拖动画布或缩放画布。

⑦ 面板自动收起。

面板自动收起支持设置左侧、右侧、底部面板是否自动收起。设置完毕，打开面板 3 s 后会自动收起。

⑧ 放置更新的器件。

当元件库有更新时，如果工程库是之前的版本，在元件库再次放置时会检测工程库的更新时间。默认使用的工程库模板如果需要更新工程库，可以手动进行更新。

在图 2.32 中勾选了"显示更新提示弹窗"，如果元件库和工程库的元件更新时间有差异，则会弹出如图 2.33 所示的警告界面。

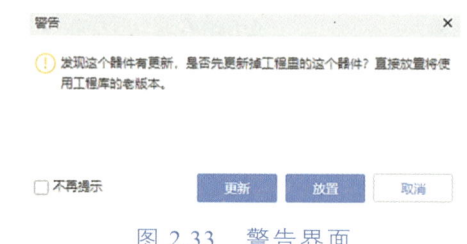

图 2.33　警告界面

在图 2.32 中勾选"不显示更新提示弹窗（使用工程库）"，元件库和工程库的元件更新时间无论是否有差异，都不弹出如图 2.33 所示的警告界面。在图 2.32 中勾选"显示符号/封装更新对话框与提示"，每次更新符号或封装都会弹出提示框。

（2）分类设置。

分类设置是指对器件、符号、封装、复用图块、3D（三维）模型库等库类型进行分类添加和编辑、删除设置，如图 2.34 所示。

图 2.34　分类设置

（3）常用库设置。

在原理图、PCB、面板下可以设置常用库，在"设置"界面的"常用库"中可以设置放到画布上的常用器件，如图 2.35。用户可以根据自己的使用习惯进行设置。

界面左侧可以管理常用库的分类，点击相应的按钮可以完成添加、上移、下移、删除器件的分类，双击可以编辑分类的名称；右侧可管理常用库中的器件。

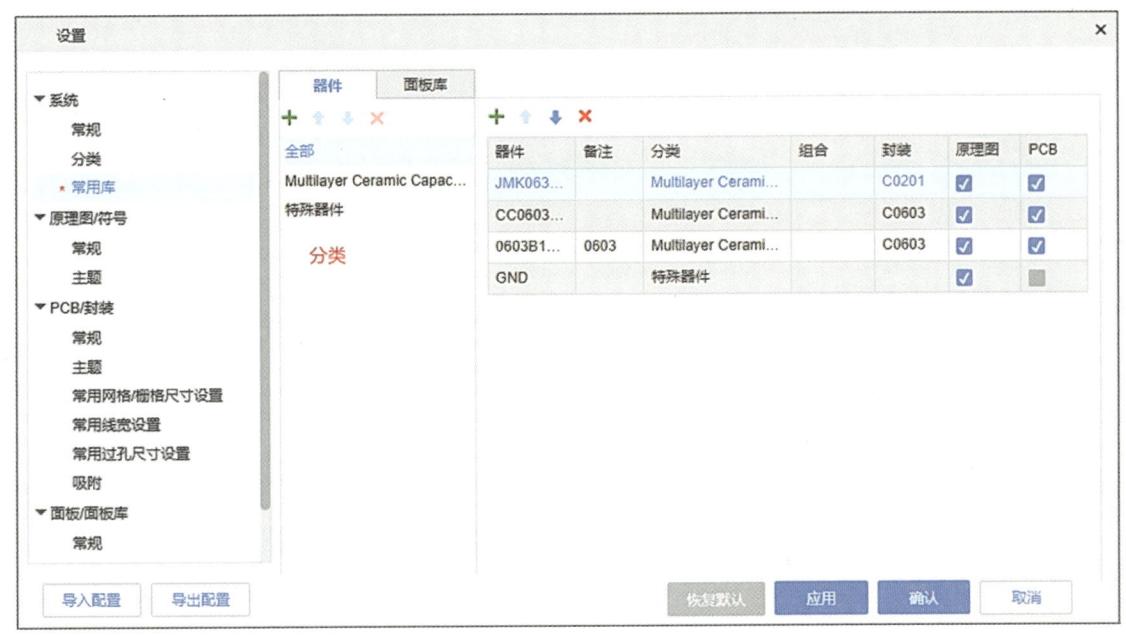

图 2.35　设置常用库

在设置放到画布上的常见器件时，勾选"原理图""PCB"则会在对应文档类型下显示该常用库，不勾选则不显示，如图 2.35 所示。

在设置好放到画布上常见器件的元件库后，相同类型的元器件可以在同一个缩略图下产生下拉菜单，如图 2.36 所示。

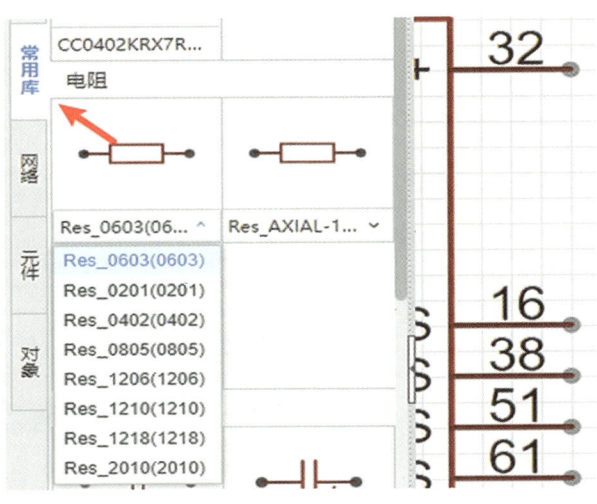

图 2.36　常用库下拉选择

2. 原理图/符号设置

（1）通用设置。

原理图/符号的通用设置如图 2.37 所示。

图 2.37　原理图/符号的通用设置

（2）主题设置。

原理图/符号的主题设置如图 2.38 所示，可以支持多种图纸显示主题的设置。

图 2.38　原理图/符号的主题设置

支持修改颜色/描边颜色、填充颜色、字体和线型等参数。

3. PCB/封装设置

（1）通用设置。

PCB/封装的通用设置如图 2.39 所示。

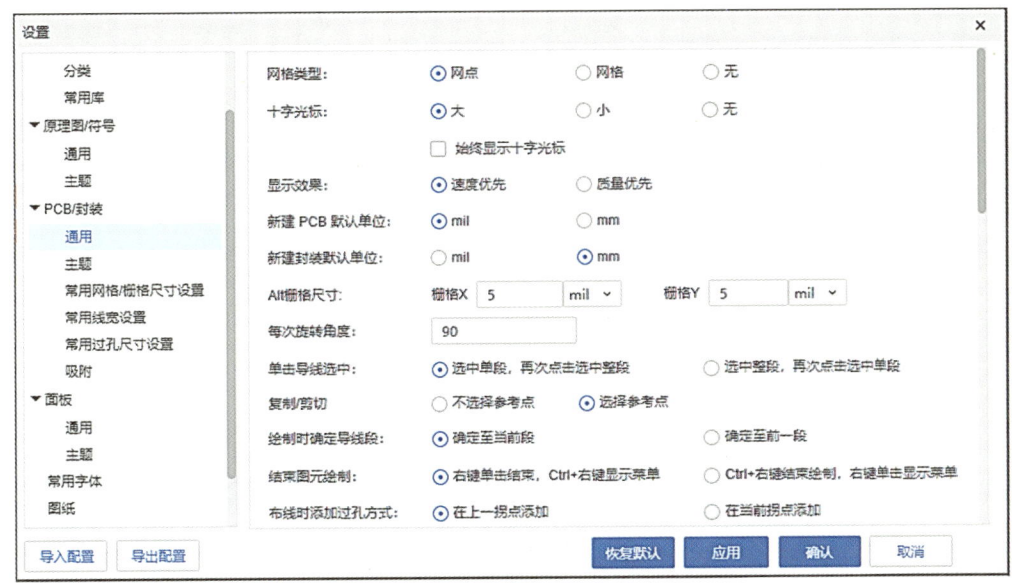

图 2.39　PCB/封装的通用设置

（2）主题设置。

PCB/封装的主题设置如图 2.40 所示，可以设置"画布主题""图层主题"。

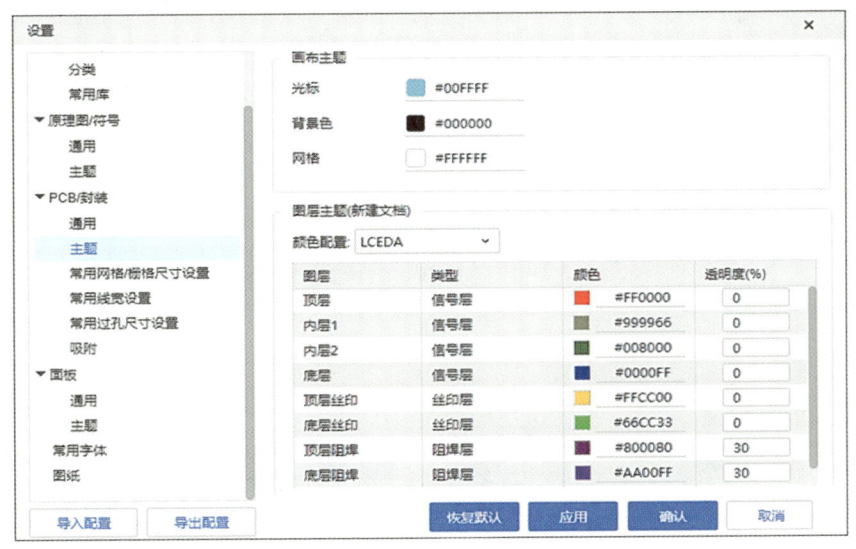

图 2.40　PCB/封装的主题设置

（3）常用网格尺寸设置。

PCB/封装的常用网格/栅格尺寸设置如图 2.41 所示，可以方便画布图元网格的定位。设置后可以利用视图菜单来设置网格尺寸；也可以在画布上单击鼠标右键，再单击相应的弹出菜单来设置网格尺寸。

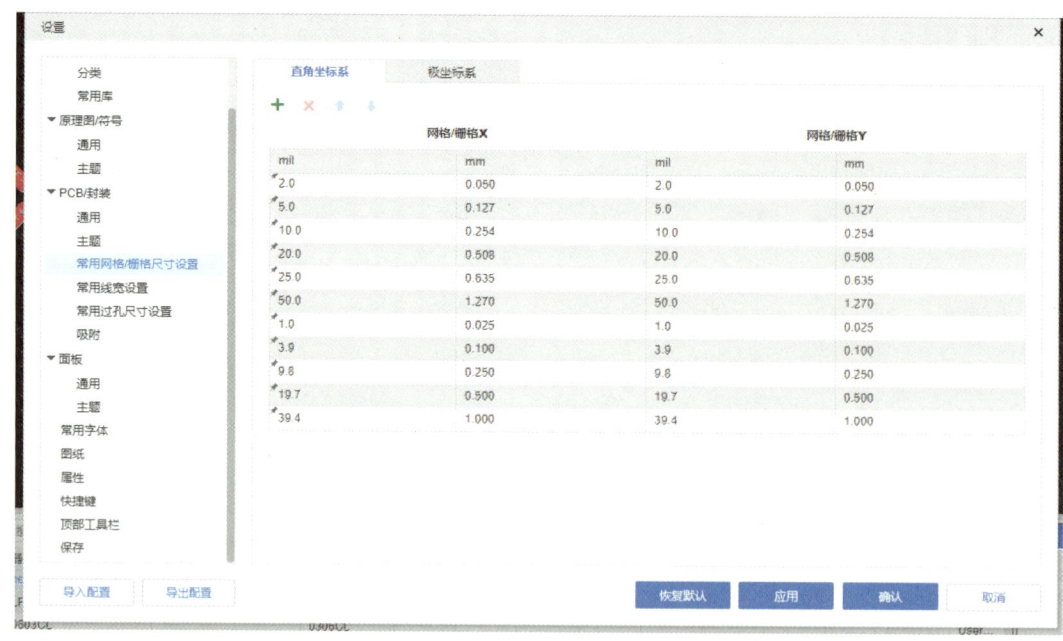

图 2.41　PCB/封装的常用网格/栅格尺寸设置

（4）常用线宽设置。

PCB/封装的常用线宽设置如图 2.42 所示。设置好常用的线宽后，在布线过程中可以通过快捷键"Shift+W"或"Ctrl+右键菜单"来切换线宽，也可以利用顶部菜单的"布线"菜单进行设置。

图 2.42　PCB/封装的常用线宽设置

（5）常用过孔尺寸设置。

PCB/封装的常用过孔尺寸设置如图 2.43 所示。设置好常用的过孔尺寸后，在布线过程中可以通过快捷键"Shift+V"或"Ctrl+右键菜单"来切换过孔尺寸，也可以利用顶部菜单的"布线"菜单进行设置。

图 2.43　PCB/封装的常用过孔尺寸设置

（6）吸附设置。

PCB/封装的吸附设置如图 2.44 所示。支持多种吸附设置，可以很方便进行各种吸附。

在设置好吸附功能后，可以利用顶部菜单的"编辑"菜单来开启吸附功能；也可以在画布上单击鼠标右键，再单击相应的弹出菜单来开启吸附功能。

图 2.44 吸附功能设置

4. 面板设置

（1）通用设置。

面板的通用参数设置如图 2.45 所示。

图 2.45 面板的通用参数设置

（2）主题设置。

面板的主题设置如图 2.46 所示。

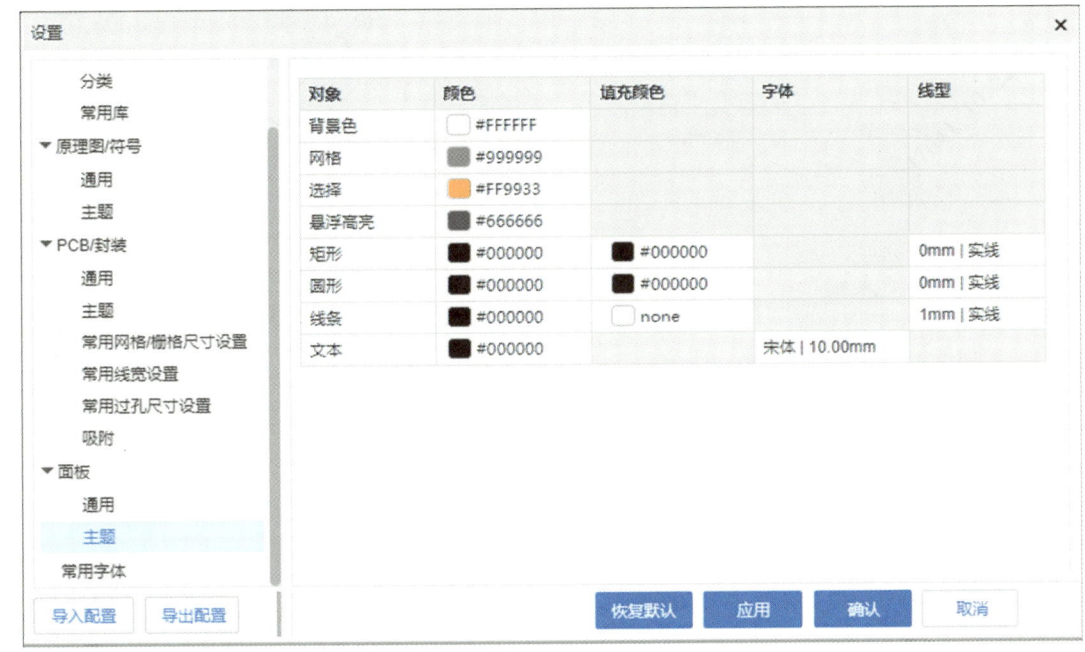

图 2.46　面板的主题设置

5. 常用字体设置

设置常用字体时，需要设置的字体必须是已经安装在本地计算机上才可以被编辑器调用，否则编辑器会自动使用浏览器提供的默认字体进行渲染。

添加可用字体的步骤主要包括：

（1）在本地计算机安装需要的字体，如果已经安装可以忽略这个步骤。

（2）以 Windows 系统为例，在系统设置里面找到字体设置，获取字体名称。Windows 系统字体设置如图 2.47 所示。

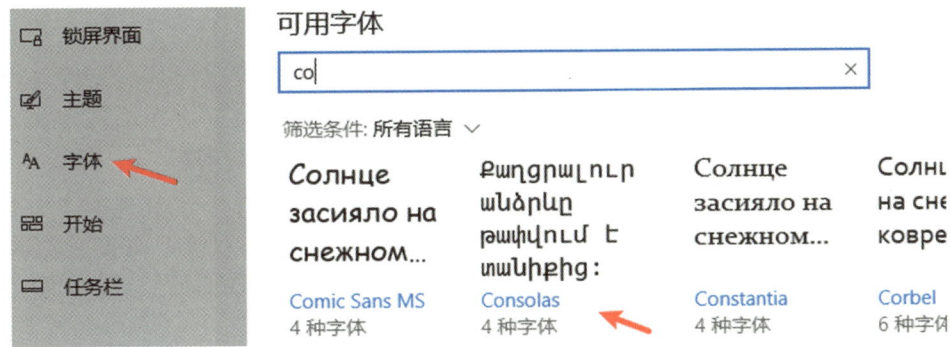

图 2.47　Windows 系统字体设置

（3）在嘉立创 EDA 专业版中根据字体名称添加一个字体，如图 2.48 所示。

（4）在原理图或 PCB 图的文本字体切换过程中，如果在"字体"的下拉菜单中能找到相应的字体，则可以进行字体切换，如图 2.49 所示。

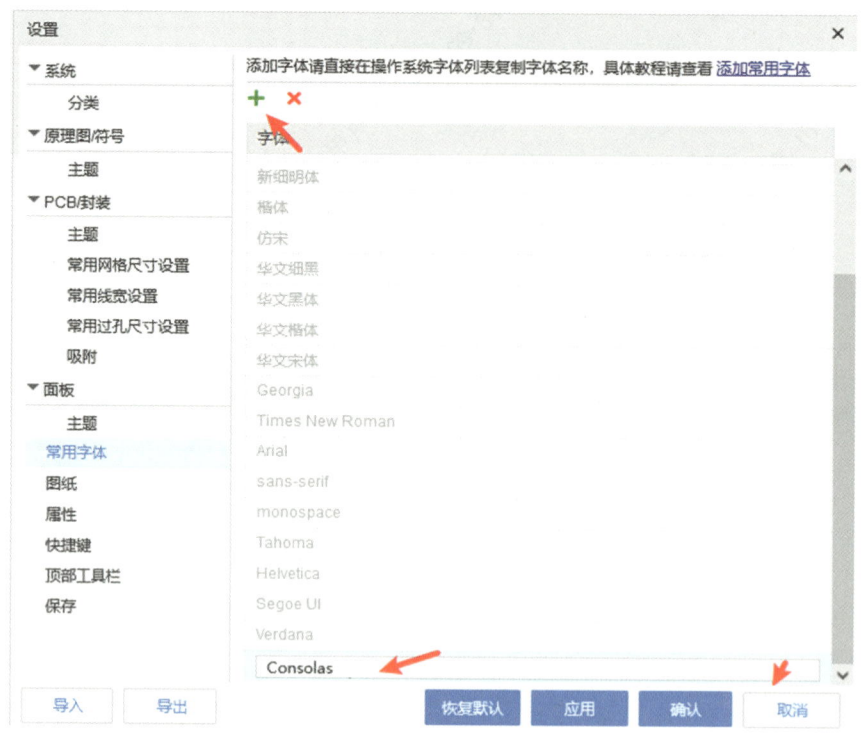

图 2.48 添加常用字体

图 2.49 原理图或 PCB 图的字体切换

添加的字体可以在设计原理图、面板、PCB 图时使用。切换文本字体时可以看到新的字体。在设置字体时需要注意的事项主要包括：

（1）编辑器使用操作系统的本地字体，如果需要把这些字体用于商用用途，请确保对应字体的使用版权，建议使用免费开源的字体。

（2）由于编辑器是在浏览器里运行（包括客户端），当操作系统没有安装对应名称的字体时，浏览器会自动分配当前浏览器的默认字体来进行显示，此时有可能出现文本字体名是正确的，但是文本样式不对的情况。

6. 图纸设置

在新建工程过程中，面板的图纸设置如图 2.50 所示，可以设置"图纸模板（新建工程）"和图纸"属性值"。在"信息"栏中可以设置"公司""绘制""审阅""图页尺寸""料号"等的属性值。

图 2.50 工程图纸设置

图纸设置只对新建工程有效。

7. 属性设置

属性设置包括对器件、封装、符号等的自定义属性进行添加或删除，如图 2.51 所示。

图 2.51 属性的添加、删除

属性的设置内容主要包括：

（1）设置对象。新增的属性需要设置作用的对象范围，有些属性是不需要出现在非元件属性下面的。新增的属性范围设置如图 2.52 所示。

（2）显示设置。当放置一个器件在画布上时，可以设置这个器件的相关属性或属性值是否显示在画布中，如电阻器的电阻值是否显示在画布上。画布显示设置如图 2.53 所示。

图 2.52　新增的属性范围设置界面

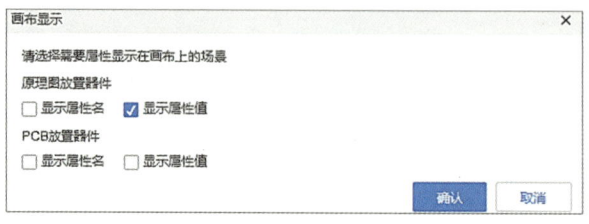

图 2.53　画布显示设置

8. 快捷键设置

嘉立创 EDA 专业版支持自定义快捷键以及命令的查看和修改，提供了多种快捷键风格，用户可以根据自己的习惯进行切换。快捷键设置如图 2.54 所示。

快捷键设置的注意事项主要包括：

（1）修改的自定义快捷键会保存个人偏好并同步到云端。

（2）支持在菜单上按住"Ctrl"的同时左键单击打开快捷键编辑弹窗，可以修改快捷键、菜单快捷键、命令等。

（3）修改后可以通过输入框后面的恢复默认按钮，恢复为默认设置。

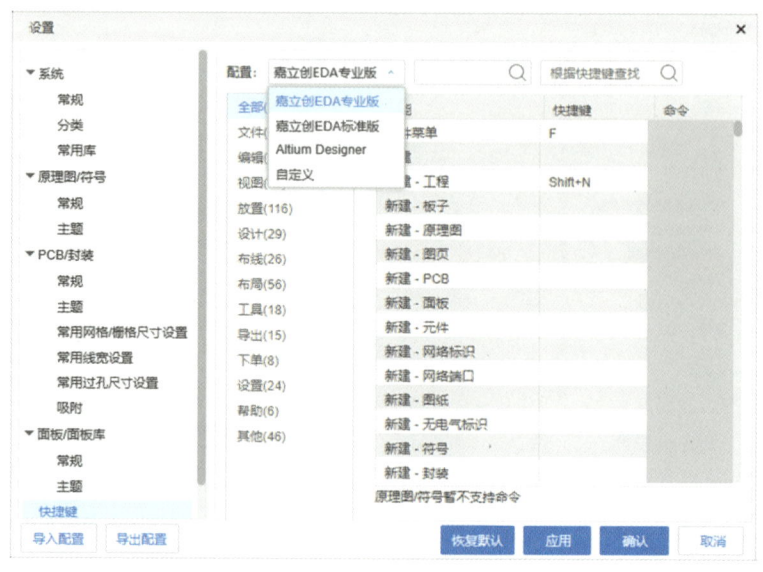

图 2.54　快捷键设置界面

（4）可以点击清空按钮来清掉对应内容。

（5）当快捷键之间存在冲突时，会在输入框的下面显示冲突的功能，点击如图 2.55 所示的显示冲突功能的快捷键设置弹窗。如果快捷键之间存在冲突，则无法保存设置内容。

只有在菜单显示的情况下才能触发菜单快捷键（菜单中会显示快捷键），如图 2.56 所示。

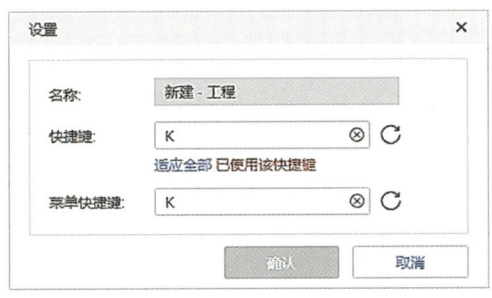

图 2.55　快捷键设置冲突显示弹窗

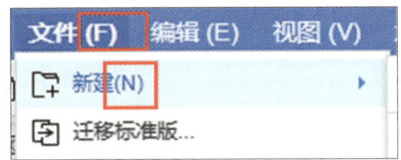

图 2.56　菜单快捷键

嘉立创 EDA 专业版支持的常用快捷键如表 2.2 所示。

表 2.2　常用快捷键

快捷键	操作方式	设置 1（滚轮缩放）	设置 2（Ctrl+滚轮缩放）
向上滚轮	双指上划	缩小	画布向上滚动
向下滚轮	双指下滑	放大	画布向下滚动
Ctrl+上滚轮	双指展开	画布向上滚动	缩小
Ctrl+下滚轮	双指捏合	画布向下滚动	放大
Shift+上滚轮		画布向左移动	画布向左移动
Shift+下滚轮		画布向右移动	画布向右移动
向左滚轮 （按住 Shift、Alt 都不会被识别）	双指左滑	画布向左移动	画布向左滚动
向右滚轮 （按住 Shift、Alt 都不会被识别）	双指右滑	画布向右移动	画布向右滚动

9. 画布设置

（1）触摸板设置。

画布支持用触摸板进行操作。系统中的画布缩放设置会影响触摸板的功能。画布缩放设置界面如图 2.57 所示。

（2）"Ctrl+左键"拖动。

"Ctrl+左键"拖动过程中的操作步骤主要包括：

① 按住"Ctrl+左键"拖动元素时，将选中的元素吸附到光标上，松开左键即完成粘贴。在拖动过程中按 Esc 或鼠标右键，可以退出当前操作。

② 按住"Ctrl+左键"拖动元素进行粘贴时，针对文本或名称的结尾为数字的导线、网络标签、网络端口、文本等，会将名称和文本属性进行数字结尾+1 显示和放置。

③ "Ctrl+左键"和复制、剪切不能共用剪切板，即"Ctrl+左键"拖动后下次粘贴也不会变成"Ctrl+左键"拖动的内容。

图 2.57　画布缩放设置

（3）Enter 编辑属性设置。

选中图元后，按回车（Enter）键可以触发右键菜单中的属性功能，展开右侧属性面板并获取焦点在关键属性的输入框，方便用户快速编辑重要属性。快捷键可以在快捷键设置界面中进行修改。

10. 顶部工具栏设置

对顶部工具栏的快捷按钮进行添加和删除设置，如图 2.58 所示。

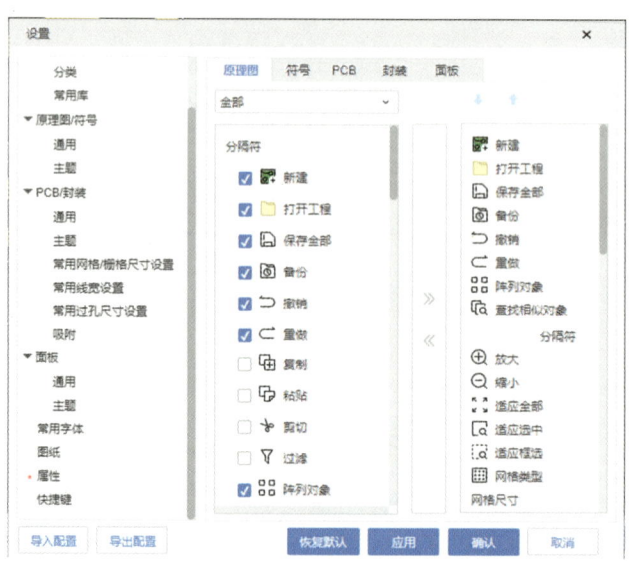

图 2.58　顶部工具栏快捷按钮的添加和删除设置

11. 保存设置

保存设置如图 2.59 所示。在"设置"界面的"保存"中，可以设置"自动保存""自动保存间隔""自动备份""最大备份次数"以及工程的"自动备份间隔"等参数。

图 2.59　保存设置

自动备份会将当前工程相关文件自动备份到云端，当删除工程后云端备份也会被删除。如果不小心误删，可在顶部菜单的"工程备份"中找到并恢复该文件。

如果登录的是客户端在线模式，会自动备份在线工程到本地，备份路径在客户端进行设置。

2.3.5　快捷键

嘉立创 EDA 专业版提供很多快捷键供用户使用，每一个快捷键均可以进行相应配置。在顶部菜单中依次选择"设置"→"快捷键"可以打开快捷键设置界面，如图 2.60 所示。

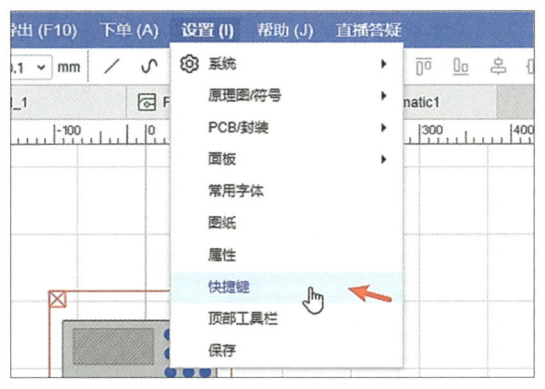

图 2.60　打开快捷键设置界面方法

从嘉立创 EDA 专业版的 V1.8 版本开始，支持顶部菜单通过单键方式打开所需功能或对话框，以便实现连续按单键应用功能。之前设置的一些单键应用功能可能会被清空，预留单键给顶部菜单使用。在确保快捷键不冲突的情况下，在快捷键设置界面可以重新设置单键快捷键。

1. 修改快捷键设置内容

双击快捷键编辑器，然后双击需要修改的快捷键并修改设置内容，点击"确认"即可完成修改。快捷键设置界面如图 2.61 所示。

图 2.61　快捷键设置界面

支持切换快捷键风格，能够兼容 Altium Designer 软件的快捷键功能。嘉立创 EDA 设置界面如图 2.62 所示。

图 2.62　嘉立创 EDA 设置界面

2. 共用快捷键

相同的快捷键可以在不同的文档中使用，默认的快捷键如表 2.3 所示。

表 2.3　默认的快捷键列表

序号	功　　能	快捷键	备　　注
1	取消绘制状态（默认）/关闭弹窗	鼠标右键（单击），ESC	
2	打开工程	Ctrl+O	
3	新建工程	Shift+N	
4	保存	Ctrl+Shift+S	
5	保存全部	Ctrl+S	
6	撤销	Ctrl+Z	
7	重做	Ctrl+Y	

续表

序号	功　能	快捷键	备　注
8	剪切	Ctrl+X	
9	复制	Ctrl+C	
10	粘贴	Ctrl+V	
11	交叉选择	Shift+X	
12	局传递	Ctrl+Shift+X	
13	根据中心移动	M	
14	删除所选	Delete	
15	上一页	Page Up	
16	下一页/新建图页	Page Down	
17	上一个部件	Page Up	
18	下一个部件/新建部件	Page Down	
19	全屏	F11	
20	全选	Ctrl+A	
21	查找替换	Ctrl+F	
22	查找相似对象	Ctrl+Shift+F	
23	放大	A	V1.8开始不默认设置，需自行设置，预留单键给顶部菜单使用
24	缩小	Z	V1.8开始不默认设置，需自行设置，预留单键给顶部菜单使用
25	适应全部	K	
26	视图向左滚动	Left	
27	视图向右滚动	Right	
28	视图向上滚动	Up	
29	视图向下滚动	Down	
30	高亮网络	H	
31	取消高亮网络	Shift+H	
32	单位	Q	
33	展开/收起底部面板：元件库，DRC，查找结构，日志	S	
34	左向旋转	Space	
35	左对齐	Ctrl+Shift+L	
36	左右居中	Shift+Alt+E	

续表

序号	功　能	快捷键	备　注
37	右对齐	Ctrl+Shift+R	
38	顶部对齐	Ctrl+Shift+O	
39	上下居中	Shift+Alt+H	
40	底部对齐	Ctrl+Shift+B	
41	对齐网格	Ctrl+Shift+G	
42	水平等距分布	Ctrl+Shift+H	
43	垂直等距分布	Ctrl+Shift+E	
44	左移所选图形	Left	
45	右移所选图形	Right	
46	上移所选图形	Up	
47	下移所选图形	Down	
48	放置元素时显示属性对话框	Tab	
49	选中对象时切换选中范围	Tab	
50	绘制矩形时，保持为正方形；绘制导线时鼠标横向或纵向走向	Shift（长按）	
51	移动画布（默认）	鼠标右键（长按）	
52	重复到光标	Ctrl+D	
53	重复到其他层	Ctrl+Shift+D	
54	组合选中	Ctrl+G	
55	取消组合	Shift+G	
56	新窗口打开文档	Ctrl+Shift+左键	
57	关闭当前标签	Shift+W	
58	关闭所有标签	Shift+Alt+W	
59	打开帮助文档	F1	

3. 原理图/符号快捷键

原理图/符号快捷键如表 2.4 所示。

表 2.4　原理图/符号快捷键列表

序号	功　能	快捷键
1	绘制导线	W
2	绘制总线	B
3	绘制引脚	P

续表

序号	功能	快捷键
4	绘制圆弧	Alt+A
5	绘制矩形	R
6	绘制圆形	Alt+C
7	绘制折线	Alt+L
8	绘制文本	T
9	放置网络标签	N
10	高亮/取消高亮网络导线	H
11	放置器件对话框	Shift+F
12	放置引脚元素时显示引脚属性对话框	Tab
13	放置网络标签时显示网络标签信息对话框	Tab
14	放置网络端口时显示网络端口名称信息对话框	Tab

4. PCB/封装快捷键

PCB/封装快捷键如表 2.5 所示。

表 2.5　PCB/封装快捷键列表

序号	功能	快捷键
1	布线	W
2	布线时切换常用线宽	Shift+W
3	布线/放置过孔时切换常用过孔	Shift+V
4	差分对布线	Alt+D
5	等长调整布线	Shift+A
6	等长调节时增大间隙	Num+
7	等长调节时减小间隙	Num-
8	高亮/取消高亮网络导线	H
9	显示/隐藏所选飞线	Ctrl+R
10	取消全部高亮	Shift+H
11	切换图层亮度	Shift+S
12	翻转板子	F
13	放置过孔	V
14	放置单个焊盘	P

续表

序号	功　能	快捷键
15	组合选中	Ctrl+G
16	取消组合	Shift+G
17	左右翻转	X
18	上下翻转	Y
19	单路布线	W
20	布线拐角	L
21	距离	Alt+M
22	命令	C
23	切换单位	Q
24	切换到顶层	T
25	切换到底层	B
26	切换到内层1	1
27	切换到内层2	2
28	切换到内层3	3
29	切换到内层4	4
30	切换到下一个铜层	Num*
31	切换到上一个铜层	Shift+Num*
32	隐藏/显示敷铜区域	Shift+M
33	重建所有敷铜	Shift+B
34	完成	Enter
35	取消	Esc
36	回退	Backspace
37	选择重叠图元	G
38	绘制时翻转路径	Space
39	显示全部图层	Ctrl+L
40	临时显示/隐藏网络名	Ctrl+Q
41	吸附	Alt+S

第 2 篇 项目实训

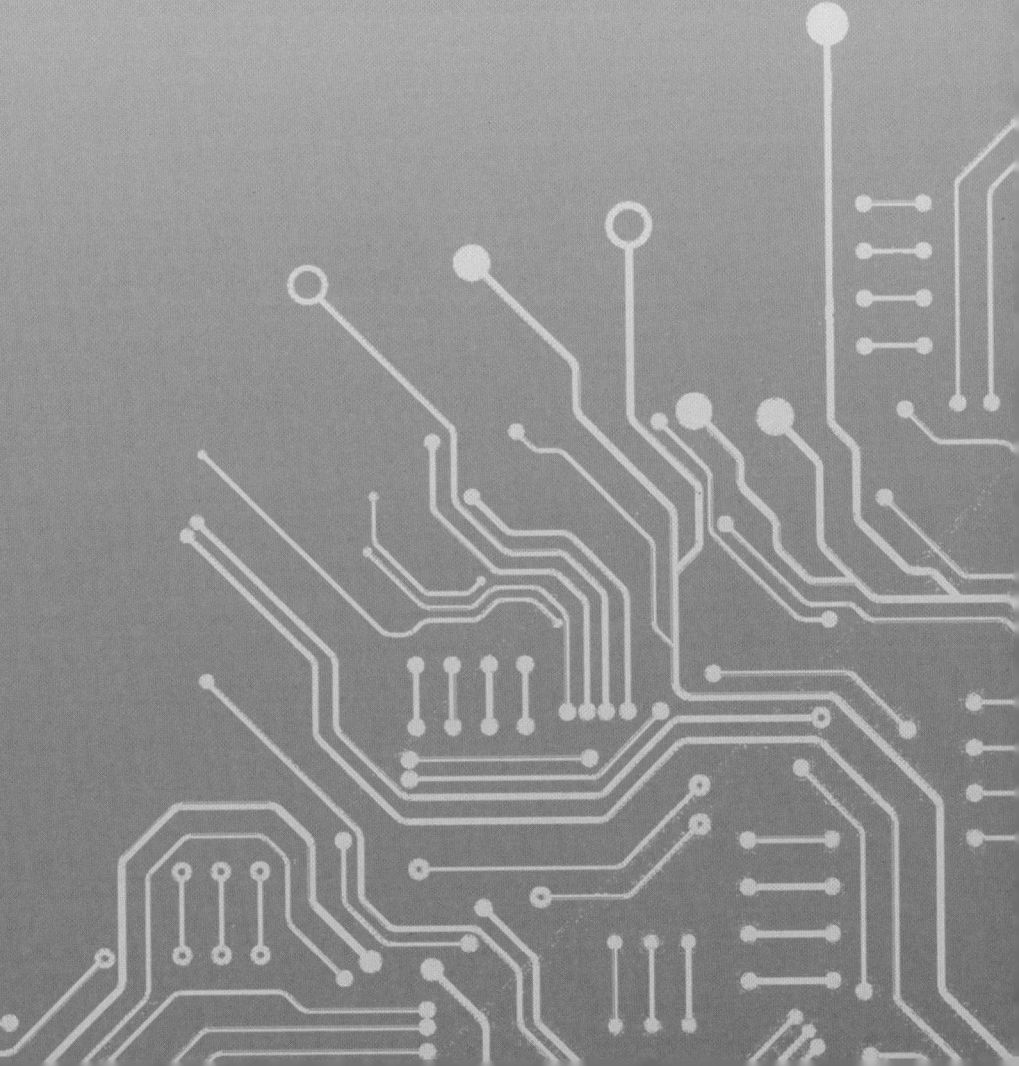

项目模块 3　智能小风扇系统分析

张三同学及其团队为了设计智能小风扇，在深入调研智能小风扇市场后，精准确定了智能小风扇项目的功能模块、制定了项目的设计思想以及项目的总体设计框图，为开展智能小风扇系统的设计奠定了坚实的基础。

学习目标

能力目标

1. 能根据项目要求进行项目产品的市场调研。
2. 能根据市场调研情况确定项目产品的设计思路和总体设计框架。

知识目标

1. 掌握项目产品市场调研的方法。
2. 掌握项目产品设计方法。
3. 掌握项目产品总体框架设计方法。

3.1 项目需求分析

分析智能小风扇基础功能，确定如表 3.1 所示的功能模块应用表，该表展示了各项功能的具体内容，包括智能小风扇的主要功能，包括但不限于风速调节、定时关闭、温度感应以及功能扩展等方面。通过表 3.1，用户可以清晰地了解智能小风扇的设计目标。

表 3.1　功能模块应用表

功能	详细内容	备注
主控模块	智能小风扇的大脑，进行风扇控制	
电源模块	为智能小风扇提供电源	
按键模块	提供按键调节，如挡位调节、阈值调节等	
灯光模块	提供灯光指示功能，如电源指示、挡位指示等	
声音提示模块	提供声音提示功能，如通电提示、挡位提示等	
温度感知模块	提供温度采集功能	
扩展功能模块	提供程序下载、无线扩展、功能扩展的接口	

3.2 项目设计思想

根据表 3.1 所示的功能模块应用表,项目决定采用 STM32 单片机作为核心控制单元,以实现智能小风扇的各项功能。各个功能模块如电动机驱动、传感器接口等,均作为外围设备接入该单片机。这款智能小风扇不仅需要具备基础的挡位调节功能,还应具备声光提示等功能,以提升用户体验。

为了进一步提升风扇的智能性,风扇的转速能够根据环境条件的实时变化进行自动调节。为此,采用传感器监测环境参数。传感器能够实时监测环境参数,将检测数据直接传输至控制器。控制器接收到传感器检测数据后会进行相应的处理,根据处理结果自动调节风扇的转速,以达到最佳的使用效果。

为了便于后续课程的深入学习与改进,智能小风扇电路板设计采用更为开放的自制开发板。项目不仅保留程序烧写接口,方便用户在制作、调试风扇时进行程序的烧写和调试,还增加扩展接口,为将来的无线扩展与功能扩展预留了充足的空间。随着后续课程知识的不断积累,可以将本课程中所设计的开发板与智能小风扇模型进一步结合,根据用户的各种需求将各个功能模块进行高度集成,最终转化为一个小巧便携又具备高度智能特性的实际产品。

3.3 项目总体设计

根据实际需求制定的系统总体设计框图如图 3.1 所示。

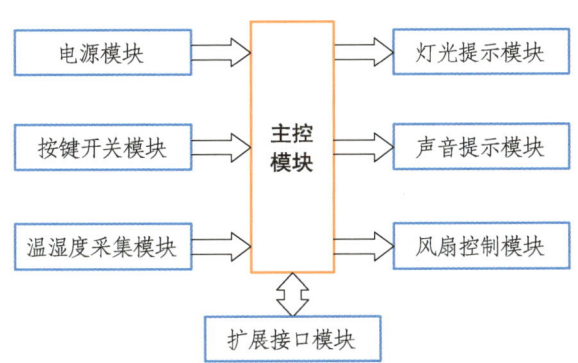

图 3.1 系统总体设计框图

智能小风扇系统由多个模块构成,每个模块均承担着明确且关键的功能。智能小风扇系统构成模块的具体内容主要包括:

(1)主控模块。

主控模块作为系统的核心模块,该模块由微控制器(MCU)构成。主控模块收集来自各模块的数据并进行高效处理,据此向其他模块发出精准的控制指令,以驱动系统的各执行模块完成预定的操作。

（2）电源模块。

电源模块作为系统的核心模块之一，可以采用外部电源适配器作为供电电源，以确保其他功能模块能获得稳定的电源。

（3）灯光提示模块。

灯光提示模块旨在直观显示风扇的当前状态信息，如运行状态及电池电量等，为用户提供即时的信息反馈。

（4）按键开关模块。

按键开关模块是用户与系统进行交互的桥梁，允许用户通过按键操作来调节风扇的转速、切换风扇的工作模式等。用户输入信息由该模块传递至主控模块进行处理。

（5）温湿度采集模块。

温湿度采集模块负责实时监测环境温度和湿度数据，将这些数据传输给主控模块，主控模块根据收集到的这些信息并进行数据处理，以支持系统根据环境条件的变化做出相应的调整。

（6）声音提示模块。

在特定事件（如开机、关机或电池电量低等情况）发生时，该模块将发出声音信号，以提醒用户注意。

（7）风扇控制模块。

风扇控制模块负责直接控制风扇的运转，包括调节风扇的转速、改变风扇转向等。系统主控模块根据用户设置的参数以及环境条件，通过该模块对风扇的工作状态进行灵活调整。

（8）扩展接口模块。

扩展接口模块作为一个开放的端口，允许用户根据需求添加额外的硬件或软件功能，以进一步增强风扇的实用性和功能性。

图 3.1 所示的系统总体设计框图全面展示了智能小风扇系统的完整架构及各构成模块之间的协同工作机制。通过这一系统架构，智能小风扇能够为用户提供比传统风扇更为丰富、个性化的使用体验，为将来进一步学习和扩展做好准备。

项目模块 4　智能小风扇电路设计

张三同学及其团队在深入剖析智能小风扇的市场需求后,精准定位智能小风扇需实现的核心功能。在本项目模块中,紧密围绕张三同学团队所制定的系统总体设计框图,逐一进行电路设计。所有电路设计将依托嘉立创 EDA 进行绘制。

学习目标

能力目标

1. 能利用嘉立创 EDA 建立工程。
2. 能绘制 STM32F103C8T6 最小系统原理图。
3. 能绘制 LED 灯、蜂鸣器、风扇控制、温度传感器和电源模块的原理图。

知识目标

1. 掌握时钟电路、复位电路、按键电路、蜂鸣器电路、风扇控制电路、温度传感器电路、电源模块的工作原理及作用。
2. 掌握各种元器件的基础知识。
3. 掌握单片机 STM32F103C8T6 引脚的功能。
4. 掌握单片机最小系统的功能及作用。

实施思路

智能小风扇系统包括 STM32F103C8T6 最小系统、核心板、其他关键模块、按键与 LED 指示灯模块、蜂鸣器模块、风扇控制模块、温度传感器模块以及电源模块。本项目模块实施思路如图 4.1 所示。

微课:STM32 最小系统绘制

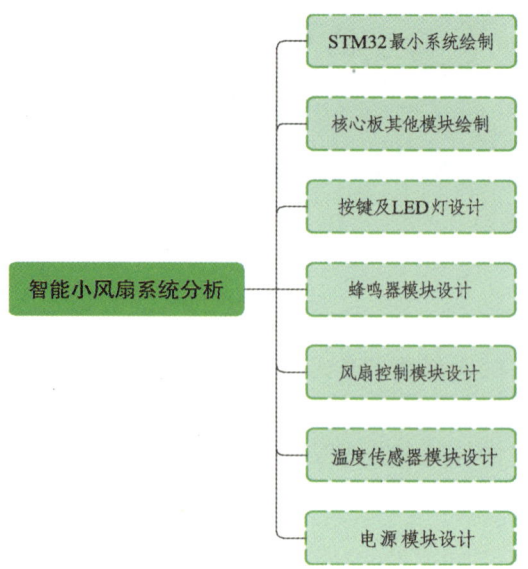

图 4.1　项目模块实施思路

 4.1　STM32 最小系统设计

任务要求

根据智能小风扇的需求，以小组形式绘制 STM32 最小系统的原理图，如图 4.2 所示。

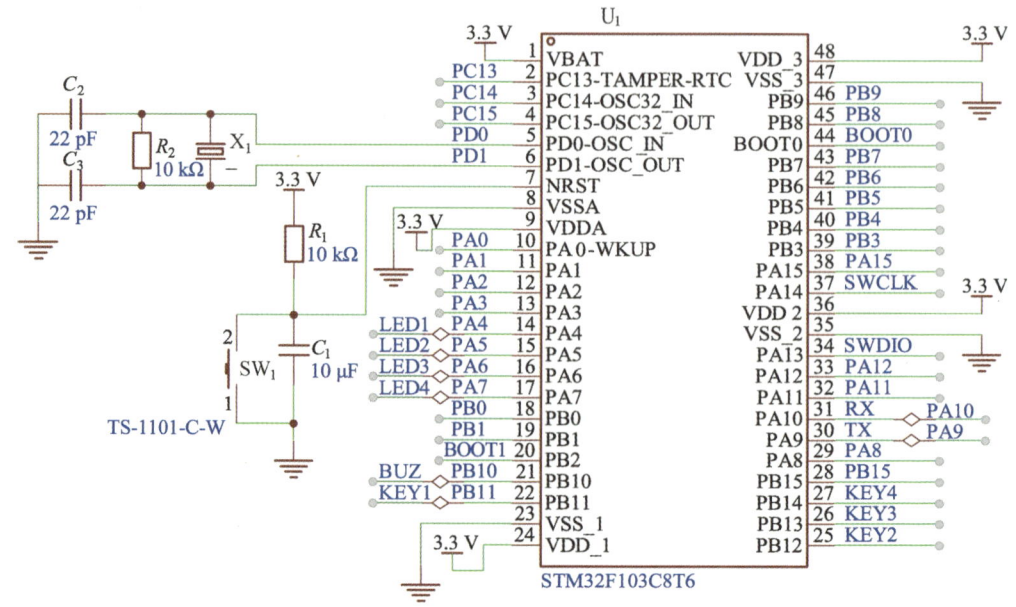

图 4.2　STM32 最小系统原理图

各小组按照不同分工实施任务，通过小组团队合作完成本任务。在任务执行过程中，鼓励使用搜索工具和 AI 解决问题，鼓励各小组积极进行知识和经验的分享。

实施思路

本任务设计 STM32 最小系统，实施思路如图 4.3 所示。

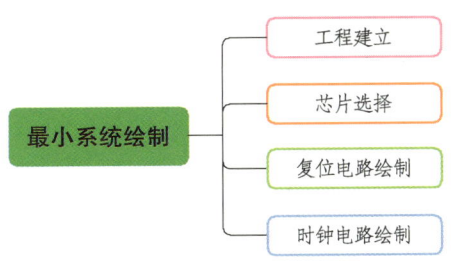

图 4.3　任务实施思路

实施过程

 问题思考

1. STM32F103C8T6 在智能小风扇中的作用是什么？
2. 单片机最小系统由哪些部分构成？
3. 复位电路的作用是什么？
4. 晶振电路的作用是什么？
5. 智能小风扇的控制芯片还可以选择哪些类型？

根据本任务要求和任务实施思路，完成本任务。

1. 嘉立创 EDA 工程建立

建立嘉立创 EDA 工程的步骤主要包括：
（1）运行嘉立创 EDA。
双击计算机桌面上嘉立创 EDA 的图标，运行嘉立创 EDA。
（2）建立工程。
依次选择菜单的"文件（F）"→"新建（N）"→"工程（J）"，建立一个新的工程，如图 4.4 所示。
（3）在新建工程的对话框中输入工程名称，工程名称为 STM32_MiniSystem，然后保存。工程建立后，会有一个原理图表单，点击"保存"后，原理图表单会自动添加到工程里。添加原理图表单后的工程如图 4.5 所示。

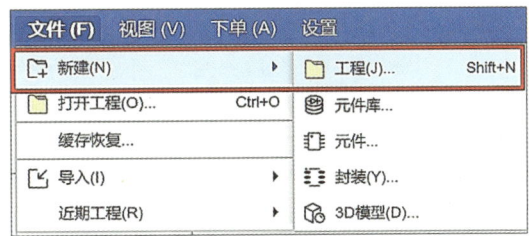

图 4.4　建立工程

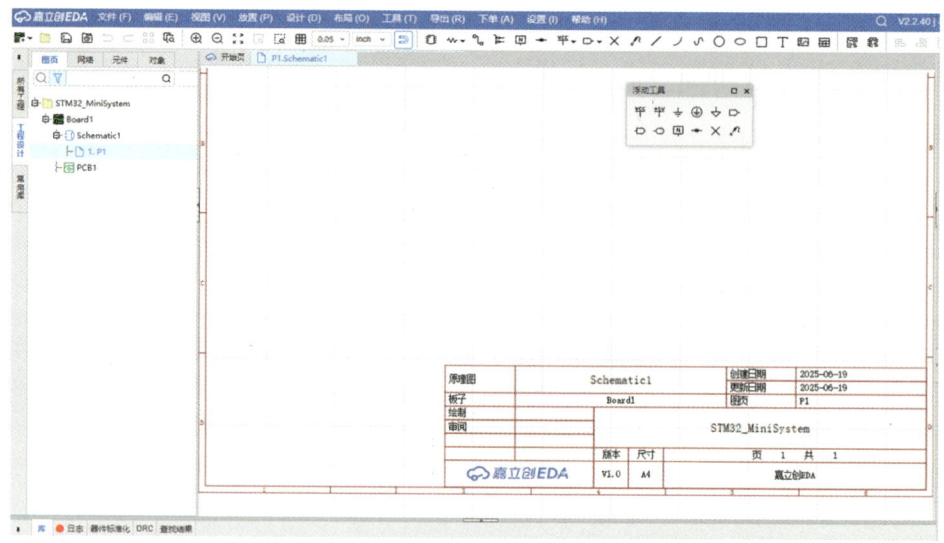

图 4.5　添加原理图表单后的工程

2. STM32F103C8T6 芯片放置

（1）查找 STM32F103C8T6 芯片。

依次选择菜单中的"放置（P）"→"器件（P）"，如图 4.6 所示，弹出如图 4.7 所示的对话框。在弹出的对话框中输入要查找的器件关键字"stm32f103"。

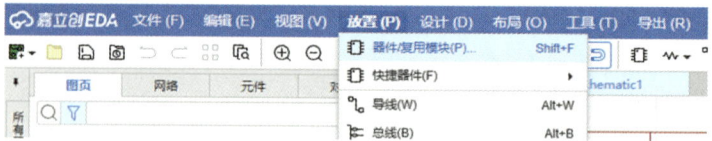

图 4.6　打开器件选择界面方法

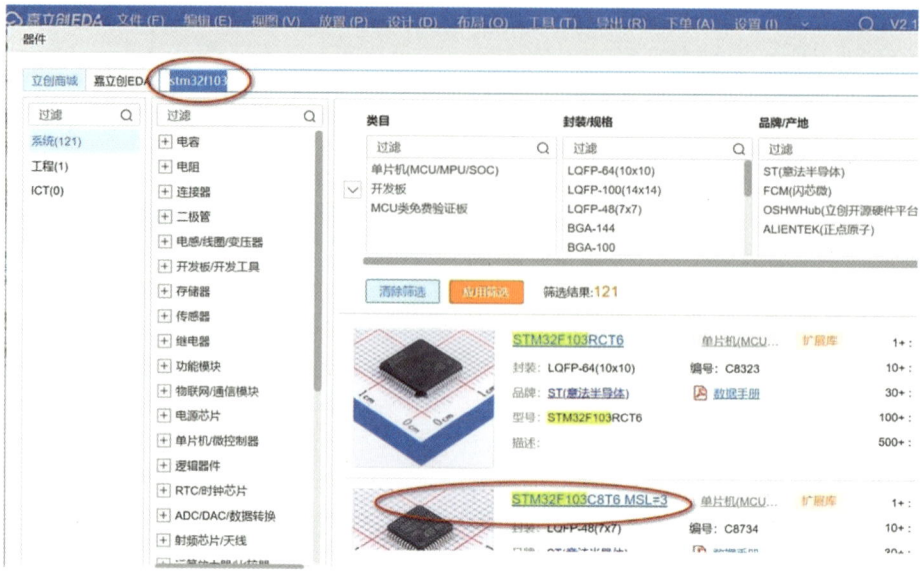

图 4.7　查找元件

(2)选择 STM32 型号。

在图 4.7 所示界面选中"STM32F103C8T6 MSL=3",然后在右侧选择"放置",如图 4.8 所示。将该器件放置在原理图区域的中心位置,如图 4.9。

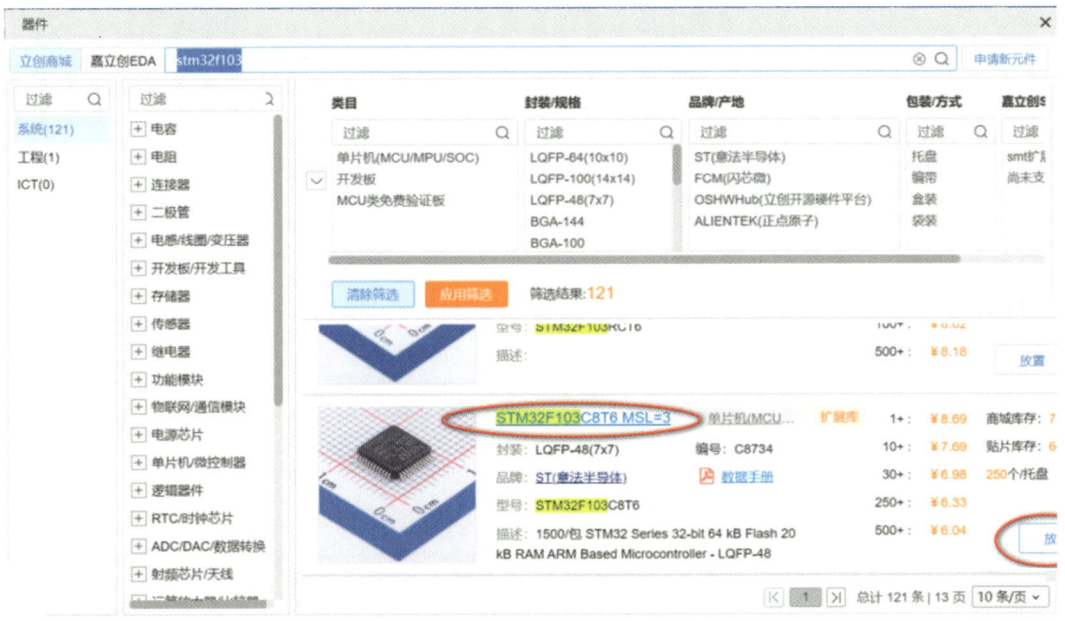

图 4.8　选择芯片

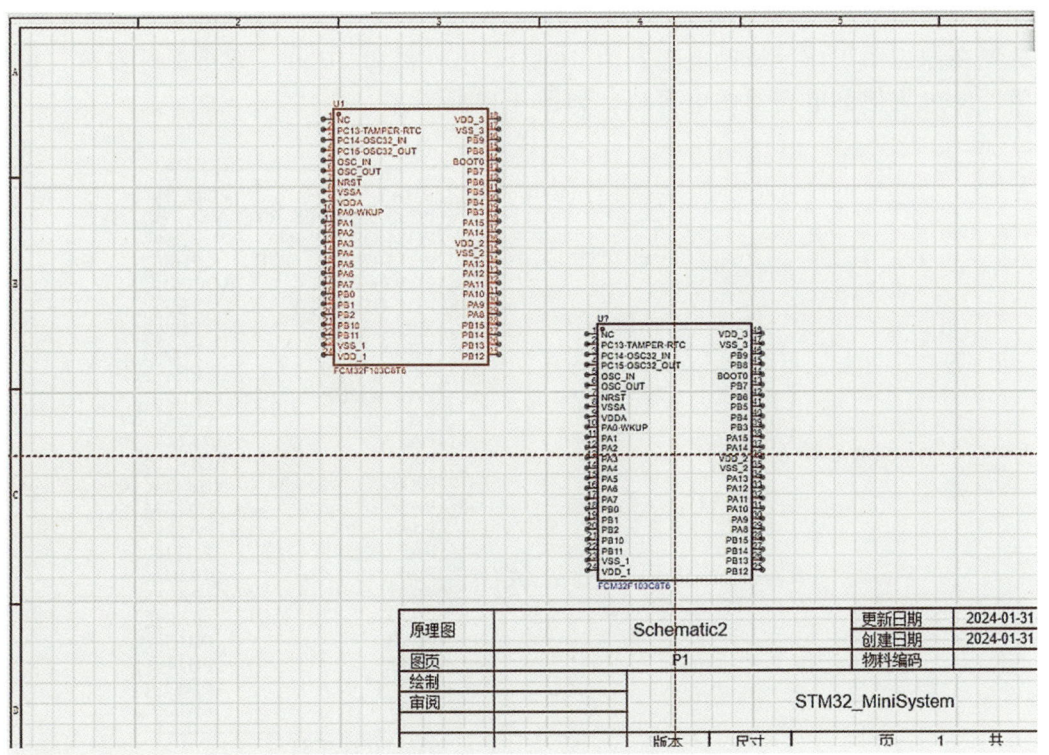

图 4.9　原理图工作区域放置芯片

> 🛠 **技能拓展：芯片封装选择**
>
> 通过元器件的数据手册查看芯片封装。STM32F103C8T6 数据手册给出的封装如图 4.10 所示，选择该元器件时尽量选择方便手工焊接的封装。

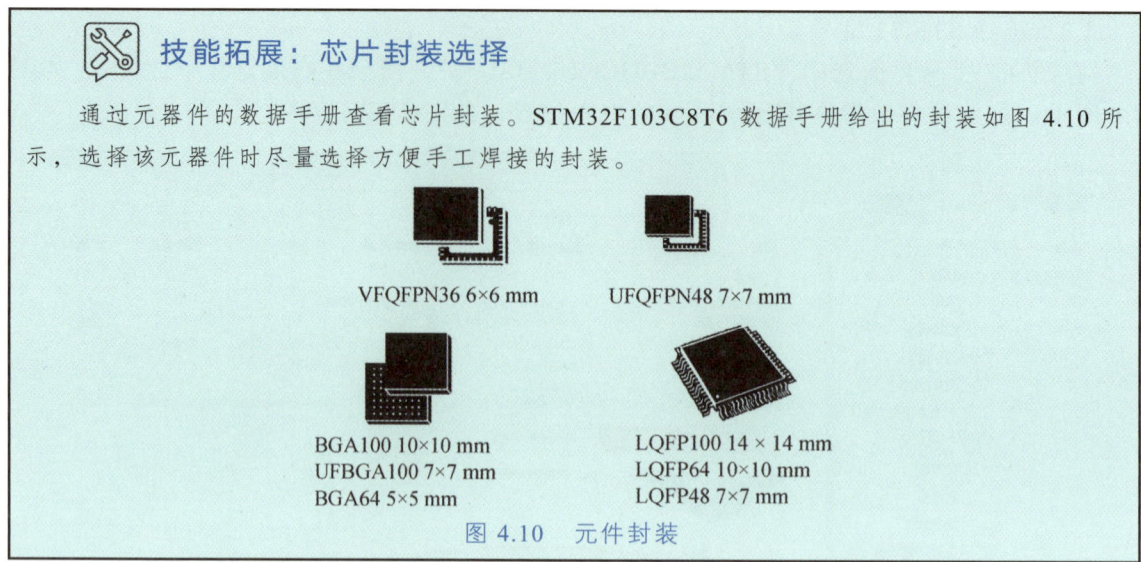

图 4.10 元件封装

3. STM32F103C8T6 复位电路绘制

（1）STM32F103C8T6 复位电路元器件。

STM32F103C8T6 复位电路由一个 10 kΩ 电阻器、一个 10 μF 电容器、一个手动复位按键、一个 STM32F103C8T6 芯片构成。从软件左侧常用库中查找以上元件并放置到原理图工作区域，分立元件放置到 STM32F103C8T6 芯片的复位引脚（第 7 脚 NRST）附近，如图 4.11 所示。

放置在原理图工作区域的电阻器为 10 kΩ，电容器为 10 μF。双击鼠标左键，可以修改电阻器的电阻值和电容器的电容值，如图 4.12 所示。

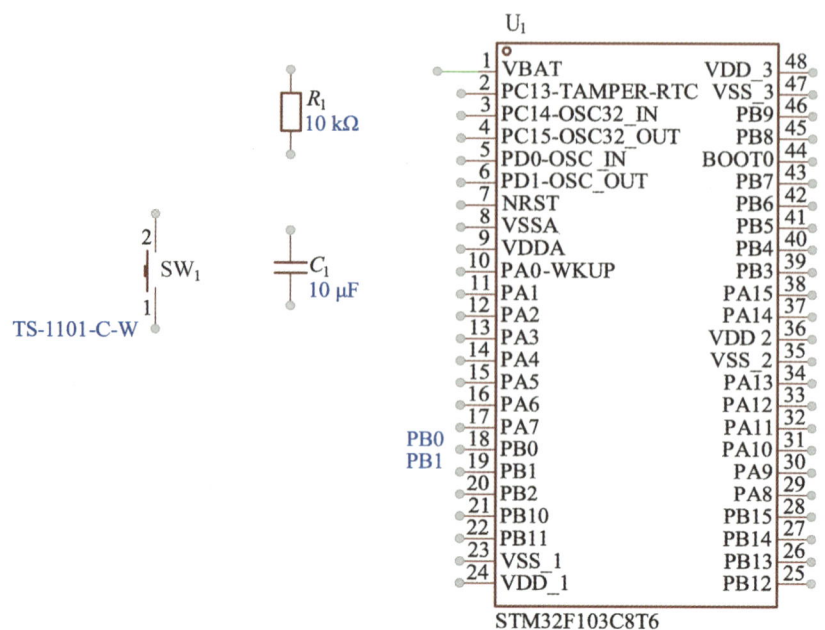

图 4.11 放置元件后的原理图工作区域

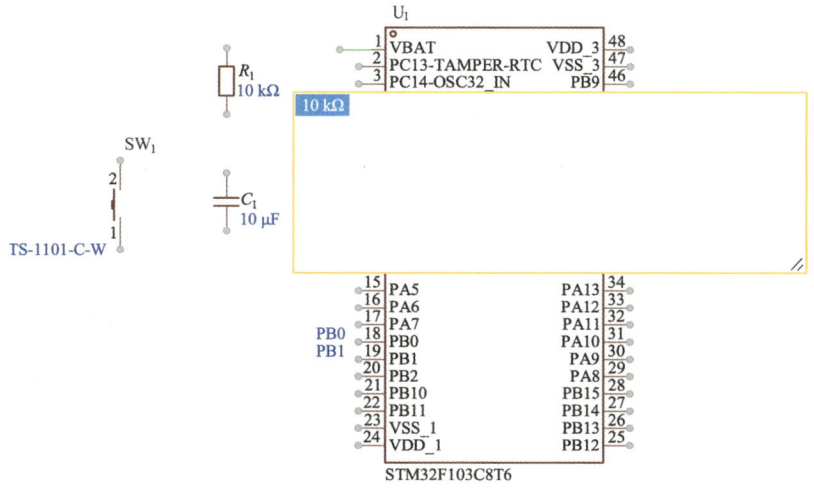

图 4.12 修改元件参数

> **注意事项**
>
> 电阻器、电容器的封装：
> 电阻器、电容器的封装可以修改成 0603 及以上的封装，最好采用统一的封装。0805 封装较大，0603 封装要小一号，这两种封装都有利于手工焊接。0402 封装不适合手工手焊。

（2）电气导线连接。

在嘉立创 EDA 专业版软件界面上选择放置导线，就可以进行电气导线绘制。将复位电路连接到 STM32F103C8T6 的第 7 脚 NRST 引脚。STM32F103C8T6 的 NRST 引脚是异步复位脚。当 NRST 引脚的输入信号为低电平时，STM32F103C8T6 处于复位状态，重设所有的内部寄存器以及片内 SRAM。

复位电路连接完成后的效果如图 4.13 所示。

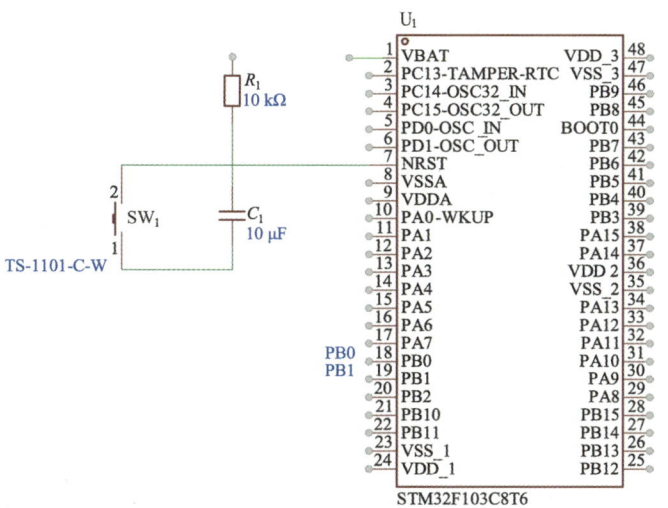

图 4.13 复位电路连线

(3)放置电源符号与地线符号。

依次选择菜单中的"放置(P)"→"网络标签"或通过工具栏放置地线和电源,完成连线后的复位电路原理图如图 4.14 所示。

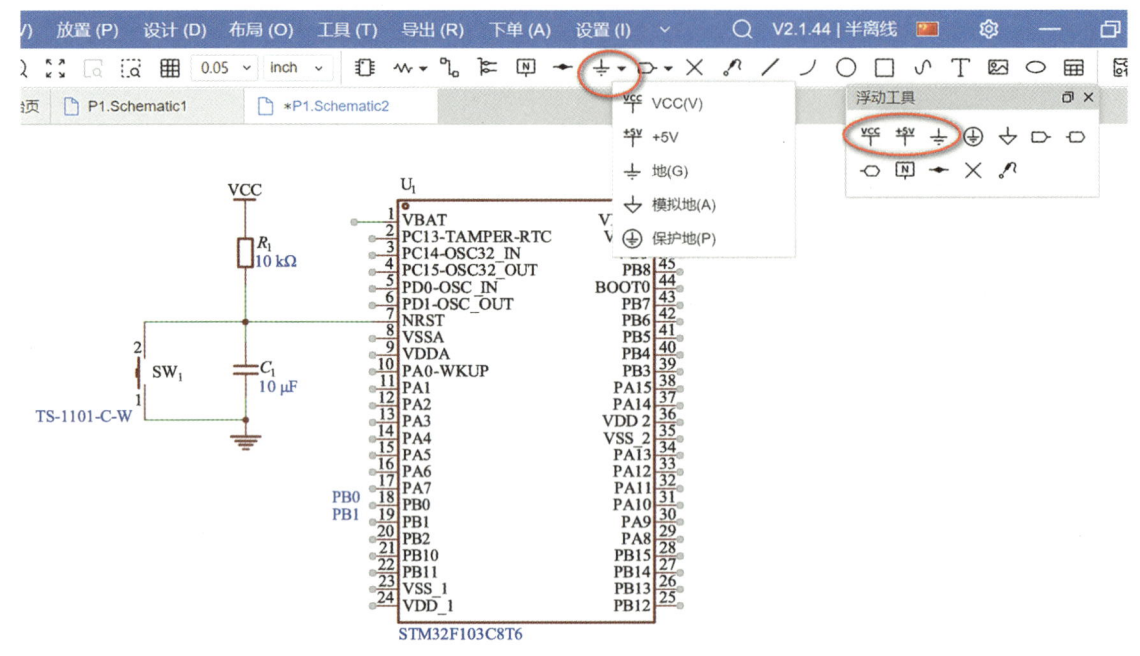

图 4.14　复位电路电源与地线放置

> **知识拓展:复位电路**
>
> 复位电路是确保单片机在启动时能够从一个已知状态开始运行的重要部分,其作用主要包括:
>
> (1)复位电路中的电容器具有通交流隔直流的作用。对于交流信号,电容器相当于短路;对于直流信号,电容器相当于断路。
>
> (2)复位电路可以为单片机的复位引脚(NRST 引脚)提供一个短暂的低电平,保证单片机复位。
>
> 复位电路采用的是 3.3 V 直流电源,但在上电时电容器相当于短路,电流会通过复位电路的电阻器 R_1 和电容器 C_1 到地,此时为单片机的 NRST 引脚提供一个短暂的低电平。然后 3.3 V 直流电源为电容器 C_1 充电,当电容器 C_1 充电完成后就处于"断路"状态,复位电路为单片机的 NRST 引脚提供一个高电平。

(4)STM32F103C8T6 芯片引脚、电源与地线放置。

STM32F103C8T6 芯片的引脚 VSSA、VSS_1、VSS_2、VSS_3、VBAT 需要接地处理;引脚 VDDA、VDD_1、VDD_2、VDD_3 需要连接电源。STM32F103C8T6 芯片的电源与地线设计如图 4.15 所示。

在放置电源与地线过程中,利用键盘的空格键可以调整电源和地的方向。

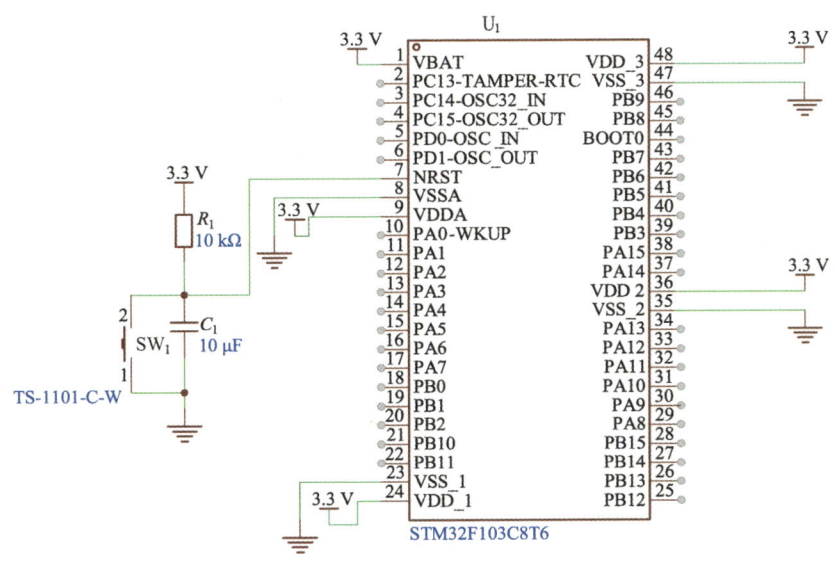

图 4.15　STM32F103C8T6 芯片的电源与地线设计

> **知识拓展：电源和接地**
>
> 在电路图中，经常看到 VCC、VDD、VSS、GND、AGND、DGND、GGND、CGND、+24 V、+12 V、+5 V、+3.3 V 等符号，其实这些都是设计原理图时使用的网络标签，"VCC"通常代表原理图中的正电源，其具体电压并没有标出。"GND"代表原理图中的电源负极（地）。
>
> STM32F103C8T6 共有 5 条需要接电源正极和 4 条接地的引脚，分别为内部模块供电，主要包括：
>
> （1）VDD：单片机的供电电压。
>
> （2）VDDA：单片机内部模拟器件的工作电压。VDD 后面的字母 A（Analog）表示模拟的意思。
>
> （3）VSSA：单片机内部模拟器件的公共地。
>
> （4）VBAT：单片机内部后备区域供电电压，以保证 RTC/BKP 寄存器在单片机系统掉电时保存其数据。VBAT 引脚一般与纽扣电池相连接。如果不需要保证 RTC/BKP 寄存器的数据，VBAT 引脚可以直接接电源。
>
> 根据数据手册的说明，这几条引脚的供电电压最大不能超过 3.6 V，在本原理图设计中统一采用 3.3 V 的电源，如图 4.16 所示。
>
>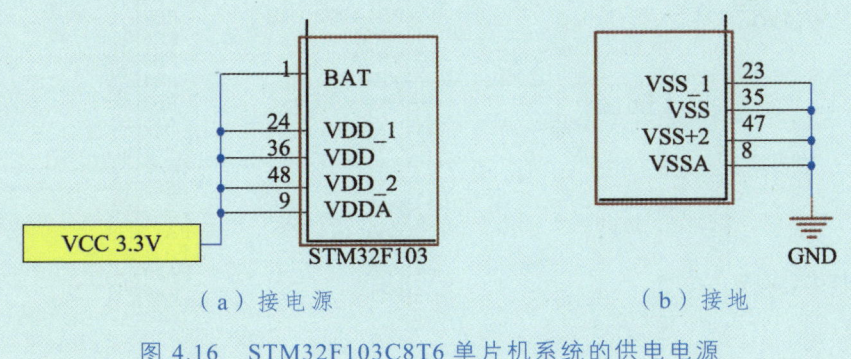
>
> 图 4.16　STM32F103C8T6 单片机系统的供电电源

4. STM32F103C8T6 时钟电路

（1）选择晶振。

从元件库中选择 1 个 8 MHz 晶振。在元件库中搜索晶振，如图 4.17 所示，选择的晶振封装如图 4.18 所示。在元件库中选择 1 个电阻器，2 个电容器。

图 4.17　搜索晶振

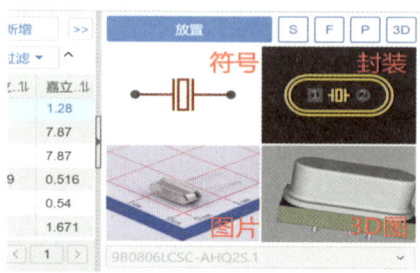

图 4.18　设置晶振封装

将 1 个电阻器和晶振并排竖直放在 STM32F103C8T6 芯片的第 5 脚、第 6 脚附近，2 个电容器并排水平放置在电阻器和晶振的左边。

将电容器 C_2 和 C_3 的电容值修改为 22 pF，将电阻器 R_2 的电阻值修改为 10 kΩ，如图 4.19 所示。

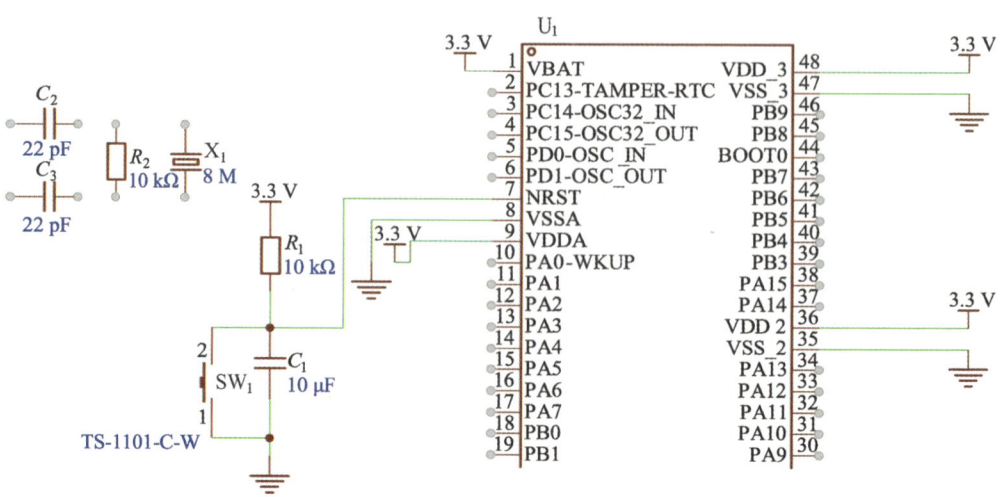

图 4.19　放置晶振与电阻器、电容器

（2）时钟电路绘制。

选择"放置（P）"→"导线"，绘制电气导线，绘制结果如图4.2所示。

 知识拓展：时钟电路

STM32F103C8T6具有非常强大的时钟系统，除了内置高精度和低精度的时钟系统，还可以通过外接晶振，为STM32F103C8T6提供高精度和低精度的时钟系统。

单片机的时钟电路是该单片机稳定运行的核心，为单片机提供必要的时间基准信号。时钟电路的设计通常包括晶体振荡器、电容器、电阻器等元件，这些元件协同工作以产生稳定的时钟信号。

⚠ **注意事项**

本任务截图中的元器件参数采用的默认值，在实际设计过程中请大家务必结合资料查找或计算元器件参数值。

5. 总结分析

（1）执行结果。

执行结果包括：

① STM32F103C8T6最小系统原理图。

② STM32F103C8T6最小系统电路元器件数值修改结果。

微课：核心板其他模块
绘制和使用（上）

（2）总结与分享。

根据绘制过程中查询的资料，结合AI工具，各小组讨论并总结小组在本任务中所学到的知识和技能，然后进行知识、技能的经验分享。

（3）思考练习。

根据绘制的原理图，选择对应的元器件，在面包板上搭建STM32F103C8T6的最小系统，然后利用示波器查看最小系统运行时晶振电路的输出信号。

 **4.2 核心板其他模块设计**

任务要求

根据智能小风扇的需求，以小组形式绘制STM32F103C8T6的程序下载模块，如图4.20所示。

各小组按照不同分工实施任务，通过小组团队合作完成本任务。在任务执行过程中，鼓励使用搜索工具和AI解决问题，鼓励各小组积极进行知识和经验的分享。

微课：核心板其他模块
绘制和使用（下）

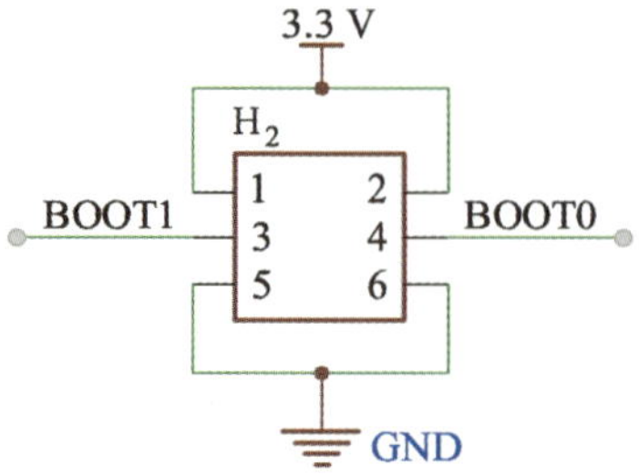

（a）H_2 接口

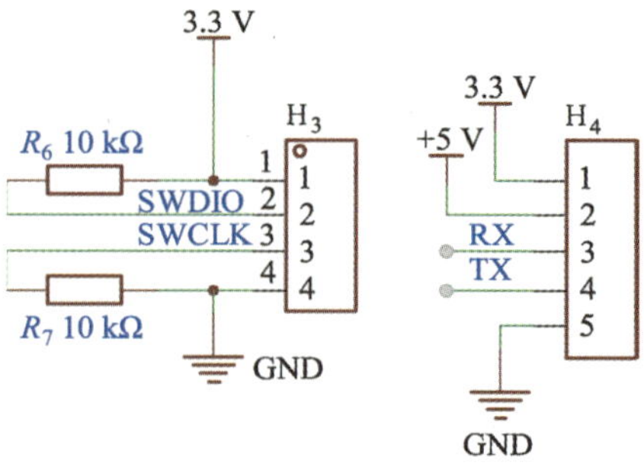

（b）H_3 和 H_4 接口

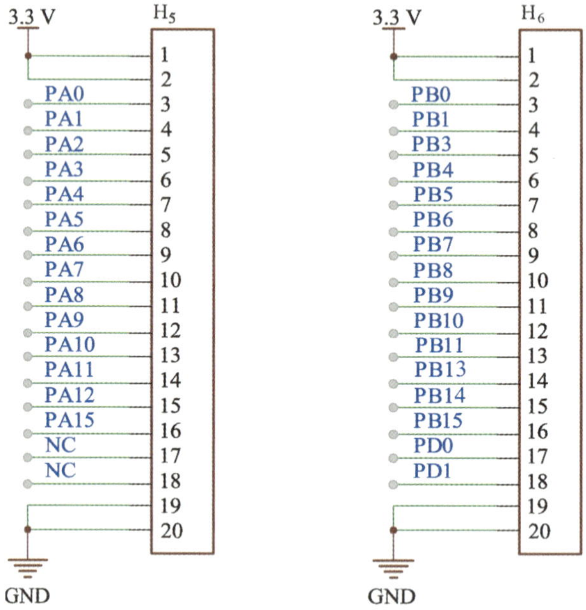

（c）H_5 和 H_6 接口

图 4.20　核心板接口效果图

实施思路

任务"4.1　STM32 最小系统设计"已经完成了单片机最小系统的绘制任务。为了使开发者能够验证微控制器的基本功能，在此基础上扩展更多的外设和功能，需要制作 STM32F103C8T6 核心板。本任务实施思路如图 4.21 所示。

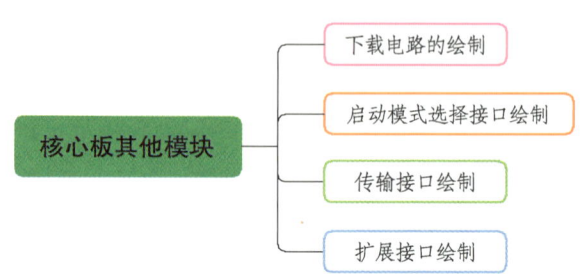

图 4.21　任务实施思路

实施过程

 问题思考

（1）小组采用的 STM32F103C8T6 芯片尺寸是多少？引脚有多少个？
（2）为了解决引脚的多次连接问题，可以采用什么方法？

1. 下载电路

（1）SWD 接口设计。

STM32F103C8T6 芯片可以通过 SWD 接口进行程序下载。通过软件界面基础库，选择下载接口的连接器为"HDR-F_2.54_1×4P（插件）"，如图 4.22 所示。

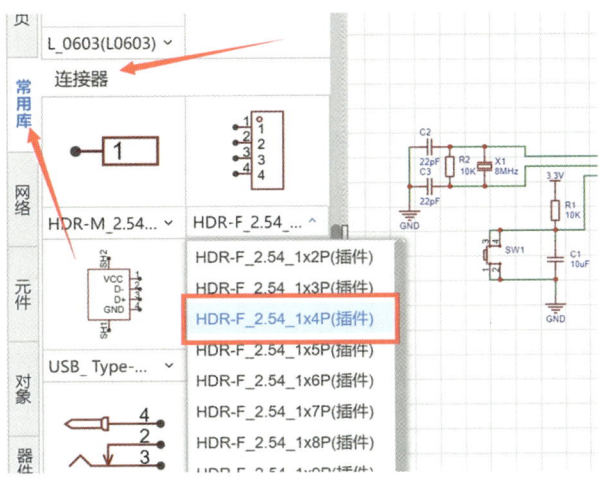

图 4.22　连接器选择

 知识拓展：烧录方式

烧录口的作用就是给单片机烧录程序。STM32F103C8T6 的烧录方式主要包括：
（1）JTAG 下载方式。
JTAG 下载方式所需要的连接器包括 ST-LINK、J-LINK 等，常用 20 针的接口，长约 3 cm。本任务绘制的最小系统板比较小，所以不选择 JTAG 下载方式。
（2）SWD 下载方式。
SWD 下载方式所需要的连接器只需要 4 条引脚，引脚信号为 VDD_2、VSS_2、SWDIO、SWCLK，可以将尺寸控制得尽量小，所以选用此下载方式。

（2）STM32F103C8T6 下载接口。

SWD 下载接口为 4 线接口，包括 VDD_2、VSS_2、SWDIO、SWCLK，其中 SWDIO、SWCLK 各需要连接一个 10 kΩ 的上拉电阻器。STM32F103C8T6 单片机的第 34 脚为 SWDIO 引脚，第 37 脚为 SWCLK 引脚。STM32F103C8T6 的相关引脚定义如表 4.1 所示。

表 4.1 STM32F103C8T6 下载口引脚定义

引脚序号	引脚名称	输入输出	下载口信号
34	PA13	I/O	SWDIO
35	VSS_2	S	VSS_2
36	VDD_2	S	VDD_2
37	PA14	I/O	SWCLK

STM32F103C8T6 单片机与下载接口连接器的连接电路如图 4.23 所示。

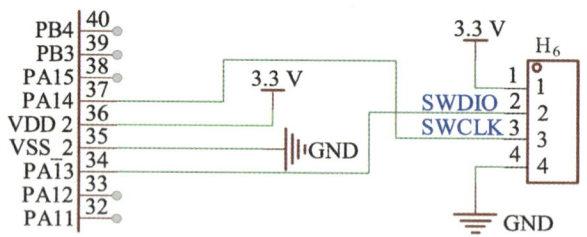

图 4.23 下载接口连接器的连接电路

由图 4.23 可知，STM32F103C8T6 单片机下载电路的连接器采用 4 针连接器，连接器的第 2 条引脚与 STM32F103C8T6 的第 34 条引脚（PA13）相连，连接器的第 3 条引脚与 STM32F103C8T6 的第 37 条脚（PA14）相连，连接器的第 1 引脚接 3.3 V 电源，连接器的第 4 条引脚接地。

当原理图中电气导线越来越多，原理图的复杂度增加，导致图纸凌乱。在绘制原理图时，可以采用网络标签来进行连线；也可以将同一个各模块归纳到一起，方便查看。采用网络标签方式进行连线如图 4.24 所示。

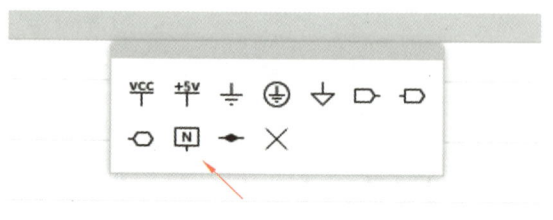

图 4.24 网络标签

在需要连线的芯片引脚处绘制一段导线，然后将网络标签放置在该导线上，如图 4.25 和图 4.26 所示。

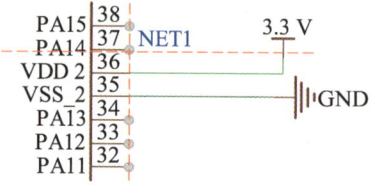 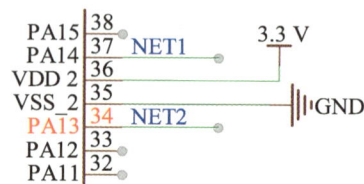

图 4.25 放置网络标签 NET1　　　　图 4.26 放置网络标签 NET2

修改网络标签名称。将图 4.26 中的网络标签"NET1"修改为"SWCLK",将"NET2"修改为"SWDIO",如图 4.27 所示。

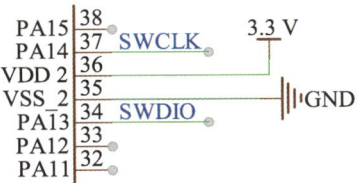

图 4.27　修改网络标签名称

按照同样的方法,绘制下载电路接口的连接件,修改相应的网络标签名称如图 4.28 所示。

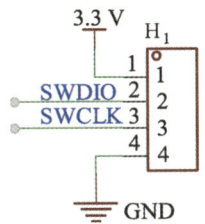

图 4.28　下载电路接口

图 4.28 中,连接件 H_1 的第 2 引脚(SWDIO)处应该上拉一个 10 kΩ 的电阻器,第 3 引脚(SWCLK)处应该下拉一个 10 kΩ 的电阻器。

> **知识拓展:下载模块**
>
> 　　工程师编写完单片机控制程序后,需要通过计算机与单片机系统进行通信,由下载模块将.hex(或.bin)文件下载到 STM32 中。下载模块向上与计算机连接,向下与 STM32 核心板连接,通过计算机上的 STM32 下载工具(如 Mcuisp 软件)就可以将程序下载到 STM32 中。下载模块除具备程序下载功能外,还担任着"通信员"的角色,即可以通过下载模块实现计算机与 STM32 之间的通信。此外,下载模块还为 STM32 核心板提供 5 V 电压。需要注意的是,下载模块可以输出 5 V 电压,也可以输出 3.3 V 电压。
>
> 　　除了可以使用下载模块下载程序外,还可以使用 JLINK 或 ST-Link 模块下载程序。JLINK 和 ST-Link 不仅可以下载程序,还可以对 STM32 微控制器进行在线调试。
>
> 　　由于 SWD 下载模块只需要 4 条引线,在产品设计过程中一般采用 SWD 接口,摒弃 JTAG 接口,这样可以节省很多单片机系统接口。尽管 JLINK 和 ST-Link 都可以下载程序,而且还能进行在线调试,但是无法实现 STM32 微控制器与计算机之间进行通信。因此,在设计产品时,除了保留 SWD 接口,还建议保留下载接口。

2. 启动模式选择接口

(1)启动模式选择引脚。

单片机的第 44 条引脚(BOOT0)和第 20 条引脚(PB2)分别定义为启动模式选择信号 BOOT0 和 BOOT1,如图 4.29 所示。

（a）BOOT0 信号　　　　（b）BOOT1 信号

图 4.29　启动模式信号定义

（2）绘制接口。

① 启动模式选择接口元件。

在元件库中搜索"HDR-F_2.54"，选择"HDR-F_2.54_2×3"，如图 4.30 所示。

② 绘制电气导线。

启动模式选择接口电路的连线如图 4.31 所示。

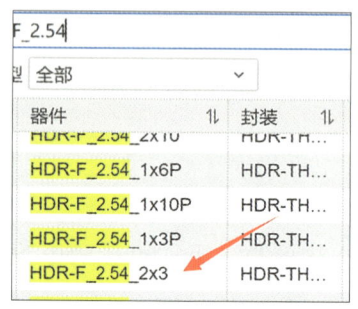

图 4.30　启动模式接口选择 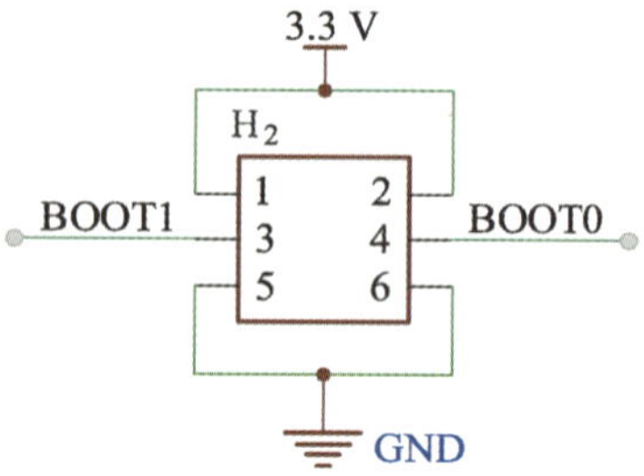　　　图 4.31　启动模式选择接口电路连线

图 4.31　启动模式选择接口电路连线

 知识拓展：STM32 单片机启动

BOOT0 和 BOOT1 用于选择 STM32 单片机的启动方式，如表 4.2 所示。

表 4.2　STM32 单片机启动模式

BOOT0	BOOT1	启动模式
0	×	User Flash memory（从用户闪存存储器启动）
1	0	System memory（从系统存储器启动）
1	1	Embedded SRAM（从内嵌 SRAM 启动）

STM32 单片机的启动方式包括：

（1）第一种启动方式是最常用的用户 Flash 启动，正常运行程序就在这种模式下进行。

（2）第二种启动方式是系统存储器启动方式，即串口下载方式（ISP），一般不建议使用这种方式，因为启动速度比较慢。STM32 中自带的 BootLoader 就是这种启动方式，如果出现程序硬件错误的话可以通过 BOOT0、BOOT1 重新设置启动模式，再重新烧写 Flash 便可以恢复正常。

（3）第三种启动方式是 STM32 内嵌的 SRAM 启动。该模式用于调试。

3. 传输接口

（1）绘制引脚。

STM32F103C8T6 单片机的第 30 条引脚（PA9）和第 31 条引脚（PA10）在本项目中有多个功能，所以采用短接符来同时设置或者放置 2 个不同的网络名，如图 4.32 所示。

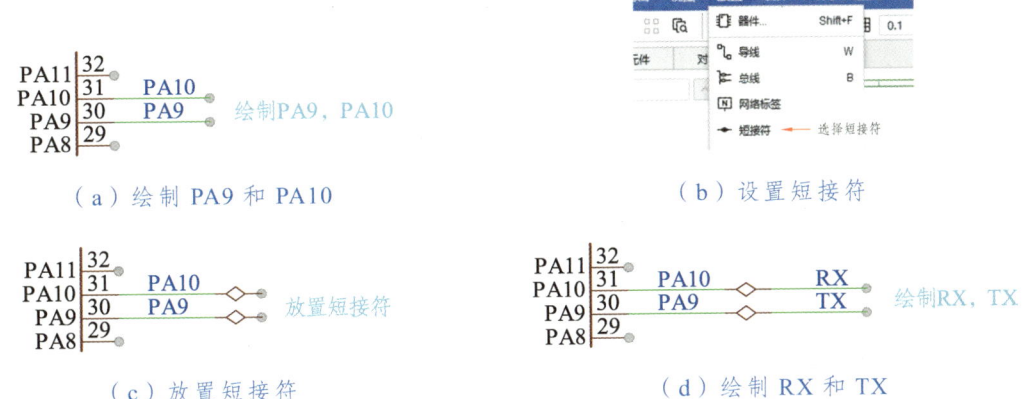

图 4.32　RX、TX 引脚绘制

（2）绘制接口。

在常用库中搜索"HDR-F_2.54"，然后选择"HDR-F_2.54_1×5P（插件）"，如图 4.33 所示。将该插件放到原理图工作区域，添加相应的网络标签 RX、TX、+3.3 V、+5 V 和 GND，如图 4.34 所示。

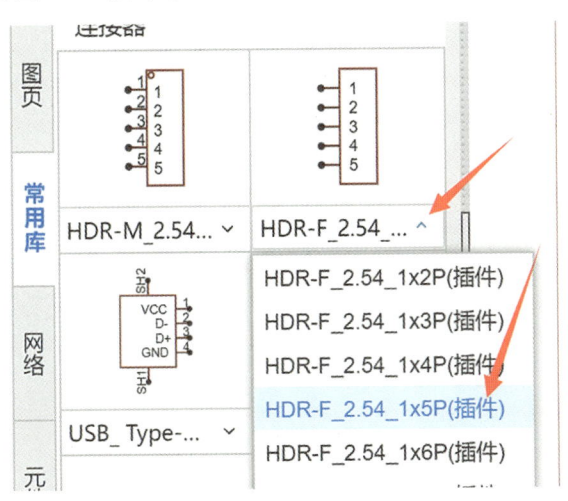

图 4.33　器件选择

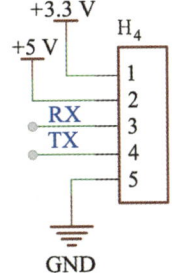

图 4.34　接口电路

4. 扩展接口

（1）绘制引脚。

将 STM32F103C8T6 芯片的其他引脚采用网络标签的方式进行连接与绘制，最终效果如图 4.35 所示。

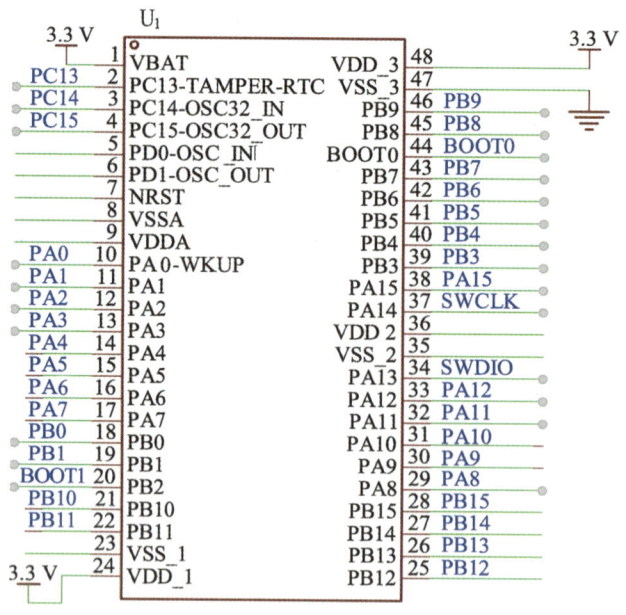

图 4.35　扩展接口网络标签

（2）绘制接口。

连接器是专门用来连接和固定印刷线路板的连接器件，本任务采用针脚式的连接器，方便后期调试时将器件连接至芯片的引脚。

在常用库中选择"HDR-F_2.54_1×20P（插件）"，如图 4.36 所示。

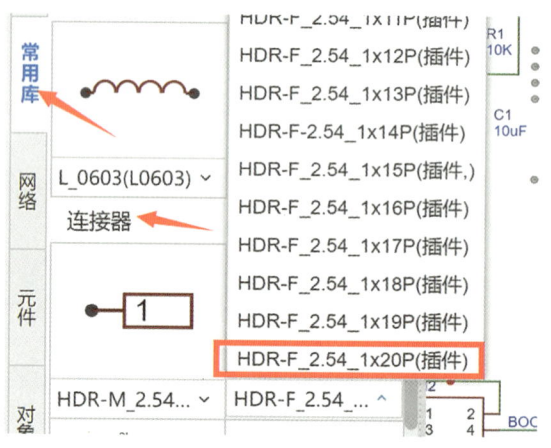

图 4.36　扩展接口网络标签

在原理图中绘制连接件各引脚的网络标签，如图 4.20 所示。

> **知识拓展：排针**
>
> 通过 2 组排针可以自由扩展外设。此外，2 组排针分别包括 +3.3 V 电源和接地（GND），这样就可以直接通过 STM32 核心板对外设进行供电，大大降低了系统的复杂度。因此，利用这 2 组排针，可以在后期不断地完善智能小风扇的功能。

5. 总结分析

（1）执行结果。

本任务执行结果包括：

① STM32F103C8T6 最小系统原理图和扩展接口原理图。

② 电路元器件数值修改结果。

（2）总结与分享。

根据绘制过程中查询的资料结合 AI 工具，各小组讨论并总结各组在本任务中所学到的知识和技能，然后进行知识、技能的经验分享。

（3）思考练习。

烧写一段程序到 STM32F103C8T6 芯片。

4.3　LED 灯及按键设计

任务要求

根据智能小风扇的需求，以小组形式绘制 STM32F103C8T6 的按键模块及 LED 灯模块。通过本任务，掌握按键及 LED 灯的作用。本任务最终完成的效果如图 4.37 所示，元器件参数需根据需求进行计算。

微课：按键及 LED 灯绘制

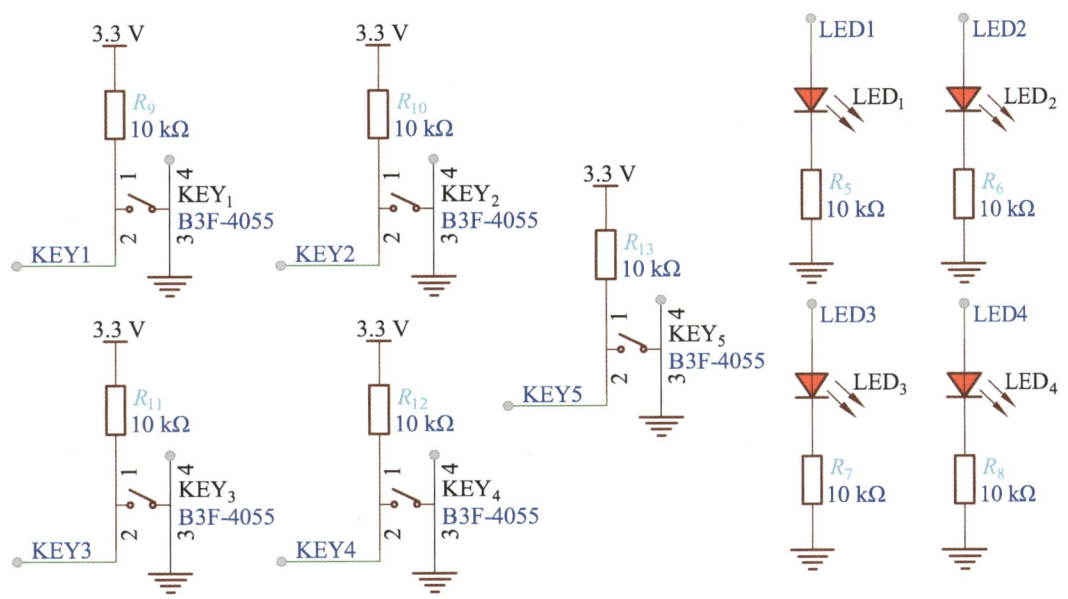

图 4.37　最终效果图

各小组按照不同分工实施任务，通过小组团队合作完成本任务。在任务执行过程中，鼓励使用搜索工具和 AI 解决问题，鼓励各小组积极进行知识和经验的分享。

实施思路

本任务首先从需求分析的角度去规划智能小风扇的按键和 LED，然后采用嘉立创 EDA 绘制该部分的电路，在绘制的同时了解其原理和设计方法。本任务实施思路如图 4.38 所示。

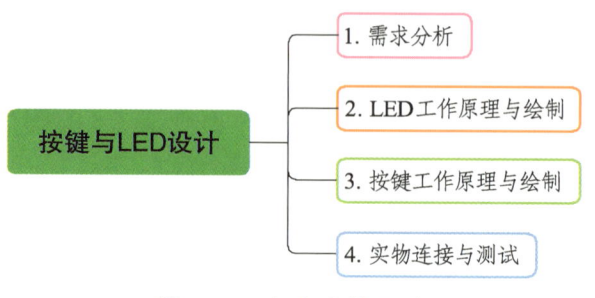

图 4.38　任务实施思路

实施过程

1. 需求分析

（1）按键需求分析。

根据各组的需求进行讨论，决定需要哪些按键，需要几个按键，填写表 4.3 相关内容。

表 4.3　按键需求分析表

按键名称	主要作用	备注
按键 1		
按键 2		
…		

（2）LED 灯需求分析。

根据各组的需求进行讨论，决定哪些地方需要 LED 灯，需要几个 LED 灯，填写表 4.4 相关内容。

表 4.4　LED 灯需求分析表

名称	主要作用	备注
LED1		
LED2		

2. LED 灯电路

（1）放置二极管。

在常见库中选择"LED_TH-R_3mm（插件）"，如图 4.39 所示。然后单击"放置"就可以将选择的 LED 灯放置到原理图工作区域，如图 4.40 所示。

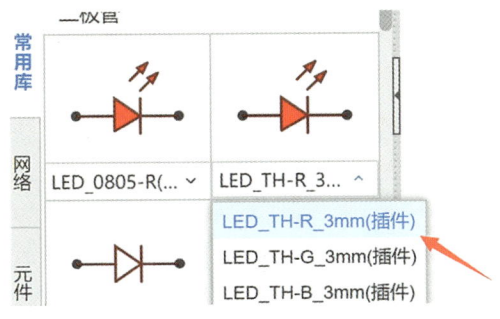

图 4.39　选择 LED 灯

图 4.40　放置 LED 灯

（2）放置电阻器。

在常见库中选择"Res_AXIAL-1/8W（轴向引线）"，如图 4.41 所示，然后单击"放置"就可以该电阻器作为 LED 灯的限流电阻器放置到原理图工作区域。

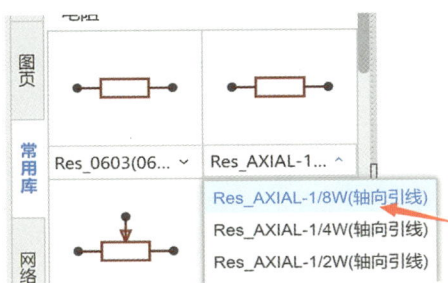

图 4.41　电阻器选择

（3）电气导线连接。

利用电气导线和网络标签方式，对 LED 灯电路进行连线，如图 4.42 所示。

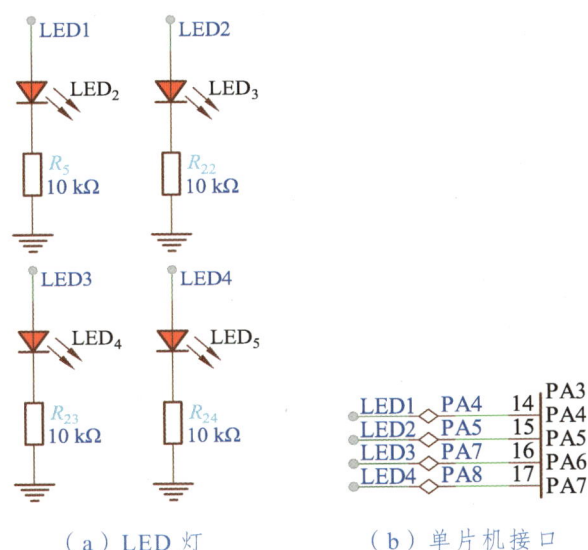

（a）LED 灯　　　　　　（b）单片机接口

图 4.42　LED 灯电路连线

> 问题思考
>
> LED 灯的限流电阻阻值为多少比较合理？

> 知识拓展：限流电阻器
>
> 在电路设计过程中，经常需要点亮 LED 灯。在高电流情况下，LED 灯很容易被烧坏，因此需要在 LED 灯线路上串联一个限流电阻器来限制流过 LED 灯的电流。
>
> LED 灯的限流电阻器阻值计算公式可表示为
>
> 限流电阻器的阻值=（电源电压-LED 灯正向压降）/LED 灯正向电流
>
> 限流电阻器的阻值计算步骤主要包括：
>
> （1）查询 LED 灯规格，得到 LED 灯的正向压降以及正向电流。
>
> （2）查询芯片引脚电压。
>
> （3）用限流电阻器的阻值计算公式计算出该电路的最大限流电阻器阻值。
>
> （4）将原理图中 LED 灯的限流电阻器阻值设置为计算值。

3．按键电路

（1）选择按键。

在常用库中选择"Key_TH_6×6×6（插件）"，如图 4.43 所示。

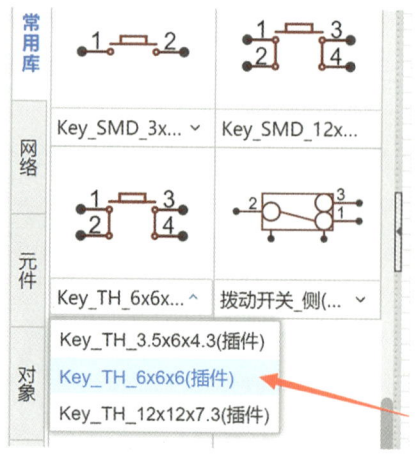

图 4.43　按键选择

（2）上拉电阻器。

在常用库里选择"Res_AXIAL-1/8W（轴向引线）"，将所选电阻器放置原理图工作区域，修改电阻器的电阻值为 10 kΩ，如图 4.44 所示。

（3）电气导线连接。

采用导线连接和网络标签方式连接按键电路，如图 4.45 所示。

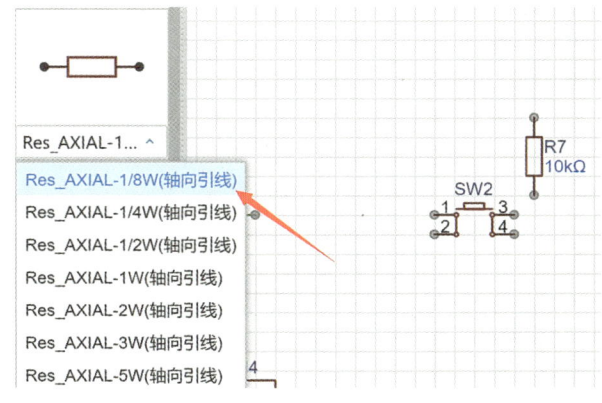

图 4.44　电阻器选择

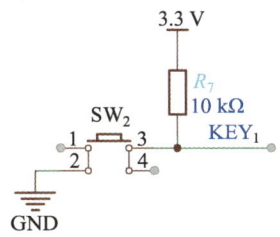

图 4.45　电气导线连接

> **问题思考**
>
> 按键电路中上拉电阻的作用是什么？

> **知识拓展：上拉电阻器和下拉电阻器**
>
> 1. 什么是上拉电阻器或下拉电阻器？
>
> 上拉电阻器可以将元器件引脚的电位拉至高电平电位，下拉电阻器可以将元器件引脚的电位拉至低电平。
>
> 2. 上拉电阻器或下拉电阻器的电阻值怎么选择？
>
> 根据欧姆定律可知，电阻器的阻值决定电流的大小。当阻值小时，流过电阻器的电流大，上拉能力强；阻值大时，流过电阻器的电流小，上拉能力弱。当上拉能力弱时，就容易被其他微小电流干扰，因此上拉电阻的选择需要根据实际情况选择。
>
> 3. 为什么芯片引脚需要上拉或下拉？
>
> （1）实现不同状态。
>
> 在一些特殊情况下，芯片需要通过外部电路来改变其某条引脚电平的高低状态，因此可以通过外接上拉电阻器、下拉电阻器、跳线等方式来设置该引脚的电平，从而使开发板处于调试状态或发布状态。
>
> （2）具有抗干扰能力。
>
> 在实际开发过程中，开发板会受到微小电流或其他因素干扰。如果干扰处于按键电路中，添加下拉电阻器可以将某些微小电流过滤掉，避免这些干扰因素影响芯片程序的正常运行。

（4）其余按键电路。

本任务的其余电路，参见"3. 按键电路"前面部分的设计思路和方法，完成电路原理图的设计和绘制。其余按键电路如图 4.46 所示。

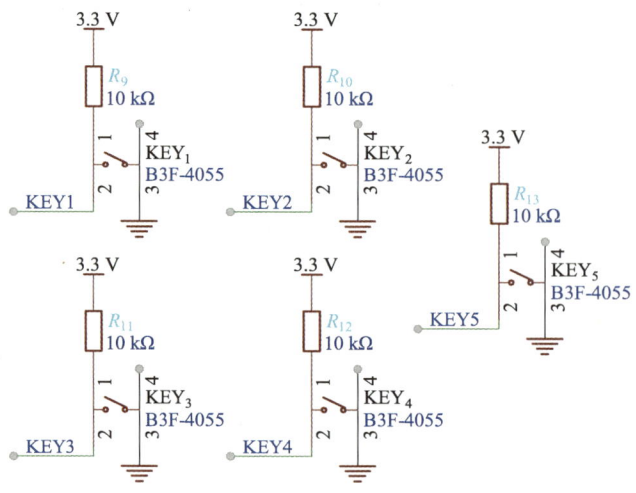

图 4.46 其余按键电路

（5）完成单片机引脚绘制。

完成单片机 STM32F103C8T6 引脚与按键电路的连线，采用导线连接和网络标签的方式进行连线。STM32F103C8T6 单片机的引脚连线如图 4.47 所示。

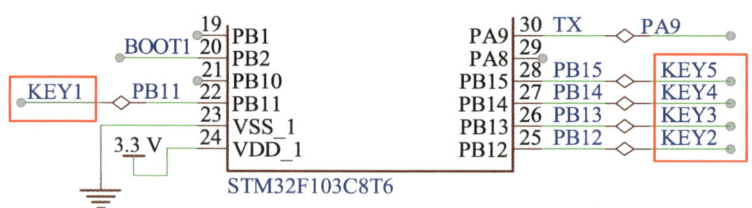

图 4.47 单片机引脚连线相关电路

4. 实物连接与测试

根据所设计的电路图，搭建该模块电路。

（1）元器件清单。

各小组根据原理图导出本任务所需的元器件清单和参数，完成表 4.5 所示内容。

表 4.5 元器件清单

序号	名称	数量	封装	备注
1	STM32 最小系统板	1		
2				
3				
4				
5				

（2）元件选型。

① STM32F103C8T6 最小系统板。

STM32F103C8T6 最小系统板将主控 MCU 及其外围电路集成在一块电路板上，将 MCU 的通信接口、GPIO、存储器接口等集成在另一块电路板上，两块电路板通过排针或排母连接，如图 4.48 所示。

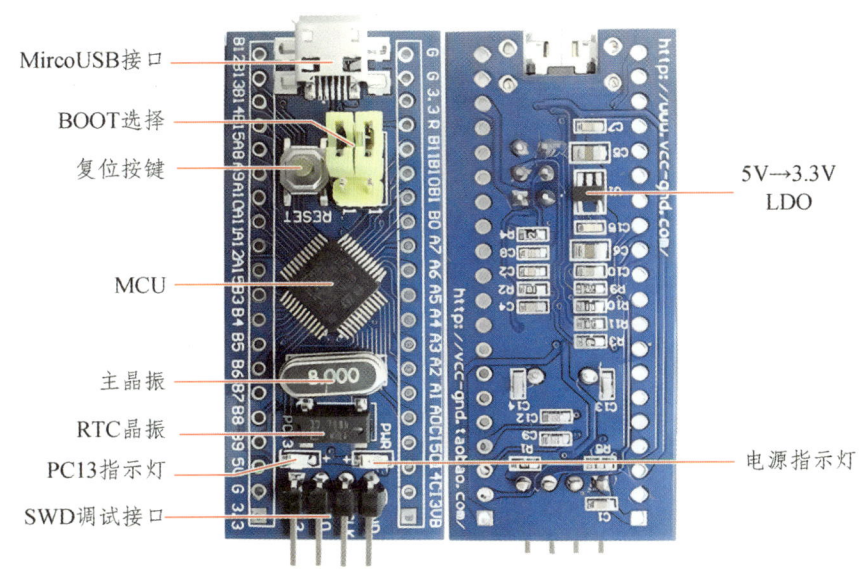

图 4.48　某款 STM32 最小系统电路板

STM32F103C8T6 最小系统板包含的电路主要包括：

a. LED 灯电路。

LED 灯电路包括 LED 电源指示灯电路和 LED 验证测试灯电路。

b. 外扩引脚。

外扩引脚包括核心板外接其他功能模块，实现更多功能的电路。

c. 复位电路。

复位电路是指使电路恢复到起始状态的电路，对芯片进行强制复位。

d. 晶振电路。

晶振电路可以分为高速外部晶振电路和低速外部晶振电路，提供准确的时钟信号。

e. 电源转换电路。

电源转换电路是指将 USB 接口输出的 5 V 电压转换为芯片所需的 3.3 V 电压的转换电路。

f. SWD 下载电路。

SWD 下载电路是指将软件程序从 PC 端下载到芯片内部所需要的电路。

g. STM32F103C8T6 微控制电路。

STM32F103C8T6 微控制电路是指 STM32F103C8T6 主控芯片电路将上述 6 个电路集成为一个完成的电路，实现设计目的，是开发板的核心的电路。

② 电阻器。
本任务所用的电阻器选用色环电阻器。
③ LED 灯。
LED 灯包括直插式 LED 灯和表贴封装的 LED 灯，如图 4.49 所示。本任务选用直插式 LED 灯。

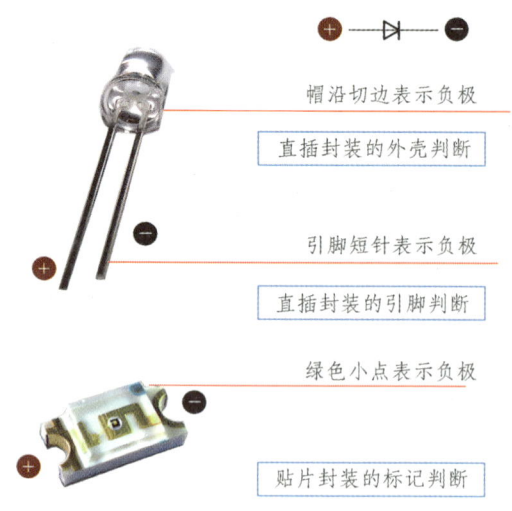

图 4.49　LED 灯

④ 按键。
按键开关的封装如图 4.50 所示，本任务选用直插式的按键。

图 4.50　按键开关

（3）元件测量。
① 电阻测量。
将万用表的红表笔插入"VΩ"插孔，黑表笔插入"COM"插孔。

先将万用表的量限开关旋转至电阻量程的中间挡位，将表针接到待测电阻器两端。根据万用表示数偏大或偏小，调整合适的电阻量程，读取示数。

② 按键测量。

将万用表的量限开关旋转到二极管处。先测量按键 4 条引脚中的任意 2 条引脚，判断哪 2 条引脚是导通的，哪 2 条引脚是断开的；按下按键，再测量按键 4 条引脚中的任意 2 条引脚，判断哪 2 条引脚是导通的，哪 2 条引脚是断开的。

按键按下时导通的 2 条引脚可做为焊接的 2 条引脚。

③ 发光二极管测量。

将万用表的量限开关旋转到二极管挡位，红表笔插入 VΩ 插孔，黑表笔插入 COM 插孔。将红表笔表针接触发光二极管的正极，黑表笔表针接触发光二极管的负极，如果发光二极管被点亮，则发光二极管正常。万用表测量发光二极管的方法如图 4.51 所示。

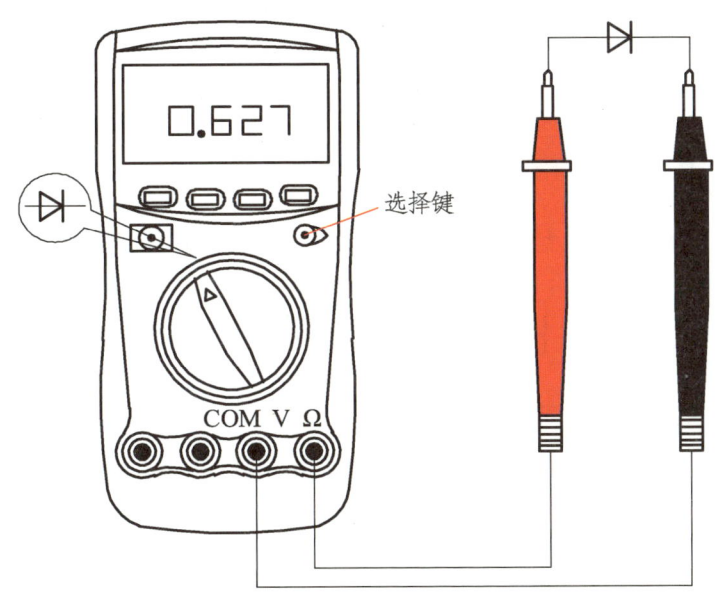

图 4.51　发光二极管测量

（4）实物连接。

各小组按照原理图，利用面包板布置元器件并进行连线，完成实验电路的搭建。

（5）电路测试。

将已经烧写好程序的面包板接通电源，查看电路是否达到设计要求的功能。如果没有达到设计要求的功能，检查各个元器件的参数是否合理。

5. 总结分析

任务总结分析的内容主要包括：

（1）执行结果。

① 电路原理图。

② 按键、LED 和最小系统板的连接实物。

（2）总结与分享。

根据绘制过程中查询的资料结合 AI 工具，各小组讨论并总结小组在本任务中所学到的知识和技能，然后进行知识、技能的经验分享。

（3）思考练习。

在网上查询一段按键和 LED 联动的程序并烧写到最小系统板中。可尝试更改程序的 I/O 口或更改原理图的 I/O 口，实现同样的功能。

4.4 蜂鸣器模块设计

任务要求

本任务根据智能小风扇的需求，要求学生以小组形式绘制蜂鸣器驱动模块。通过本任务，掌握蜂鸣器的作用、原理图绘制基本方法。蜂鸣器电路图如图 4.52 所示。

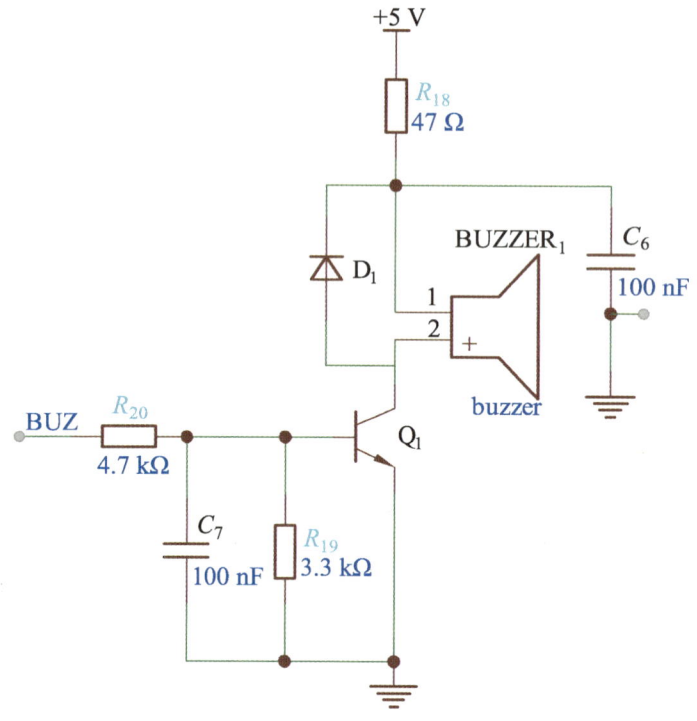

图 4.52　蜂鸣器电路图　　　　　　　　　微课：蜂鸣器模块绘制

各小组按照不同分工实施任务，通过小组团队合作完成本任务。在任务执行过程中，鼓励使用搜索工具和 AI 解决问题，鼓励各小组积极进行知识和经验的分享。

实施思路

本任务首先从需求分析的角度去规划智能小风扇的蜂鸣器模块,然后采用嘉立创 EDA 绘制蜂鸣器电路,在绘制蜂鸣器电路的同时了解其原理和设计方法。本任务实施思路如图 4.53 所示。

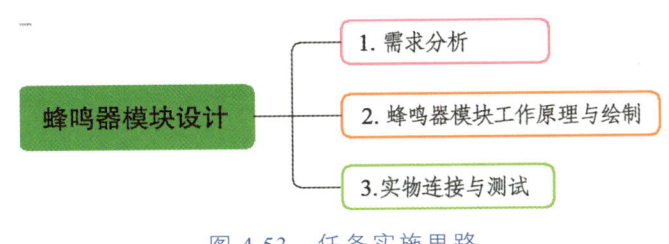

图 4.53 任务实施思路

实施过程

1. 需求分析

总结智能小风扇项目中蜂鸣器系统的主要应用场景,填写表 4.6 所示蜂鸣器系统需求分析表的相关内容。

表 4.6 蜂鸣器系统需求分析表

应用场景或功能	支撑元件	备注

风扇在使用过程中需要声音或者报警提示,因此在设计智能小风扇系统时引入一个蜂鸣器,方便后期程序设计时不断升级和完善功能。

2. 蜂鸣器模块

(1)元器件选择。

在基础库里选择"音频器件/振动马达"里的"蜂鸣器",再选择"TMB12A05_C96093"型号的蜂鸣器,如图 4.54 所示,然后单击"放置"就可以将蜂鸣器放置到原理图工作区域。

在常用库里选择"D_1N4007A(DO-41)"型号及封装的二极管,如图 4.55 所示,然后单击"放置"就可以将二极管放置到原理图工作区域。

在常用库里选择"S8050_SOT_NPN(SOT-23)"型号及封装的三极管,如图 4.56

所示，然后单击"放置"就可以将三极管放置到原理图工作区域。

在常用库里选择"D_1N4007A（DO-41）"型号及封装的二极管，如图 4.55 所示，然后单击"放置"就可以将二极管放置到原理图工作区域。

在常用库里选择"S8050_SOT_NPN（SOT-23）"型号及封装的三极管，如图 4.56 所示，然后单击"放置"就可以将三极管放置到原理图工作区域。

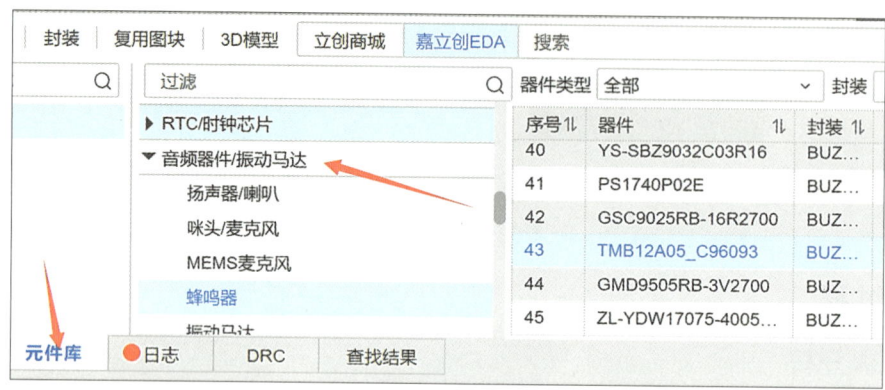

图 4.54　蜂鸣器选择

在常用库里选择"S8050_SOT_NPN（SOT-23）"型号及封装的三极管，如图 4.56 所示，然后单击"放置"就可以将三极管放置到原理图工作区域。

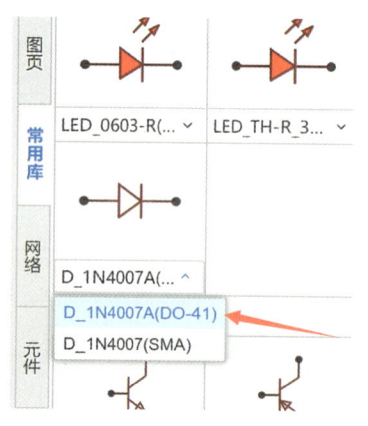

图 4.55　二极管选择

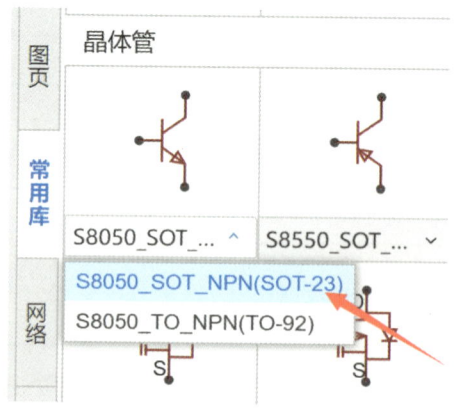

图 4.56　三极管选择

参照元器件选择方式，完成其他元器件的选择。

（2）电路连线。

在单片机最小系统中，单片机的第 21 条引脚（PB10）与蜂鸣器的连线如图 4.57 所示。

图 4.57　单片机用于控制蜂鸣器的引脚连线

144

对蜂鸣器电路中的元器件进行连线，完成后蜂鸣器电路如图 4.52 所示。

> **知识拓展：晶体三极管放大**
>
> 晶体三极管是半导体基本元器件之一，具有电流放大作用，是电子电路的核心元件。晶体三极管的核心功能主要包括：
> （1）放大功能。三极管可以将小电流的微小变化放大成大电流的变化。
> （2）开关功能：三极管可以利用小电流去控制大电流的通断。
> 晶体三极管集电极电流 I_C 可表示为
>
> $$I_C = \beta \times I_B$$
>
> 其中 β 约为 10～400。
> 例：当基极通过的电流 I_B 为 50 μA 时，集电极通过的电流 I_C 可表示为
>
> $$I_C = \beta\, I_B = 120 \times 50\ \mu A = 6\,000\ \mu A$$
>
> 微弱变化的电信号通过三极管放大成幅度很大的电信号。所以，三极管放大的是信号幅度，并不增加放大系统的能量。三极管放大信号的幅度取决于三极管的放大倍数 β。
> 三极管的放大倍数 β 由三极管的材料和工艺结构决定。硅三极管的放大倍数 β 一般为 30～200，锗三极管的放大倍数 β 一般为 30～100。

> **知识拓展：蜂鸣器电路**
>
> 图 4.52 所示蜂鸣器电路中，电阻器 R_{20} 设置为 4.7 kΩ，电阻器 R_{19} 设置为 3.3 kΩ。电阻器 R_{10} 为限流电阻器，防止流过基极电流过大损坏三极管。电阻器 R_{19} 的重要作用主要包括：
> （1）R_{19} 相当于三极管 Q_1 基极的下拉电阻器。如果 BUZ 输入端被悬空，R_{19} 可以使 Q_1 保持在可靠的关断状态。如果删除 R_{19}，当 BUZ 输入端悬空时 Q_1 易受到干扰，导致 Q_1 状态发生意外翻转或进入不期望的放大状态，造成蜂鸣器意外发声。
> （2）R_{19} 可以提升高电平的门槛电压。如果删除 R_{19}，则 Q_1 的高电平门槛电压就只有 0.7 V，即 BUZ 输入电压超过 0.7 V 就会使 Q_1 导通。R_{19} 可以使 BUZ 输入电压达到约 2.2 V 时 Q_1 才会饱和导通，具体计算过程包括：
> ① 假定 Q_1 的放大倍数 β 为 120，蜂鸣器导通电流为 15 mA，那么 Q_1 集电极电流 I_C 为 15 mA。Q_1 达到饱和导通时的基极电流 I_B 为 15 mA/120=0.125 mA。
> ② R_{19} 的电流为 0.7 V/3.3 kΩ=0.212 mA，R_{20} 的电流为 0.212 mA + 0.125 mA= 0.337 mA。
> ③ BUZ 输入端的门槛电压为 0.7 V+0.337 mA×4.7 kΩ=2.283 9 V≈2.3 V。
> C_6 为电源滤波电容器，滤除电源高频杂波。
> C_7 可以在有强干扰环境下有效滤除干扰信号，避免蜂鸣器变声或意外发声。在 RFID 射频通信、Mifare 卡的应用过程中，可以选用 100 nF 的电容器，根据实际情况进行调整。
> 在有源蜂鸣器和无源蜂鸣器的电路设计过程中，往往会遇到需求变更，如项目前期对蜂鸣器的发声频率没有要求但后期有要求，需要更换为无源蜂鸣器，这就涉及电路图修改，甚至修改 PCB，这样就增加了设计成本、设计周期和设计风险。
> 有源蜂鸣器与无源蜂鸣器的区别在于无源蜂鸣器是一个感性元件，其电流不能瞬变，因此必须有一个续流二极管（图 4.52 中的 D_1）提供续流。否则，在无源蜂鸣器两端会有反向感应电动势，产生几十伏的尖峰电压，可能损坏 Q_1 并干扰整个电路系统的其他部分。

3. 系统搭建与测试

（1）系统元器件清单。

各小组根据原理图导出本任务所需的元器件清单，在表4.7中填写电路所用元器件的名称、数量、封装形式。

表4.7 元器件清单

序号	名称	数量	封装	备注
1	STM32核心板	1		
2				
3				
4				
5				

（2）元件选型与检测。

① 蜂鸣器的选型与检测。

a. 蜂鸣器的选型。

常见蜂鸣器如图4.58所示，根据本任务的实际情况以及图4.52所示蜂鸣器电路选择蜂鸣器。

图4.58 各种蜂鸣器

b. 蜂鸣器的检测。

判断蜂鸣器好坏，可以直接用万用表电阻挡测量蜂鸣器的2条引脚之间的电阻值。正常情况下，2条引脚间的电阻值一般小于100 Ω；若测得的电阻值为无穷大，说明该蜂鸣器已损坏。蜂鸣器常见的故障是引脚和线圈脱焊，遇到这种情况一般更换新的蜂鸣器。

② 普通二极管的选型与检测。

普通二极管有很多种类，如图4.59所示。在进行普通二极管选型时，可以根据任务的实际情况以及图4.52所示的电路图选择二极管。

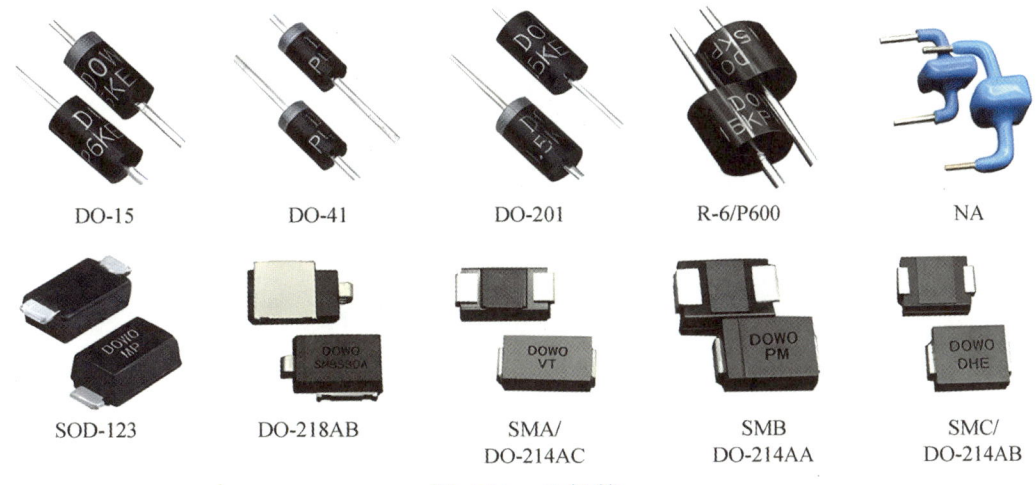

图 4.59 二极管

普通二极管的检测方法主要包括：

a. 检测方法 1。

小功率锗二极管的正向电阻为 300～500 Ω，小功率硅二极管的正向电阻约为 1 kΩ；小功率锗二极管的反向电阻为几十千欧，小功率硅二极管的反向电阻大于 500 kΩ。大功率二极管的正向电阻和反向电阻，比小功率二极管的要小一些。

根据二极管的正向电阻小、反向电阻大的特点可以判断二极管的极性。将万用表拨到欧姆挡，一般用 R×100 或 R×1 k 挡，不要用 R×1 挡或 R×10 k 挡。因为 R×1 挡的电流太大，容易烧毁二极管；而 R×10 k 挡的电压太高，可能击穿二极管。

用万用表表笔分别与二极管的 2 个引脚相连，测出 2 个电阻值。如果测得的电阻值较小，则与黑表笔表针相连的二极管引脚为二极管的正极；如果测得的电阻值较大，与黑表笔表针相连的二极管引脚为二极管的负极。

如果测得的反向电阻很小，说明二极管内部短路；如果测得的正向电阻很大，说明二极管内部断路。

b. 测试方法 2。

硅二极管的正向压降一般为 0.6～0.7 V，锗二极管的正向压降一般为 0.1～0.3 V，所以测量二极管的正向导通电压便可判断被测二极管是硅二极管还是锗二极管。

在干电池的一端串一个 1 kΩ 的电阻器，同时按极性与二极管相接，使二极管正向导通，用万用表测量二极管两端的管压降。如果测得的二极管管压降为 0.6～0.7 V，该二极管为硅二极管；如果二极管的管压降为 0.1～0.3 V，该二极管为锗二极管。

③ 普通三极管的选型。

普通三极管有很多类，如图 4.60 所示。根据本任务的实际情况以及图 4.52 所示的电路图选择三极管。

（3）实物连接与测试

实物连接与测试的内容主要包括：

① 各小组利用面包板，按照图 4.52 所示原理图进行线路连接。

② 将已经烧写过程序的实物连接图通电，观察是否实现相关功能。如果没有达到

应有的效果，则注意检查各个元器件的参数是否合理。

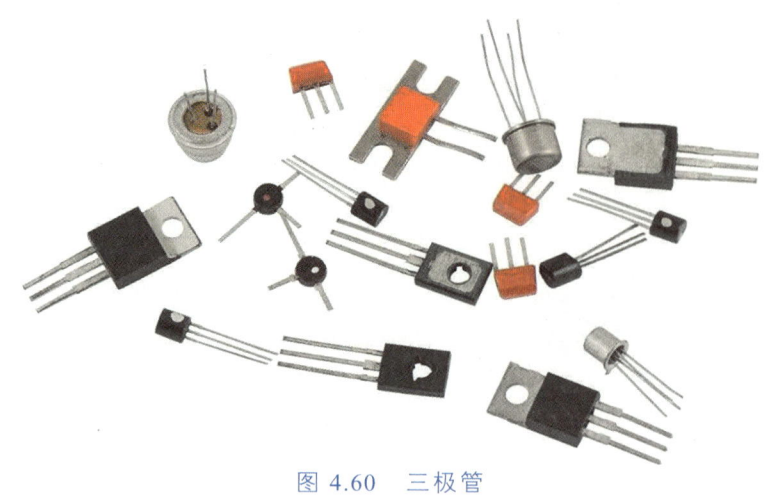

图 4.60　三极管

4. 总结分析

本任务总结分析的内容包括：

（1）执行结果。

① 蜂鸣器电路原理图。

② 蜂鸣器模块连接实物。

（2）总结与分享。

根据绘制过程中查询的资料结合 AI 工具，各小组讨论并总结小组在本任务中所学到的知识和技能，然后进行知识、技能的经验分享。

（3）思考练习。

在网上查找一段蜂鸣器发声的程序烧写到最小系统板中，尝试更改程序的 I/O 口或更改原理图的 I/O 口进行连接实现。

4.5　风扇控制模块设计

任务要求

根据智能小风扇的需求，以小组形式绘制风扇控制模块。通过本任务，掌握该模块的作用、原理图绘制基本方法。执行本任务的最终执行成果如图 4.61 所示。

各小组按照不同分工实施任务，通过小组团队合作完成本任务。在执行本任务过程中鼓励使用搜索工具和 AI 解决问题，鼓励各组积极进行知识和经验的分享。

微课：风扇控制模块绘制

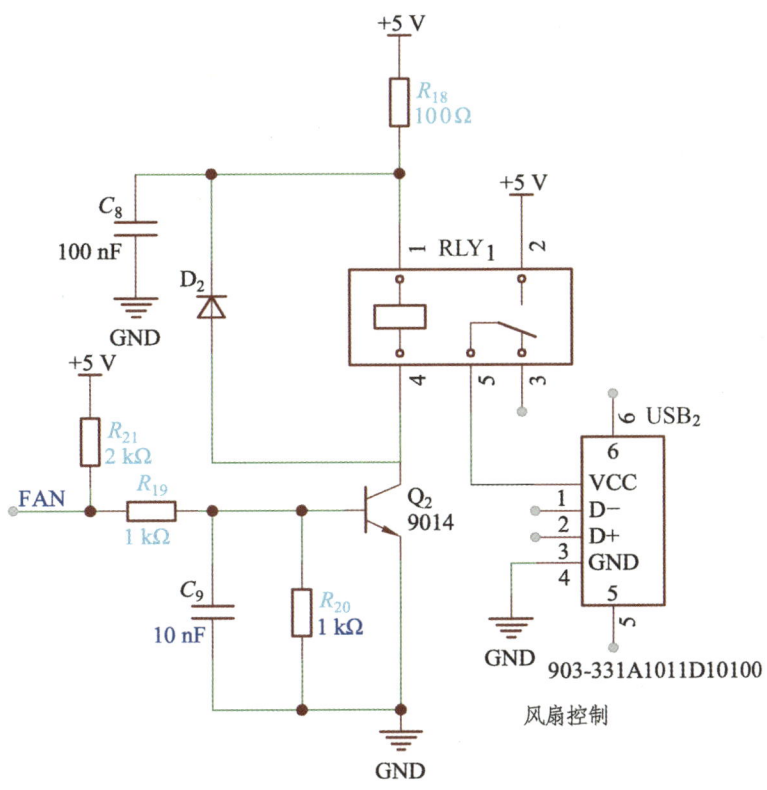

图 4.61　风扇控制电路

实施思路

本任务首先从需求分析的角度去规划智能小风扇的风扇控制模块，然后采用嘉立创 EDA 绘制该模块的电路，在绘制电路的同时了解其原理和设计方法。本任务实施思路如图 4.62 所示。

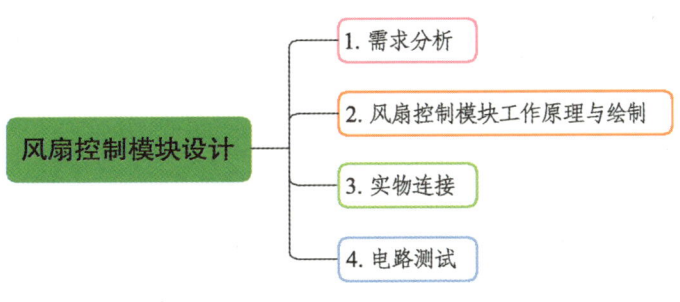

图 4.62　任务实施思路

实施过程

1. 需求分析

各小组讨论、设计智能小风扇中风扇控制模块的功能和应用场景，完善表 4.8 所示风扇控制模块需求分析表的相关内容。

表 4.8　风扇模块需求分析表

应用场景或功能	支撑元件	备注

小组讨论、判断所选电动机的参数与设计的电路是否匹配。如果不匹配，如何解决？

2．风扇控制模块电路

（1）元器件选择。

在元件库中选择"SRD-05VDC-SL-C"，如图 4.63 所示，然后单击"放置"就可以将继电器放置到原理图工作区域。

图 4.63　继电器选择

在常用库中选择"D_1N4007A（DO-41）"，如图 4.64 所示，然后单击"放置"就可以将二极管放置到原理图工作区域。

在常用库中选择"S8050_SOT_NPN（SOT-23）"，如图 4.65 所示，然后单击"放置"就可以将三极管放置到原理图工作区域。

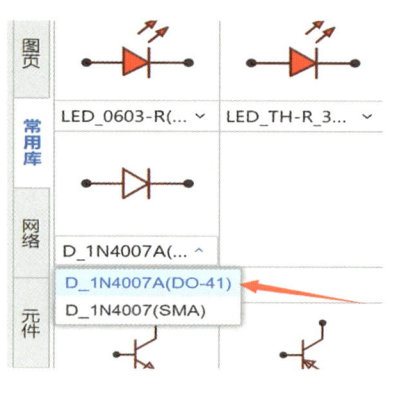

图 4.64　二极管选择

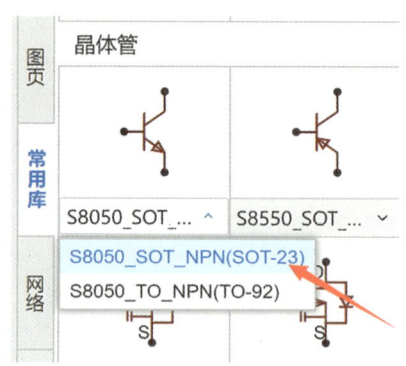

图 4.65　三极管选择

在常用库中选择"USB_Type-A（插件）"，如图 4.66 所示，然后单击"放置"就可以将连接器放置到原理图工作区域。

其他元器件的选择请参考前面器件选择方法。

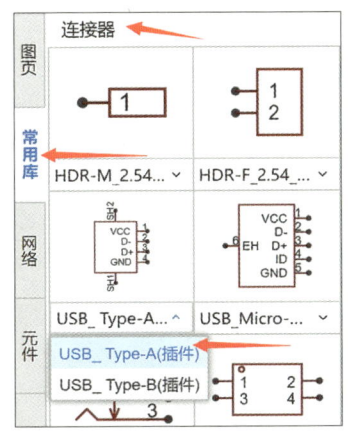

图 4.66　连接器选择

（2）电气导线连接。

采用导线连接和网络标签方式连接风扇控制电路，如图 4.67 所示。STM32F103C8T6 的第 18 条引脚（网络标签为 FAN）输出信号控制风扇的启动和停止。绘制好的风扇控制电路如图 4.61 所示。

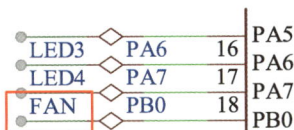

图 4.67　单片机控制风扇引脚的连线

> **知识拓展：继电器应用**
>
> 继电器线圈需要较大的电流（如 50 mA）才能使继电器吸合，一般的集成电路不能提供这么大的电流，因此必须进行扩流即驱动才能使继电器吸合。
>
> 如果图 4.61 中继电器需要 50 mA 的电流（该参数需要根据选用的器件型号去查询数据手册得到）才能使继电器吸合，那么图中电阻器 R_{18} 的电阻值不能大于 5 V/50 mA=100 Ω。

3．系统搭建与测试

（1）系统元器件清单。

各小组根据原理图导出本任务所需的元器件清单，如表 4.9 所示。

表 4.9　元器件清单

序号	名称	数量	封装	备注
1				
2				
3				
4				
5				

（2）元件选型与测量。

① 继电器的选型与检测。

继电器有很多种类，如图4.68所示。在选择继电器时，可以根据任务的实际情况以及图4.61所示风扇控制电路选择继电器。

图4.68 继电器

继电器断电检测方法主要包括：

a. 检测继电器线圈的电阻值。

继电器线圈的电阻值一般为几十欧姆到几百欧姆。在测量继电器线圈的电阻值时，如果测得的电阻值在这个范围内，则表明线圈是正常的。

b. 检测继电器常闭触点的电阻值。

在测量继电器线圈的电阻值时，如果测得常闭触点的电阻值接近0 Ω，表明该继电器常闭触点是正常的；如果测得常闭触点的电阻值为无穷大，表明该继电器常闭触点已被损坏，不能再继续使用了；如果测得常闭触点的电阻值为几十欧姆到几百欧姆，表明该继电器常闭触点接触不良，不能再继续使用了。

继电器通电检测方法主要包括：

a. 继电器通电时线圈响了一声，常开触点变为常闭触点，表明继电器线圈是正常的。如果常开触点一直是常开的，表明线圈是坏的。

b. 检测常开触点的电阻值。检测方法与断电检测方法一样。

② 其他元器件的选型与检测。

可参考"4.4 蜂鸣器模块设计"介绍的相关元器件的选型和检测方法，对其他元器件进行选型和检测。

（3）电路测试。

在面包板上按照图4.61所示原理图进行元器件布局并进行元器件连线，将已经烧写过程序的实物连接图通电，观察是否达到设计的功能。如果没有实现设计的功能，检查各个元器件的参数是否合理。

4. 总结分析

本任务的总结分析主要包括：

（1）执行结果。

① 风扇控制模块电路原理图。

② 风扇控制模块连接实物。

（2）总结与分享。

根据原理图绘制过程中查询的资料结合 AI 工具，各小组讨论并总结小组在本任务中所学到的知识和技能，然后进行知识、技能的经验分享。

（3）思考练习。

在网上查找一段按键与继电器联动的程序烧写到最小系统板中，可尝试更改程序的 I/O 口或更改原理图的 I/O 口进行连接实现。

4.6 温度传感器模块设计

任务要求

根据智能小风扇的需求，以小组形式绘制温度传感器模块。完成本任务最终得到的温度传感器模块电路如图 4.69 所示。

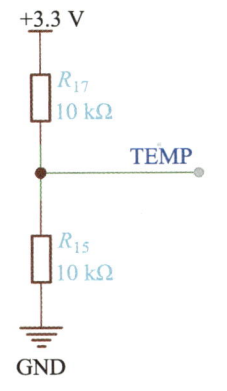

图 4.69　温度传感器模块电路图　　　　　微课：温度传感器模块绘制

各小组按照不同分工实施任务，通过小组团队合作完成本任务。在任务执行过程中，鼓励使用搜索工具和 AI 解决问题，鼓励各小组积极进行知识和经验的分享。

实施思路

本任务从需求分析的角度去规划智能小风扇的传感器模块，然后采用嘉立创 EDA 绘制该模块电路，在绘制的同时了解其原理和设计方法。本任务实施思路如图 4.70 所示。

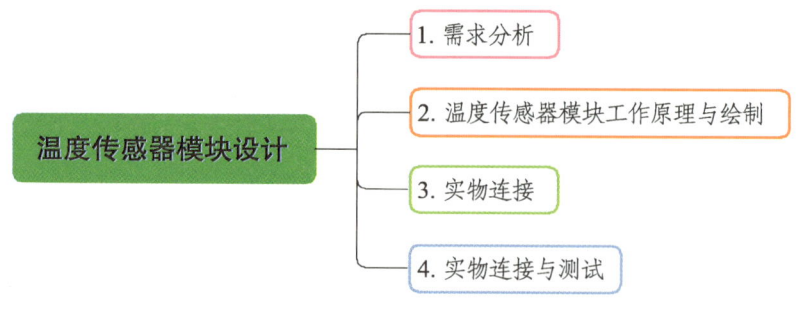

图 4.70 任务实施思路

实施过程

1. 需求分析

本任务的需求分析内容主要包括：

（1）在本任务中采用了温度传感器，请查询小组计划采用的温度传感器外形、结构或参数，根据查询的资料设计温度模块电路和接口电路。温度传感器需求分析表如表 4.10 所示。

表 4.10 温度传感器需求分析表

温度传感器型号	电路或接口要求	备注
示例：DS18B20	预留三针接口	

（2）总结智能小风扇项目中温度监测的主要应用场景。

在智能小风扇系统中加入温度监测功能，可以使智能小风扇系统随时监测环境温度并自动调节环境温度。在设计过程中引入一个温度监测模块，方便后期程序设计时不断升级和完善功能。

2. 温度传感器模块电路

（1）元器件选择。

完成温度采集功能的器件有很多，外形也多种多样，本任务采用热敏电阻器。热敏电阻器随着温度的变化，其电阻值也发生变化。温度传感器模块电路如图 4.69 所示，利用电阻器分压方式来改变"TEMP"处的电压值。

其他元器件的选择，请参考"4.4 蜂鸣器模块设计"的相关元器件的选择方法。

（2）电气导线连接。

采用导线连接和网络标签方式连接温度检测模块电路，TM32F103C8T6 的第 19 条引脚（TEMP）检测温度模块的输出信号，该引脚的连线如图 4.71 所示。

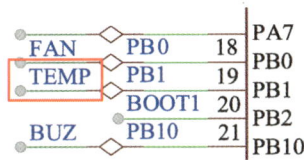

图 4.71 单片机检测温度模块引脚的连线

3. 系统搭建与测试

（1）系统元器件清单。

各小组根据原理图导出该任务所需的元器件清单，如表 4.11 所示。

表 4.11 系统元器件清单

序号	名　称	数量	封装	备注
1	STM32 核心板	1		
2				
3				
4				
5				

（2）元件选型与测量。

① 温度传感器选择。

温度传感器是指能将温度转换成电信号的传感器。温度传感器是温度测量仪表的核心部分，品种繁多，如图 4.72 所示。

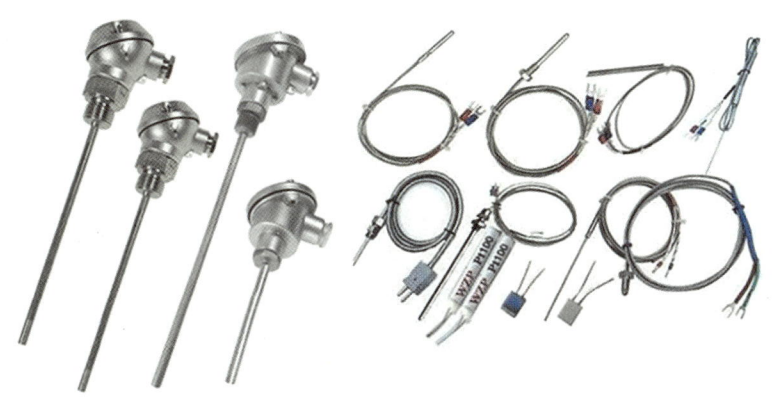

图 4.72 温度传感器

常用的温度传感器为热敏电阻器，其外型如图 4.73 所示。

温度传感器中应用比较广泛的是 DS18B20，本任务采用 DS18B20 作为测温传感器。DS18B20 是常用的数字温度传感器，其输出信号为数字信号，具有体积小、硬件开销低、抗干扰能力强、精度高的特点，如图 4.74 所示。

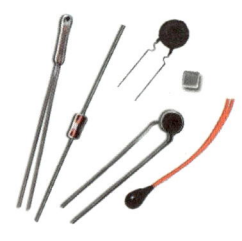

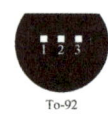

图 4.73　热敏电阻器　　　　　　　　图 4.74　DS18B20 温度传感器

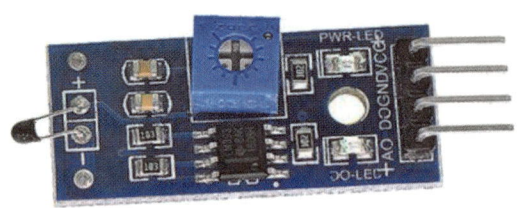

图 4.75　温度传感器模块

② 温度传感器模块。

温度传感器模块如图 4.75 所示，4 线接口的信号包括 AO、DO、GND、VCC。为了检测温度并对温度数据进行处理，可以将温度传感器模块接口的模拟信号输出引脚（图 4.75 中的 AO）连接模数转换器（ADC 芯片）的输入口，经模数转换器转换成数字信号后再将数字信号传送到单片机的输入口。

当需要把温度传感器模块作为一个开关使用时，可以将温度传感器模块接口的开关信号输出引脚（图 4.75 中的 DO）连接到单片机的输入口。如果需要将环境温度控制在 50 ℃，将温度传感器模块放置在 50 ℃的环境中，通过调节电位器使接口的 DO 引脚输出高电平，绿灯亮；当温度传感器模块所在环境温度低于 50 ℃时，使接口的 DO 引脚输出低电平，绿灯不亮。

③ 系统搭建与测试。

用面包板按照原理图布置元器件，对元器件进行连线。将已经烧写过程序的实物通电，观察是否实现设计的功能。如果没有达到设计的功能，注意检查各个元器件的参数是否合理。

4.7　电源模块设计

任务要求

根据智能小风扇的需求，以小组形式设计、绘制电源模块的电路图。通过本任务，让学生掌握该模块的作用。本任务的电源模块电路图如图 4.76 所示。

微课：电源模块绘制

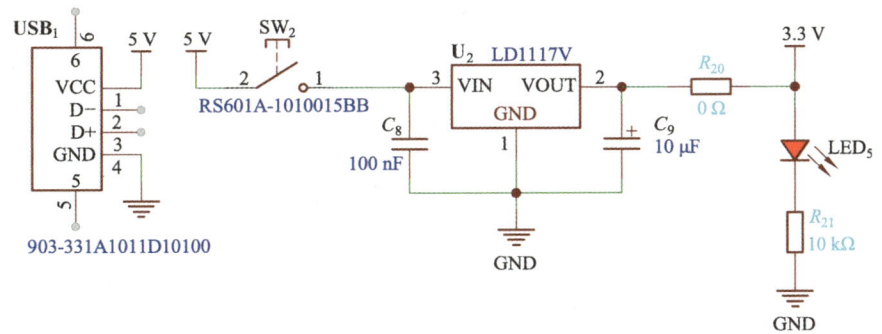

图 4.76　电源模块电路图

各小组按照不同分工实施任务，通过小组团队合作完成本任务。在任务执行过程中，鼓励使用搜索工具和 AI 解决问题，鼓励各小组积极进行知识和经验的分享。

实施思路

本任务首先从需求分析的角度去设计智能小风扇的电源模块，然后采用嘉立创 EDA 绘制电源模块的电路原理图，在绘制原理图的同时了解其原理和设计方法。本任务实施思路如图 4.77 所示。

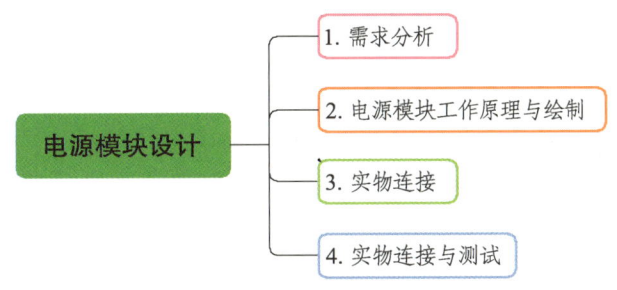

图 4.77　任务实施思路

实施过程

1. 需求分析

本任务的需求主要包括：

（1）各小组讨论智能小风扇电源模块功能，完成如表 4.12 所示电源模块需求分析表。

表 4.12　电源模块需求分析表

应用场景或功能	需要的元件或接口	备注
例：接交流插座		
例：接 USB 接口		

（2）总结电源模块的主要功能，将风扇供电电源模块由 5 V 电源转换为 3.3 V 电源。风扇电源模块的电源转换流程如图 4.78 所示。

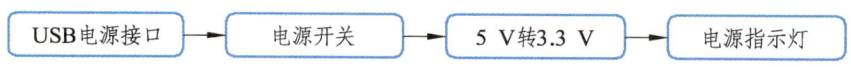

图 4.78 风扇电源模块的电源转换流程

2. 电源模块电路

（1）元器件选择。

① USB 电源接口。

USB 电源接口主要用来连接 5 V 的 USB 电源，这样就可以用常规的 5 V 电源直接为系统供电。

在元件库中选择"903-331A1011D10100"，如图 4.79 所示，然后单击"放置"就可以将 USB 电源接口连接器放置到原理图工作区域。

图 4.79 USB 电源接口连接器选择

② 电源开关。

电源开关主要用来控制电源的通断，一般会选择滑动开关或船型开关来进行电源控制。滑动开关或船型开关的不同之处在于前者为单刀单掷而后者为单刀双掷。

如果选择滑动开关，那么在"系统"的"按键/开关"中选择"滑动开关"，如图 4.80 所示，然后单击"放置"就可以将滑动开关放置到原理图工作区域。

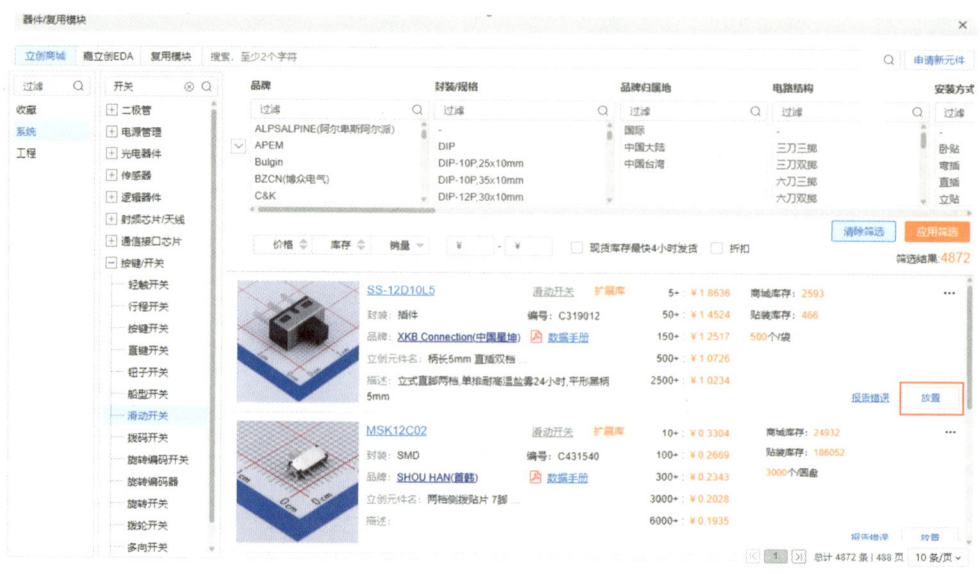

图 4.80 滑动开关选择

如果选择使用船型开关，那么在"系统"的"按键/开关"中选择"船型开关"，如图 4.81 所示，然后单击"放置"就可以将滑动开关放置到原理图工作区域。

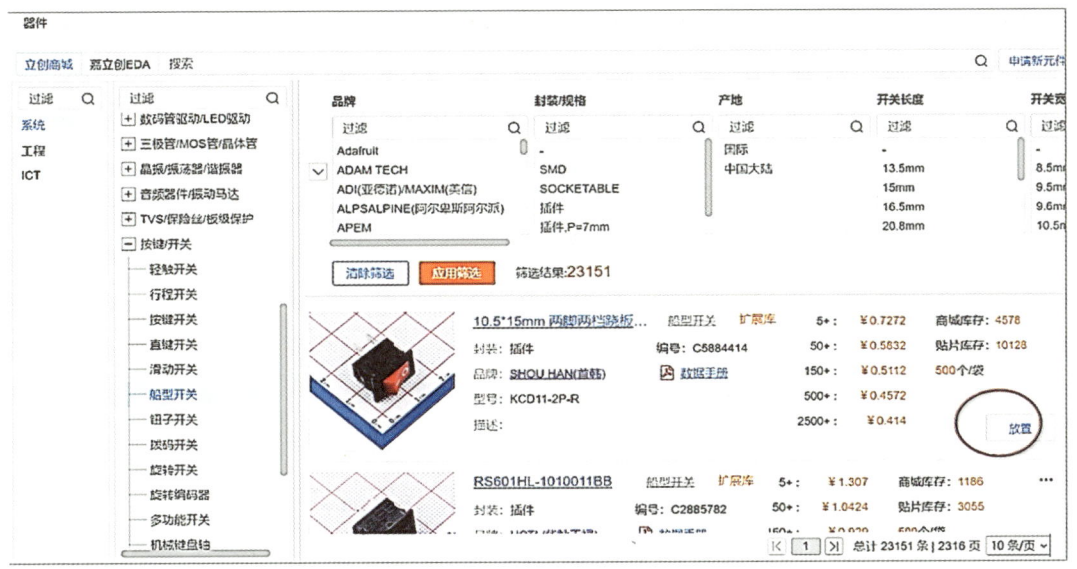

图 4.81　船型开关选择

③ 电源稳压器件。

电源稳压器件主要用于将 5 V 电源转换成 3.3 V 电源。本任务选择 LM1117 芯片，该芯片的典型电路可参考芯片手册。

在常用库中选择"DC-DC 电源芯片"，再选择"LM1117T-3.3"，如图 4.82 所示，然后单击"放置"就可以将电源稳压器件放置到原理图工作区域。

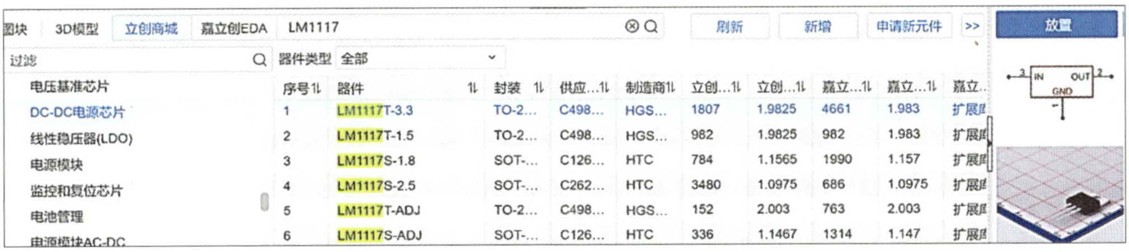

图 4.82　电源稳压器件选择

④ 电源指示灯。

电源指示灯主要用来提示通电状态。通电时，电源指示灯亮；断电时，电源指示灯灭。本任务选择红色 LED 灯和限流电阻器来构成电源指示灯模块。

电源指示灯的选择方法与"③ 电源稳压器件"的选择方法类似。

⑤ 其他元器件。

其他元器件的选择方法与"③ 电源稳压器件"的选择方法类似。

（2）电气导线连接。

电源模块的电路图如图 4.76 所示，其中 R_{20} 用于测试。测试时，不焊接电阻器 R_{20}；测试完成后，R_{20} 处焊接一个 0 Ω 的电阻器，或者直接焊接一根导线。

3. 系统搭建与功能测试

（1）系统元器件清单。

各小组根据原理图导出该任务所需的元器件清单，如表 4.13 所示。

表 4.13　系统元器件清单

序号	名称	数量	封装	备注
1				
2				
3				
4				
5				

（2）元件选型与测量。

根据本任务"2.电源模块电路"以及图 4.76 完成元件的选型与测量。

（3）实物连接。

根据本任务"2.电源模块电路"以及图 4.76 完成实物的连接。

（4）电路测试。

对已经连接好的电源模块电路系统进行测试，判断是否实现设计的功能。

项目模块 5　智能小风扇 PCB 板设计

张三同学与团队已圆满完成智能小风扇的电路设计任务，接下来需要将设计好的电路原理图转化为 PCB 板。在项目模块中，与张三同学一起完成电路原理图向 PCB 板的转换。在这个过程中，需要特别注意元件的布局和布线，以确保电路板的性能和可靠性，顺利完成电路原理图向 PCB 板图的转换，为智能小风扇的最终制作奠定坚实的基础。

学习目标

能力目标

1. 能完成元器件及模块的布局。
2. 能完成 PCB 板层设计。
3. 能完成 PCB 布线。
4. 能完成 PCB 的 DRC 检查及丝印调整。
5. 能通过搜索引擎查找相关资料。

知识目标

1. 掌握元器件的封装形式。
2. 掌握元器件布局基本规则。
3. 掌握 PCB 布线操作。
4. 掌握 PCB 布线基本规则。
5. 掌握丝印的定义、作用。

实施思路

本项目模块实施包含模块布局、规则设置、布线、覆铜及 PCB 板检查。本项目模块实施思路如图 5.1 所示。

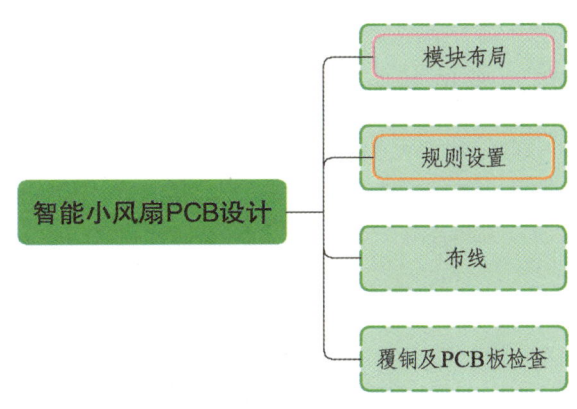

图 5.1　项目模块实施思路

5.1 模块布局

任务要求

将原理图中的元器件、电路网络、网络标签等信息导入 PCB 绘制界面,将导入 PCB 绘制界面的元器件按要求摆放在适宜位置。PCB 板元器件布置如图 5.2 所示。

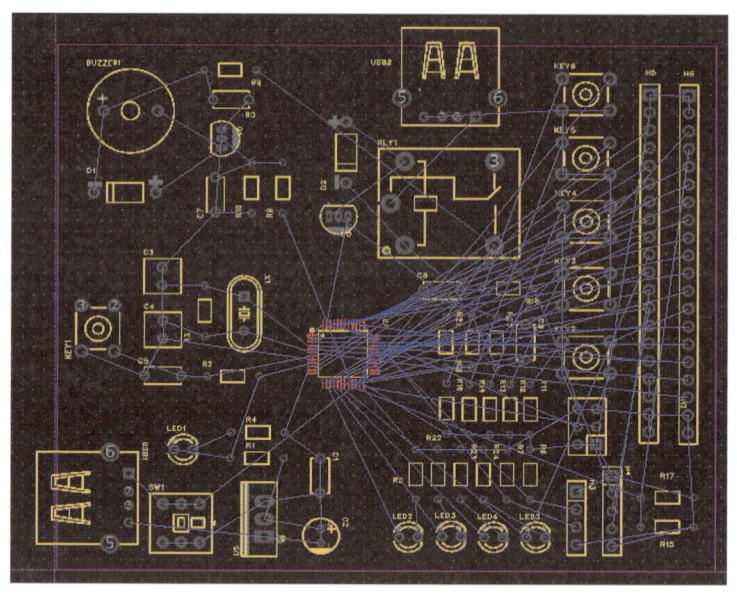

图 5.2　PCB 板元器件布置

各小组按照不同分工实施任务,通过小组团队合作完成本任务。在任务执行过程中,鼓励使用搜索工具和 AI 解决问题,鼓励各小组积极进行知识和经验的分享。

实施思路

本任务在已经完成智能小风扇原理图绘制的基础上,把设计的原理图转变为制造厂商能够生产的 PCB 板。将电路原理图导入 PCB 板中,摆放好所有元器件。本任务实施思路如图 5.3 所示。

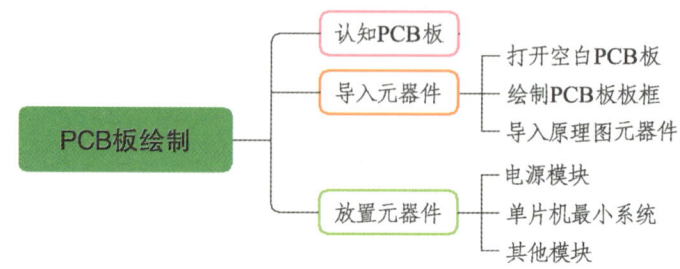

图 5.3　任务实施思路

实施过程

1. 认知 PCB 板

认知 PCB 板时需要完成的任务包括：

（1）各小组独立寻找身边可能存在的 PCB 板并完成拍照。

（2）通过 AI 工具查找 PCB 板相关知识，了解 PCB 板的分类、板材、国内 PCB 厂商，将相关内容填入表 5.1 中。

表 5.1　PCB 板认知

认知项目	描　述	图片	备注
PCB 板外观			
PCB 板分类			
PCB 板材			
国内 PCB 厂商			

2. 导入元器件

（1）打开空白 PCB 板。

打开嘉立创 EDA，在左侧栏双击"温控风扇"，如图 5.4 所示。在弹出界面的左侧栏中，双击"温控风扇"的"Board1"中"PCB1"，如图 5.5 所示。

图 5.4　开始界面

（2）绘制 PCB 板板框。

点击菜单栏"放置（P）"→"板框"→"矩形"，放置 PCB 板板框（即 PCB 板外框），如图 5.6 所示。

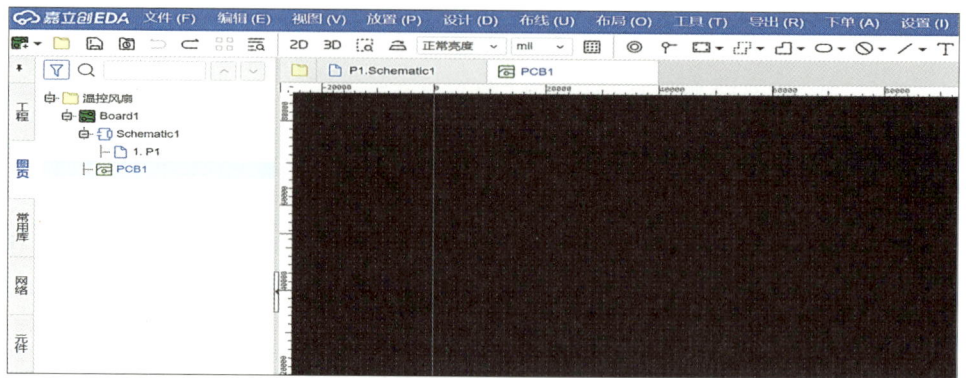

图 5.5 打开 PCB 板

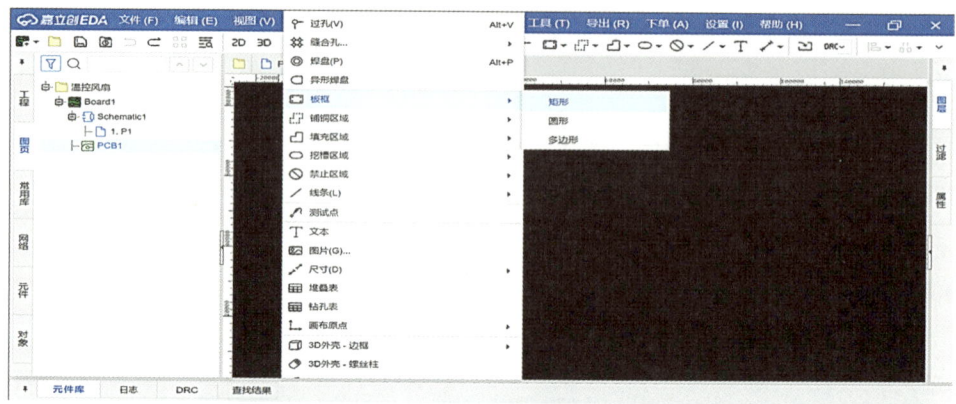

图 5.6 选择 PCB 板板框外形

选择"矩形"菜单后，在空白 PCB 板上绘制矩形，可通过 TAB 键切换板框长度设置（长度设置为 37055 mil）和宽度设置（宽度设置为 27160 mil），如图 5.7 所示。

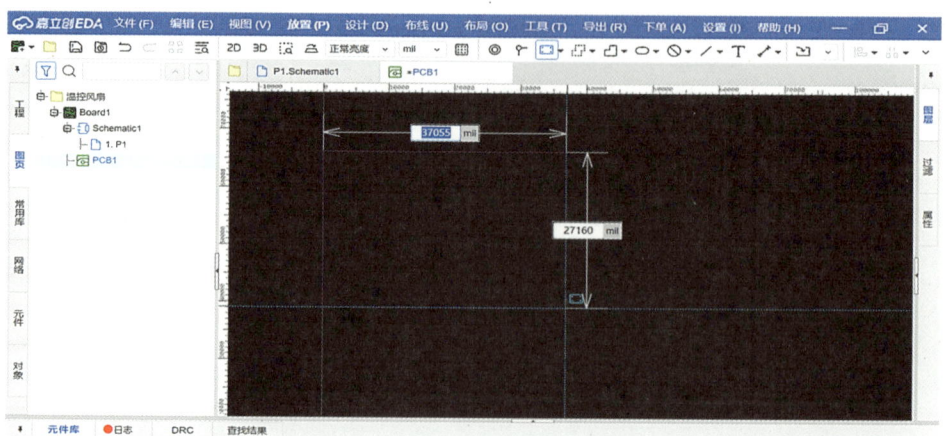

图 5.7 绘制 PCB 板板框

建议 PCB 板尺寸为 90 mm × 80 mm 的矩形。可通过菜单栏"视图（V）"→"单位"→"mm"，选择不同的单位，如图 5.8 所示。

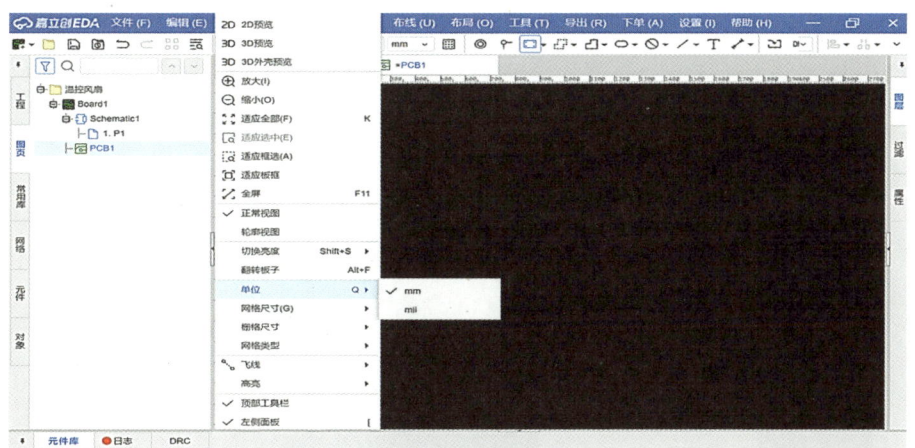

图 5.8 单位选择

 知识拓展：PCB 板度量衡单位

密尔（mil）也被称为毫英寸，是一种长度单位，密尔是 PCB 板常用的度量衡单位。1 mil=0.025 4 mm。

 注意事项

板框颜色：一般为紫色。

PCB 板层数：使用嘉立创 EDA 设计 PCB 板，支持单层板（含铝基板）、双层板、四层板、六层板。

绘制好的 PCB 板板框如图 5.9 所示。

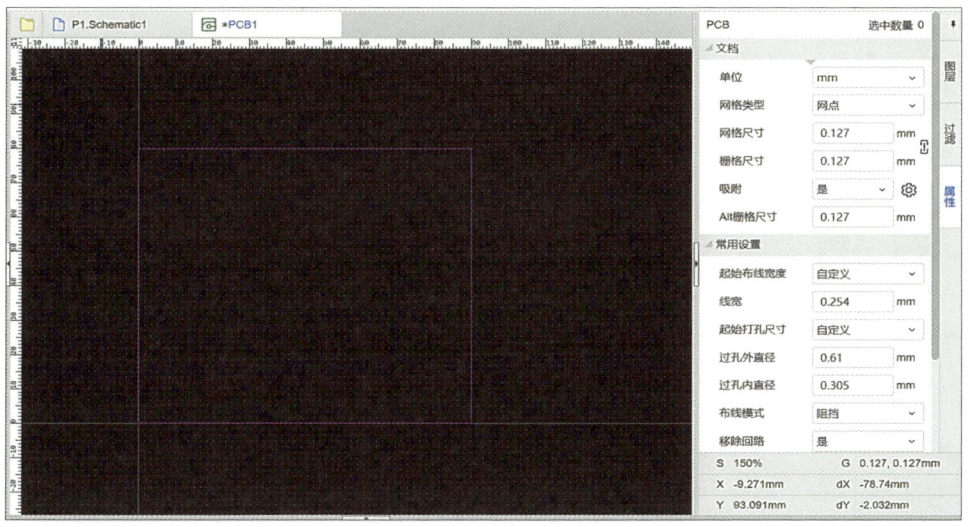

图 5.9 PCB 板板框

(3) 从原理图中导入元器件和网络。

点击菜单栏"设计（D）"→"从原理图导入变更（Alt+I）"，如图 5.10 所示。

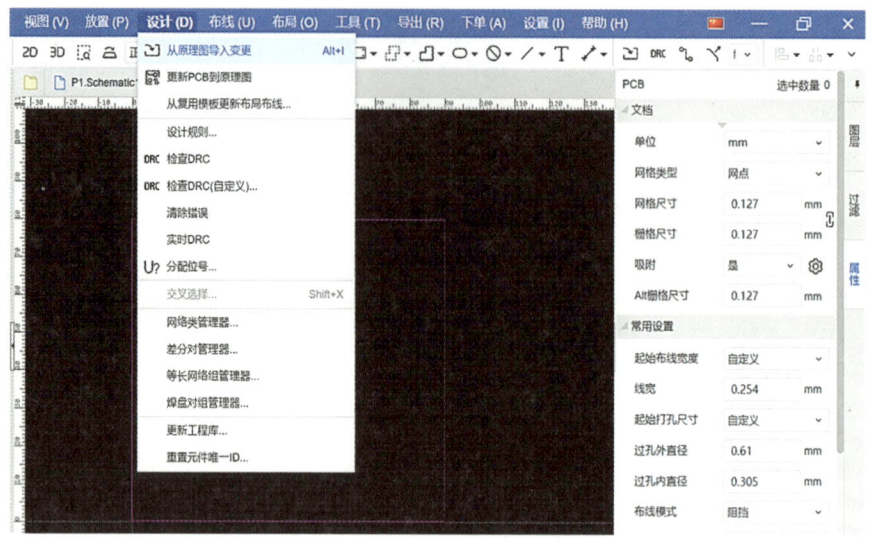

图 5.10　从原理图导入元器件和网络

第一次导入原理图元器件及网络时等待时间稍长，"确认导入信息"界面如图 5.11 所示。

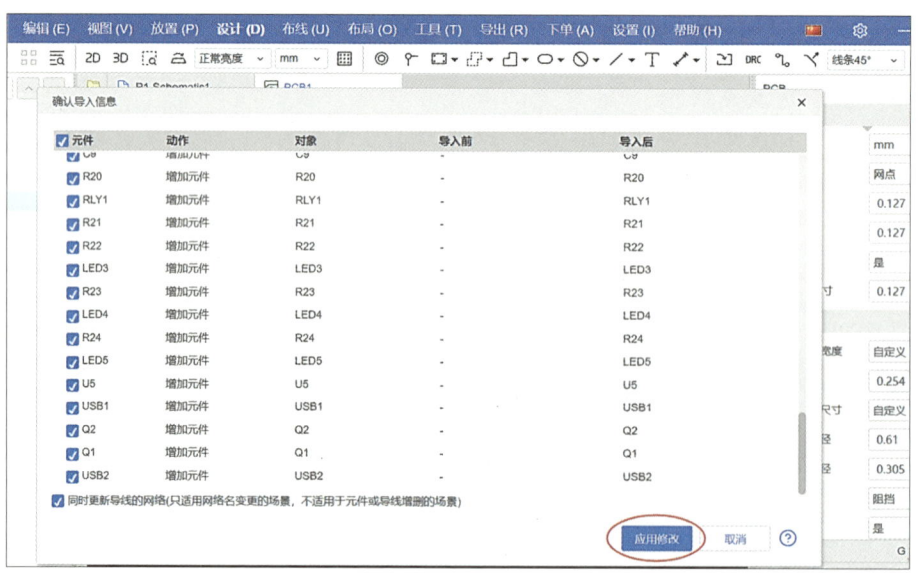

图 5.11　确认导入信息

> **技能拓展：导入变更**
>
> 　　当原理图增加或减少元器件、更改网络标签、更改元器件标号时，都可通过导入变更来调整 PCB 板内容。

点击图 5.11 中"应用修改"，系统将元器件自动放置在 PCB 板图中，如图 5.12 所示。

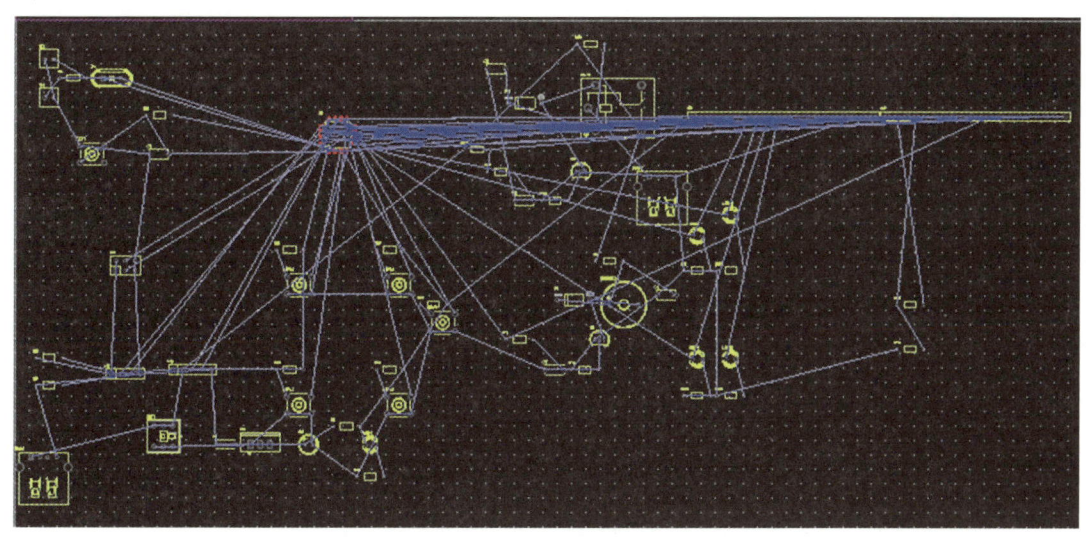

图 5.12　元器件及网络导入 PCB 板

3．放置元器件

在 PCB 板上放置元器件时，一般按功能模块对元器件进行分组摆放。在此项目中，按照原理图功能模块划分来摆放元器件。

（1）电源模块。

电源模块为整个硬件电路提供工作电压及电流。电源模块应尽量与其他元器件隔离，因此将电源模块部分元器件放在 PCB 左下角。

在原理图中，将鼠标挪动到电源模块左上角，按住鼠标左键不放，滑动鼠标，形成红色方框，选中所有电源模块器件，如图 5.13 所示。

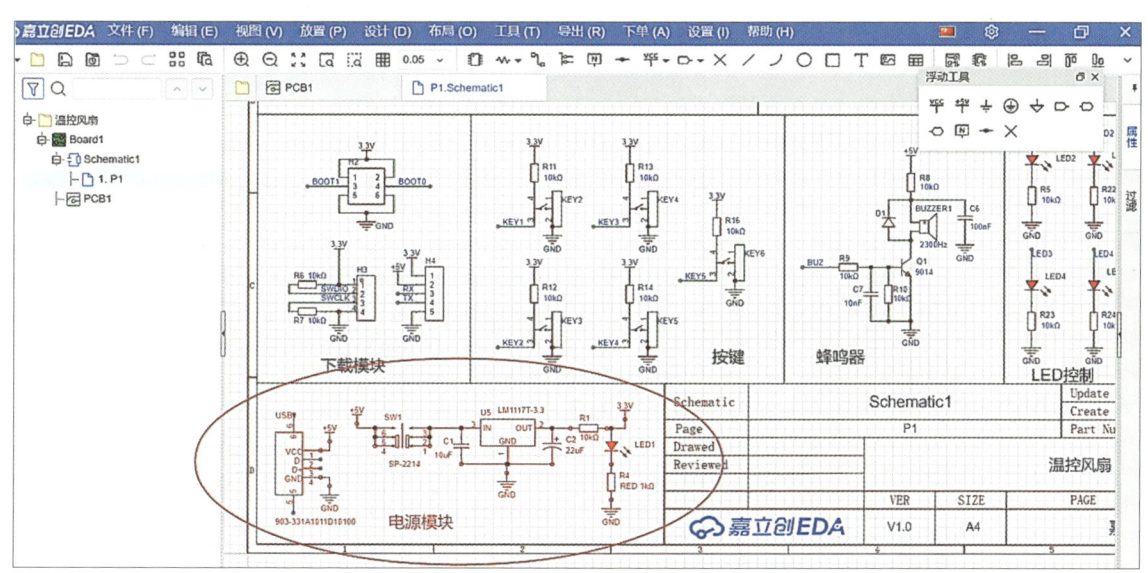

图 5.13　选中原理图中电源模块

点击图页中的 PCB1，视图切换到 PCB 板，可以看到原理图中选中的电源模块器件全都高亮，如图5.14所示。

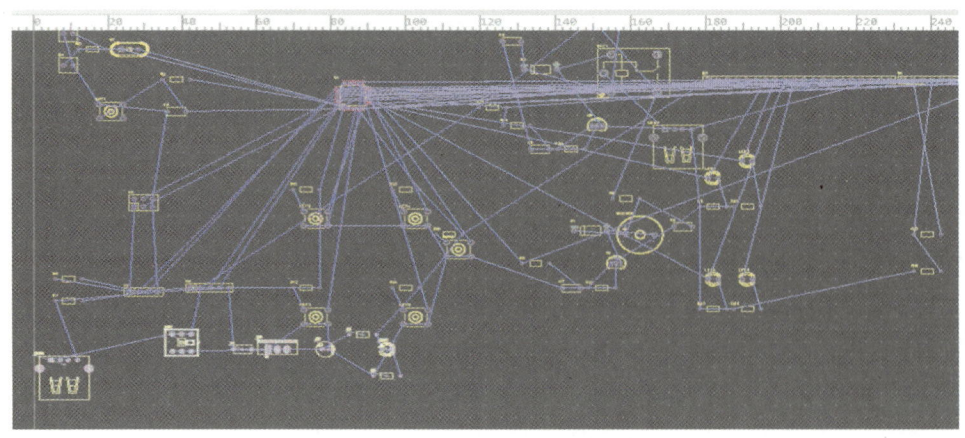

图5.14　PCB板中元器件高亮

将高亮的器件拖动到PCB板：鼠标左键点击高亮器件中的一个不放，拖动到PCB板中，如图5.15所示。

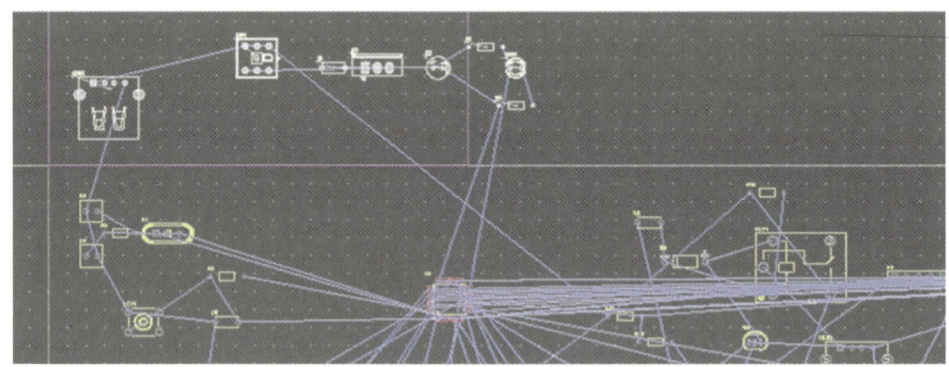

图5.15　拖动高亮元器件至PCB板框

将电源模块元器件按照网络摆放。选中某一器件后，按住鼠标左键布放，移动鼠标将器件摆放到预定位置，摆放好一个元器件后再摆放其他的元器件。电源模块的元器件摆放位置如图5.16所示。

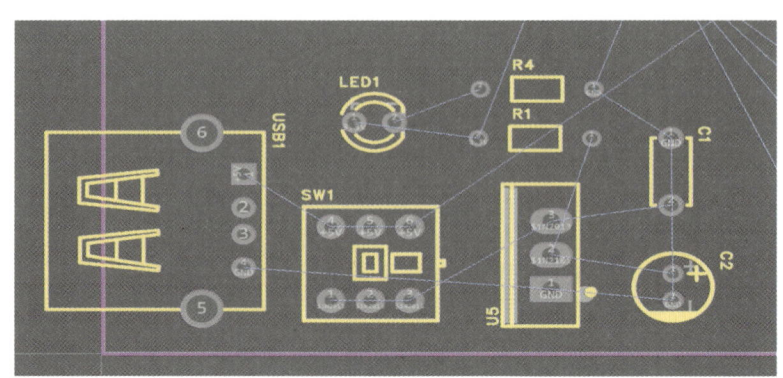

图5.16　摆放电源模块元器件

技能拓展：电源模块元器件摆放

电源模块元器件摆放时注意事项主要包括：
（1）黄色框为元器件外框，即元器件实物所占面积。
（2）稳压电源芯片 LM1117T-3.3 的第 1 脚和第 3 脚的电容器尽量靠近芯片进行滤波。
（3）摆放器件时，尽量将统一网络放置在一起。
（4）将元器件摆放到合适位置后再进行布线，可以对元器件的位置进行微调。

（2）单片机最小系统。

与电源模块的元器件摆放到 PCB 板上的方法一样，在原理图中选中单片机最小系统的所有元器件，如图 5.17 所示。

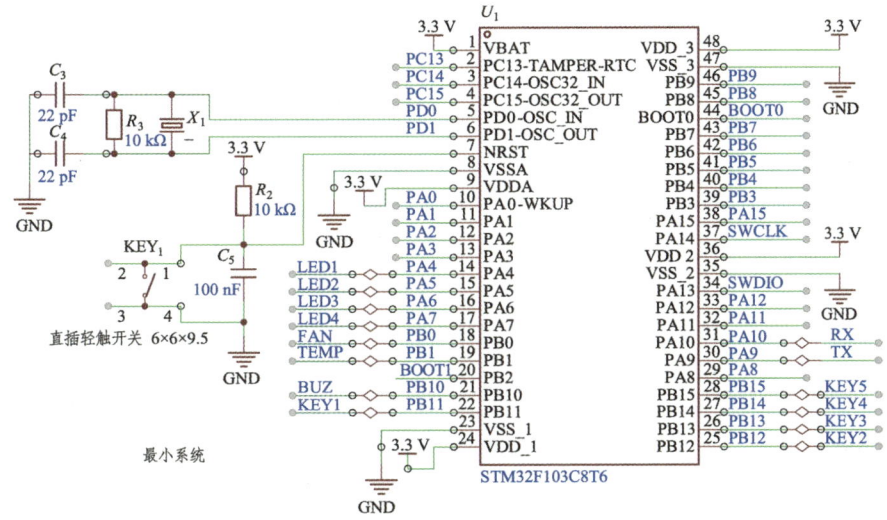

图 5.17　选中原理图中的单片机最小系统

点击图页中的 PCB1，切换回 PCB1，将高亮器件按原理图的网络进行摆放，如图 5.18 所示。

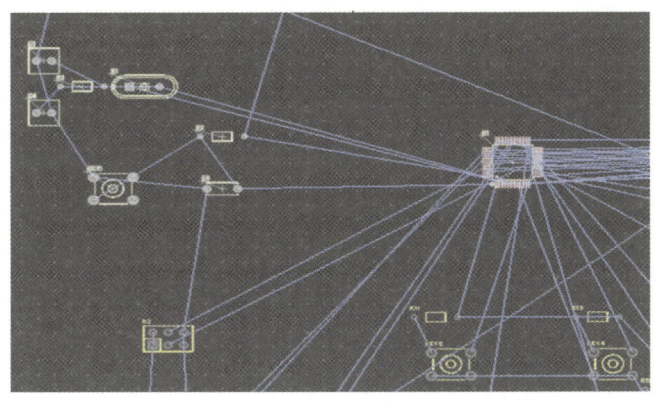

图 5.18　PCB 板中元器件高亮

将高亮的器件拖动到 PCB 板。鼠标左键点击一个高亮器件不放，拖动到 PCB 板上，如图 5.19 所示。

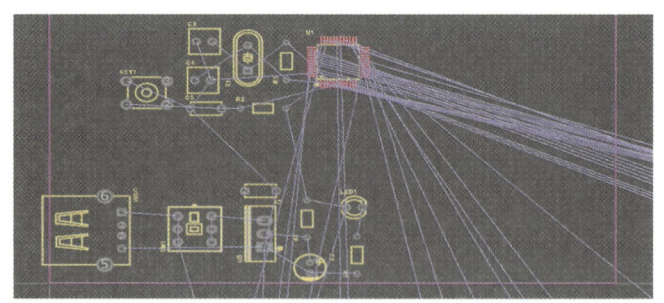

图 5.19 拖动高亮元器件至 PCB 板框

> **技能拓展：单片机最小系统元器件摆放**
>
> 单片机最小系统元器件摆放时注意事项主要包括：
> （1）主芯片（重要芯片）一般放置在 PCB 板中间位置，连接器件一般放置在 PCB 板周围。
> （2）晶振电路中电阻器、电容器尽量靠近主芯片。

（3）其他模块。

与电源模块的元器件摆放到 PCB 板上的方法一样，依次将下载模块、扩展模块、风扇控制模块、蜂鸣器模块、按键模块、LED 控制模块、温度采集模块等摆放在 PCB 板上。

（4）PCB 板的元器件完整布局。

> **知识拓展：元器件布局基本规则**
>
> PCB 设计过程中元器件布局的基本规则主要包括：
> （1）遵循"先大后小，先难后易"的布置原则，即重要单元的元器件、核心元器件应优先布局。
> （2）布局时应参考原理图，根据单板的主信号流向规律安排主要元器件。
> （3）布局应尽量满足以下布线要求：
> ① 关键信号线最短（如 ADC 的信号线）。
> ② 高电压、大电流信号与低电压、小电流的弱信号完全分开。
> ③ 模拟信号与数字信号分开。
> ④ 高频信号与低频信号分开。
> ⑤ 高频元器件的间隔要充分（如电感器等）。
> （4）相同结构电路部分尽量采用"对称式"标准布局。
> （5）按照均匀分布、重心平衡、版面美观的标准优化布局。
> （6）同类型的插装元器件在 X 方向或 Y 方向应朝一个方向放置。同类型的有极性分立元件也要力争在 X 方向或 Y 方向上保持一致，便于生产和检验。
> （7）发热元件应均匀分布，以利于单板和整机散热，除温度检测元件以外的温度敏感器件应远离发热量大的元器件。
> （8）元器件的排列要便于调试和维修，即小元件周围不能放大元件，需调试的元器件周围要有足够的空间。
> （9）IC 去耦电容器尽量靠近 IC 的电源引脚，与电源和地之间按最短回路进行布局。
> （10）元件布局时，应适当考虑使用同一种电源的器件并尽量放在一起，以便将电源分隔。
> （11）在完成 PCB 板布局并开始后期绘制 PCB 连线时，可能还会存在调整元器件位置的情况。

完成系统各模块单元的元件器布局之后,整个系统的 PCB 元器件布局如图 5.2 所示。

课堂活动:小组分享

1. 各小组分享在 PCB 板布局中遇到的问题、解决方法以及软件使用小技巧。
2. 阐述 PCB 板布局是否需要与图 5.2 所示的布局完全一致,给出相应的理由。

4. 总结分析

本任务的总结分析主要包括:
(1) 执行结果。
智能小风扇 PCB 布局图。
(2) 总结与分享。
① 各小组分享在 PCB 板布局中遇到的问题、解决方法以及软件使用小技巧。
② 阐述 PCB 图布局是否需要和图 5.2 所示的布局完全一致,给出相应的理由。

5.2 规则设置

任务要求

本任务是掌握如何设置智能小风扇 PCB 板的板层结构、PCB 板设计规则。通过本任务,了解 PCB 板生产流程,理解并掌握 PCB 板层结构、PCB 板设计规则、PCB 生产工艺及关键参数。PCB 板板层结构如图 5.20 所示,PCB 板设计规则如图 5.21 所示。

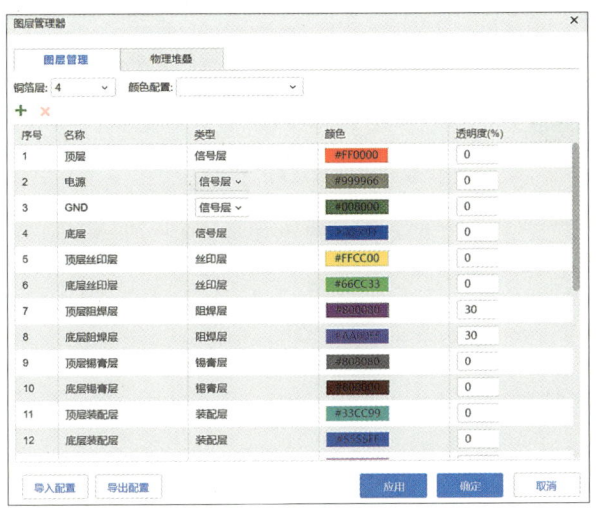

图 5.20 PCB 板板层结构

本任务按照实际现场进行教学，通过小组团队合作完成，各小组按照不同角色（如设计员、检查员）进行任务实施。如具备 PCB 工厂实习或实操环境，可现场参观 PCB 制作；如不具备相关环境，可观看视频了解相关知识。在执行中鼓励使用互联网和 AI 解决问题，鼓励各组积极进行知识和经验的分享。

图 5.21　PCB 板设计规则

实施思路

本任务在已经完成智能小风扇模块布局的基础上进行 PCB 板层结构设置和 PCB 板规则设置。本任务实施思路如图 5.22 所示。

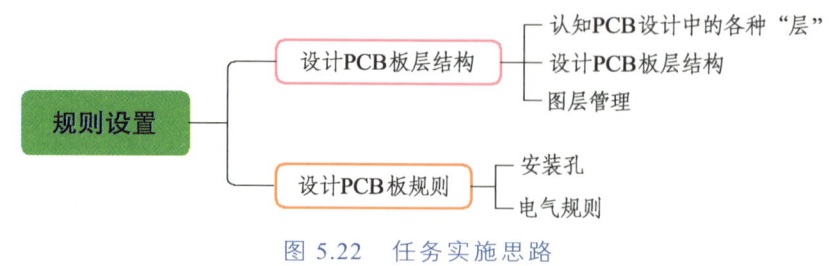

图 5.22　任务实施思路

实施过程

1. 设计 PCB 板层结构

（1）认知 PCB 设计中的各种"层"。

各小组通过视频或者 AI 工具认知 PCB 设计中的各种"层"以及 PCB 板是如何生产的，完成表 5.2 的内容。

表 5.2　PCB 各层

名　称	作　用
机械层	
顶层	
底层	
丝印层	
阻焊层	
助焊层	
通孔	
盲孔	
埋孔	

（2）设计 PCB 板层结构。

本项目的 PCB 板层结构主要包括：

① 原理图设计时选用直插元器件，同时需要将单片机所有引脚引出到扩展口 H5、H6，采用 3.3 V 和 5 V 两种电源。

② 4 层板板层。

基于以上原因，PCB 布线会比较多，所以采用 4 层 PCB 板结构。顶层和底层为信号层，中间 2 层分别为电源层和地层。电源层与地线层在中间可以起到隔离作用，减少干扰。PCB 板层结构如图 5.23 所示。

图 5.23　PCB 板层结构

（3）图层管理。

PCB 板层设计好后，选择嘉立创 EDA 菜单的"工具（T）"→"图层管理器（Ctrl+L）"进行板层的设计，如图 5.24 所示。

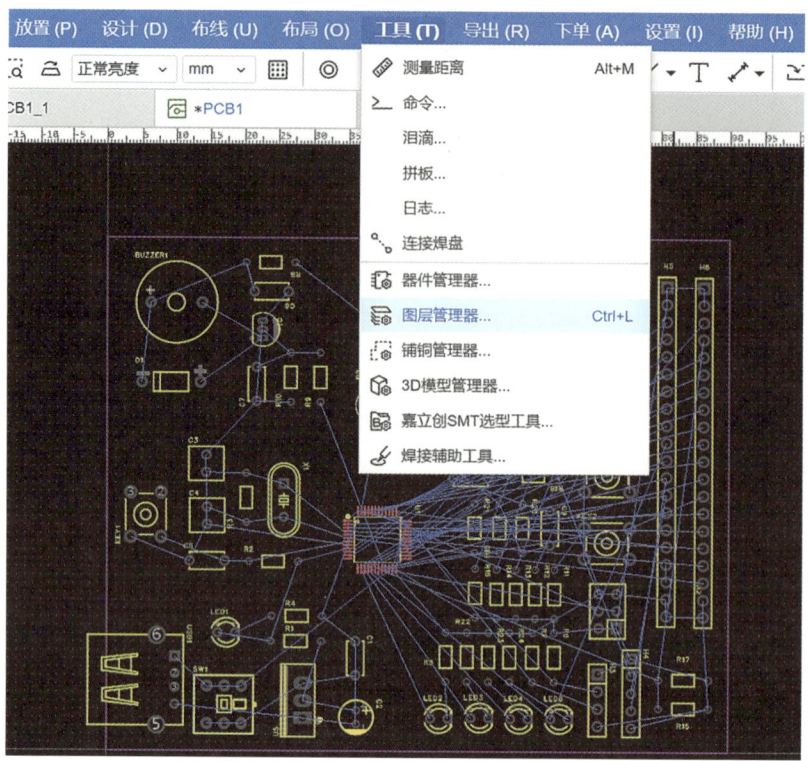

图 5.24 打开图层管理器方法

"图层管理器"如图 5.25 所示。

图 5.25 图层管理

在"图层管理"的"铜箔层"中选择"4"层,如图 5.26 所示。

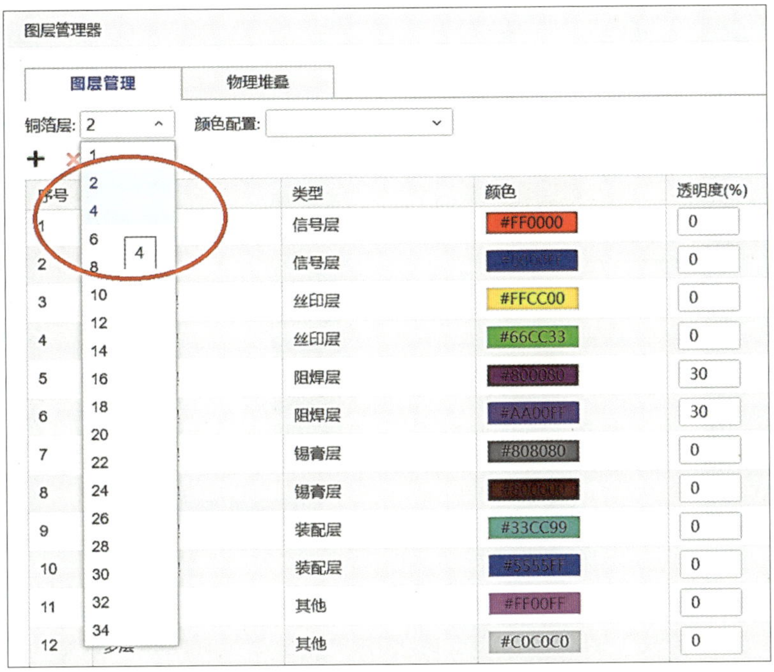

图 5.26 铜箔层设置

更改铜箔层层数后,图层管理中新增了 2 个内层,即"内层 1""内层 2",如图 5.27 所示。

图 5.27 新增内层

单击"内层 1",修改内层 1 名称。将内层 1 修改为"电源层","类型"依然保持为"信号层",如图 5.28 所示。

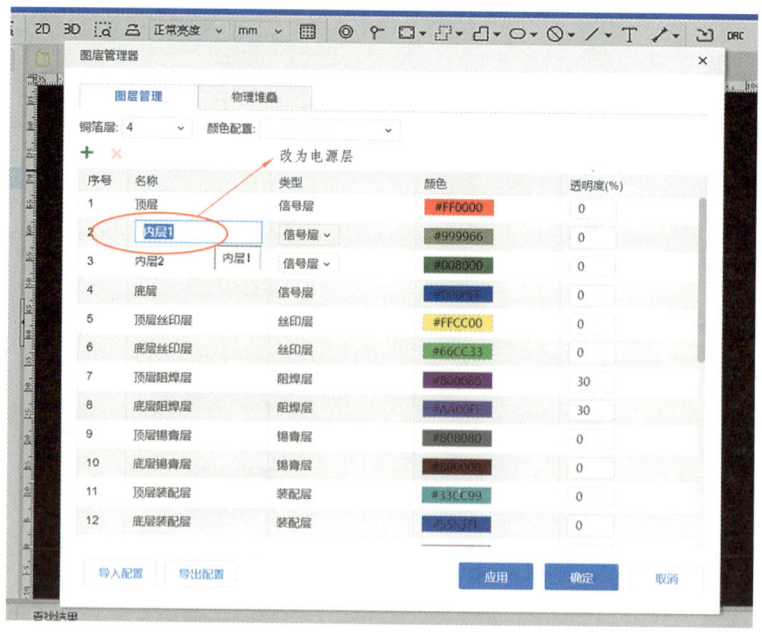

图 5.28　电源层

采用同样的操作方法，将"内层 2"修改为"GND"（地层），"类型"依然保持为"信号层"，如图 5.29 所示。

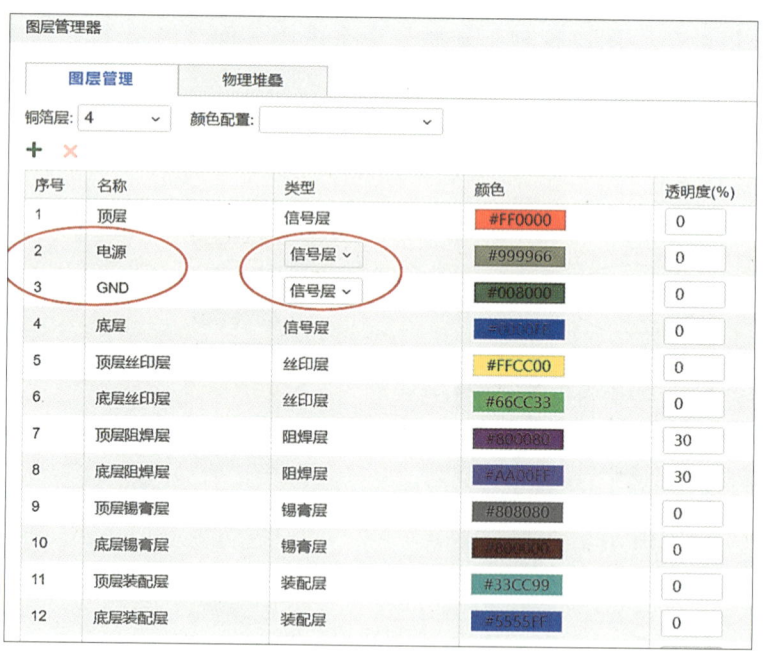

图 5.29　地层

修改好设置后，切换到"物理堆叠"，可以看到实际 PCB 板板层顺序及材质。如无特别需求，板层材质可以不更改；如需更改介电 1 材质，单击介电 1 的材质"PP"进行修改，如图 5.30 所示。

图 5.30 物理堆叠

> **知识拓展：PCB 板图层分布**
>
> PCB 板图层分布图如图 5.31 所示，主要包括：
>
>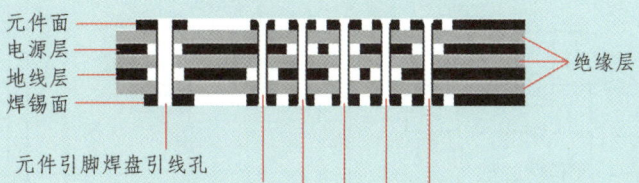
>
> 图 5.31 PCB 板图层分布图
>
> （1）单层板也叫单面板，单面布线，只有一面是焊接面，如小型开关电源大都是单层板。
>
> （2）双层板，两层都可以是焊接面，可以双面布线，这类 PCB 板应用最广泛。
>
> （3）四层通孔板，没有盲孔和埋孔，相对于有盲孔和埋孔的四层板成本要低。中间两层是双面覆铜板，也叫 Core。首先制作 Layer2 和 Layer3，然后上下各压一 c 层，最后打通孔。
>
> （4）四层盲埋孔板，先制作中间两层，然后上下各压一层，激光镭射过孔，最后打通孔。
>
> （5）此外还有六层一阶板、八层二阶错孔板、八层二阶叠孔板、十层一阶板等，目前已有超过 100 层的 PCB 板，常见的多层 PCB 板是双层、四层和六层板。PCB 板叠层设计多采用偶数层，因为需要综合考虑生产工艺、成本优势、制造可行性、减少弯曲风险和热管理等因素。偶数层 PCB 板符合标准制造流程，可以降低制造成本和弯曲风险，提高散热效果。设计师可根据项目要求灵活选择层数和布局。

2. 设计 PCB 板规则

在 PCB 板中布线、线宽、过孔、安装孔等会有一定约束条件，有助于 PCB 板绘制导线及过孔。

（1）安装孔。

安装孔及其他孔的外侧距 PCB 板侧边的距离必须大于 3 mm，安装孔及其他孔的 3.5 mm（对于 M2.5）、4 mm（对于 M3.5）范围内不得贴装元器件。如果原理图中没有绘制安装孔，打开原理图，在常用库中选择 M3 螺丝（插件），放置 4 个，如图 5.32 所示。

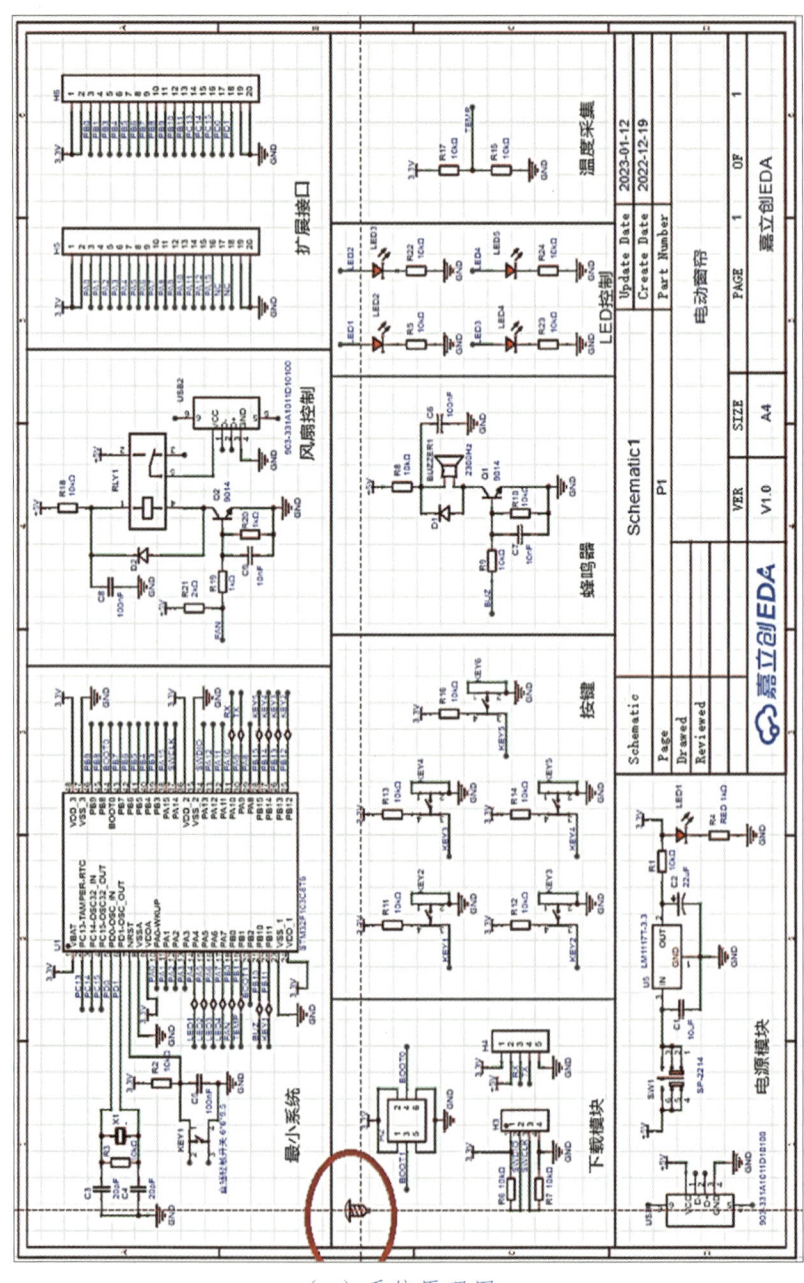

（a）系统原理图

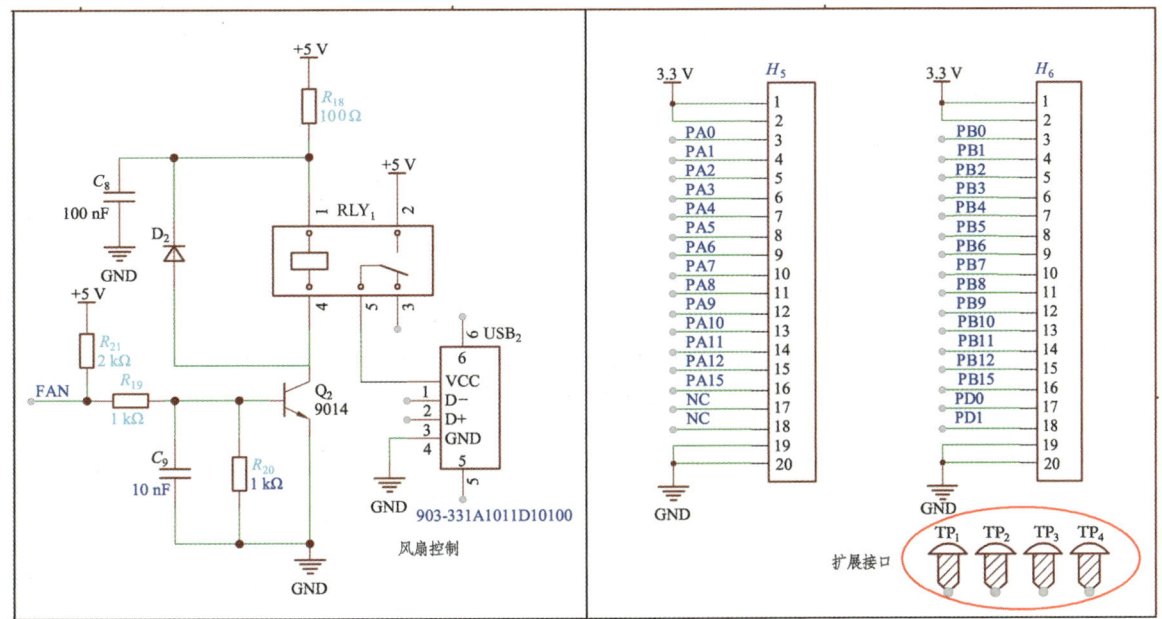

（b）局部原理图

图 5.32　原理图中放置安装孔

点击"图页"中的"PCB1",将视图切换到 PCB 板,选择"设计（D）"→"从原理图导入变更 Alt+1",打开如图 5.33 所示的"确认导入信息"对话框。

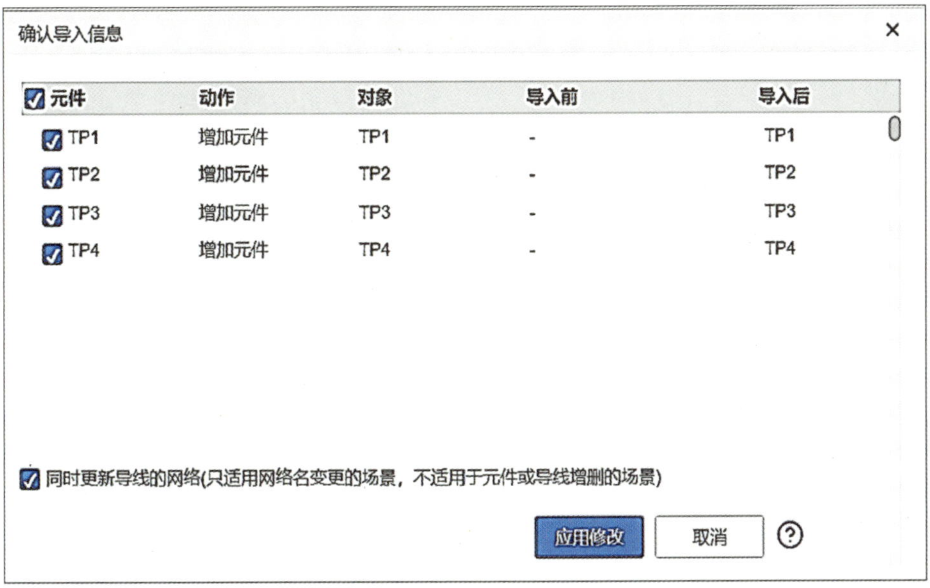

图 5.33　添加 4 个安装孔到 PCB 板

点击"应用修改",将添加的安装孔放置在板框 4 个角落（方便调试),注意安装孔到 PCB 板板框边缘及安装孔离元器件的距离。放置 4 个安装孔后的 PCB 板如图 5.34 所示。

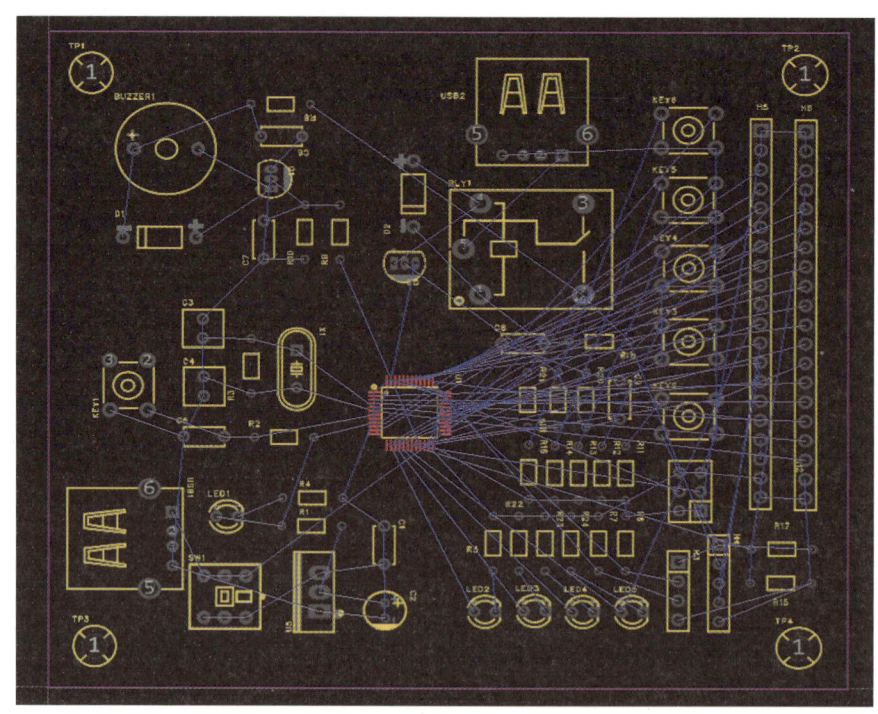

图 5.34 放置安装孔

（2）电气规则。

选择菜单中的"设计（D）"→"设计规则"，如图 5.35 所示。电气规则包括间距、线宽、过孔尺寸等，如图 5.36 所示。

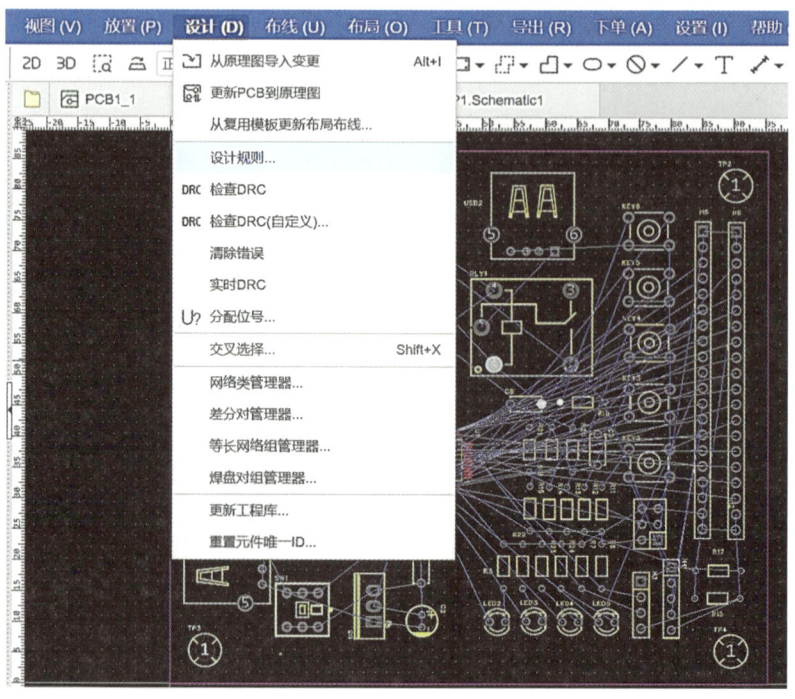

图 5.35 设计规则

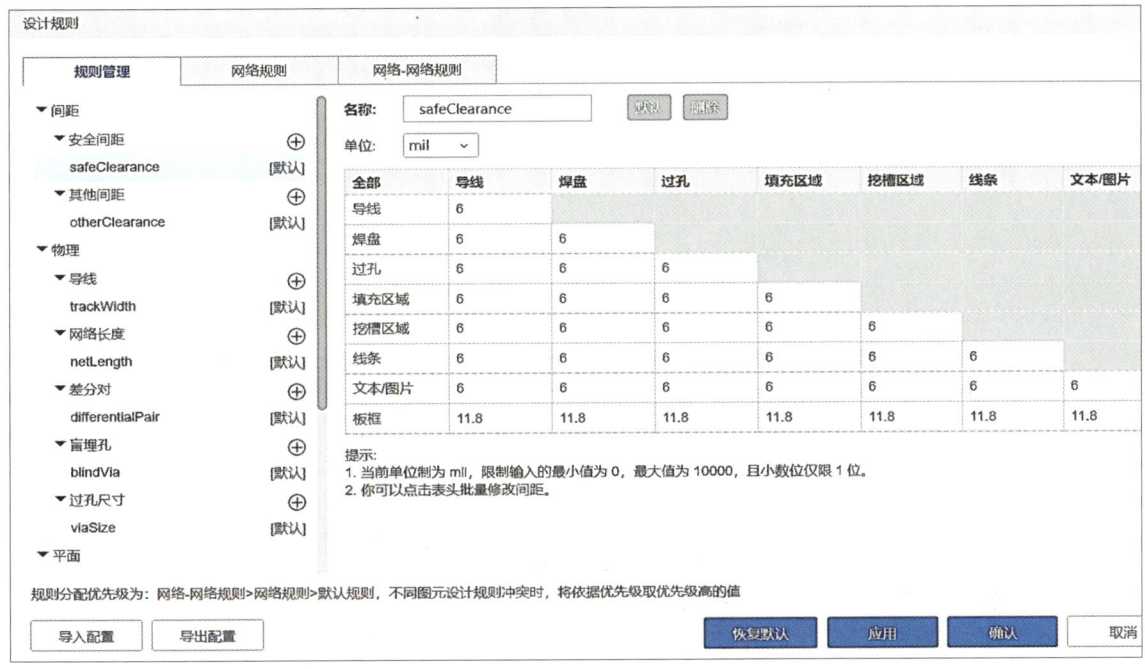

图 5.36　电气规则

> **知识拓展：一般电气规则**
>
> 在 PCB 板设计过程中应遵循的一般电气规则主要包括：
> （1）电源线线宽不小于 18 mil；信号线线宽不小于 6 mil；主芯片的输入、输出信号线线宽不小于 10 mil（或 8 mil）；线间距不小于 10 mil。
> （2）正常过孔的孔径不小于 30 mil。
> （3）双列直插式芯片的引脚焊盘为 60 mil，孔径为 40 mil。
> （4）1/4 W 直插式电阻器的焊盘为 62 mil，孔径为 42 mil；直插式无极性电容器的焊盘为 55 mil，孔径为 28 mil。

第一次设置规则时，可选择默认值，不进行修改。

注意：还需要确认制造商是否对最小迹线宽度、迹线间距、开孔大小以及可以组装的 PCB 板层数有要求。

3. 总结分析

本任务的总结分析主要包括：
（1）执行结果。
智能小风扇板层设计图和规则设计图。
（2）总结与分享
各小组查找嘉立创 EDA 制作 PCB 板的信息，总结并与其他小组成员分享 PCB 板的生产工艺，检查 PCB 板层设计是否合理，给出原因。

5.3 布　线

任务要求

本任务主要内容是完成智能小风扇 PCB 板的布线。通过本任务，学生掌握 PCB 板布线的基本操作，理解并灵活布板，同时锻炼团队合作及解决问题的能力。执行本任务，最终完成 PCB 板布线（电源和地除外，在顶层和底层布线），完成布线效果如图 5.37 所示。

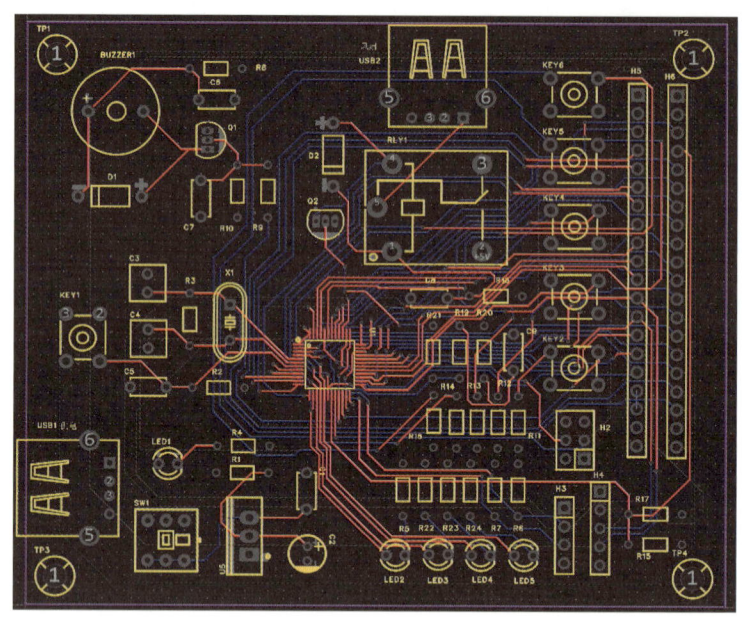

图 5.37　PCB 板布线

本任务按照实际现场进行教学，通过小组团队合作完成本任务。各小组按照不同角色（如设计员、检查员）进行任务实施。在实施过程中，可以让小组之间相互检查。

实施思路

本任务是在已完成 PCB 模块布局和规则设置的基础上，根据网络层的引导完成需要连接的网络层。本任务实施思路如图 5.38 所示。

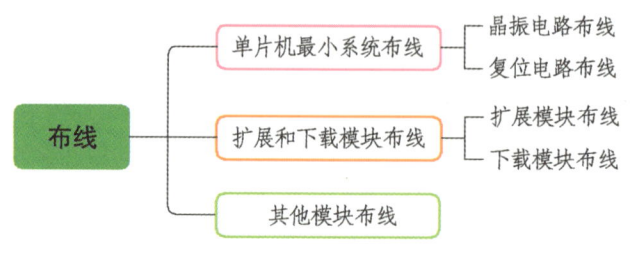

图 5.38　任务实施思路

实施过程

PCB 板布线是指将相关元器件通过导线，在 PCB 板顶层、底层或者内层进行连接。将原理图导入 PCB 板时，元器件和连线（即网络）也一同导入。在设定好板层结构和 PCB 板布线规则后，进行布线。

> **知识拓展：PCB 板布线基本顺序**
>
> PCB 板布线基本顺序所应遵循的原则主要包括：
> （1）关键信号线原则。
> 关键信号线如电源、模拟小信号、高速信号、时钟信号、同步信号、ADC 采样信号等优先布线。
> （2）密度优先原则。
> 在单板上对连接关系最复杂的器件（MCU）和连线最密集区域进行布线时可采用手工布线方法。

从布线的基本顺序可知，首先连接单片机最小系统，其次进行扩展模块和下载模块的布线，再进行其他模块的布线。

1. 单片机最小系统布线

（1）晶振电路布线。

单击顶部菜单的"布线（U）"→"单路布线 Alt+W"或者直接点击屏幕右上角的快捷图标，进入添加布线工作模式，如图 5.39 所示。

点击单片机 PD0 引脚，连线至晶振 X1 第 1 脚，如图 5.40 所示。

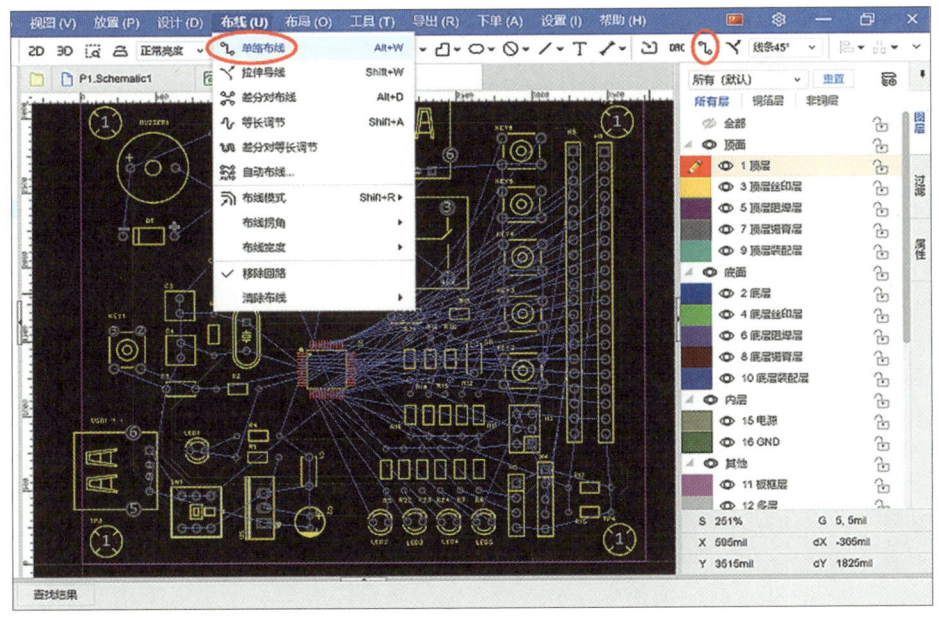

图 5.39　选择布线工作模式

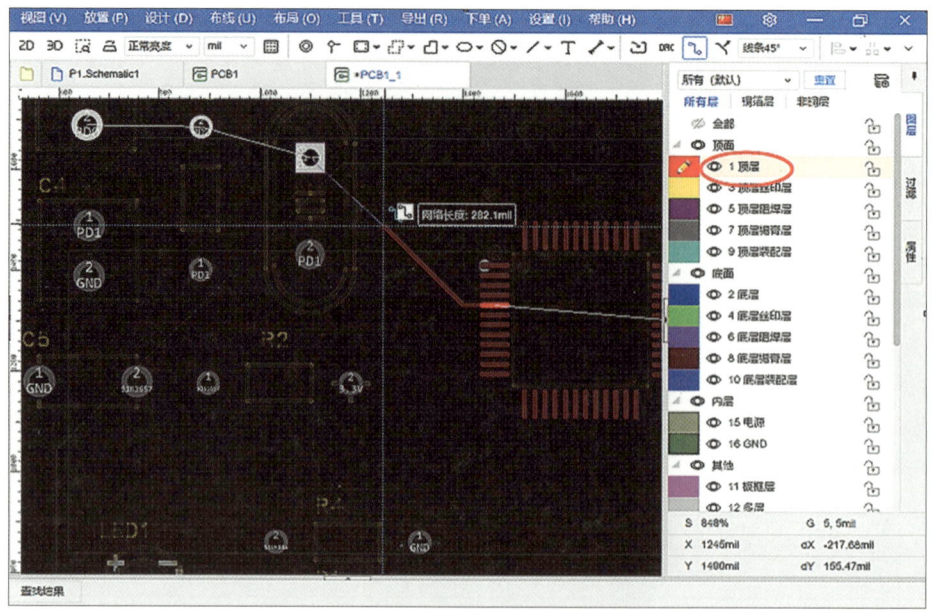

图 5.40 布线

 技能拓展：布线小技巧

在 PCB 板布线过程中的一些布线小技巧主要包括：

（1）注意在顶层布线，导线为红色。

（2）在绘制网络层导线时，相同网络层高亮。

（3）在布线时发现看不清引脚，可滑动鼠标中间滚轮放大或缩小视图。

（4）在布线过程中需退出当前正在的布线操作，可直接点击鼠标右键（或键盘 ESC 键）退出该导线的布线，但不退出布线模式；再次点击鼠标右键（或键盘 ESC 键）可退出布线模式。

 知识拓展：PCB 板布线规则

在 PCB 板设计过程中应遵循的 PCB 板布线规则主要包括：

（1）短线规则。

布线时所布连线长度尽量短，以减少由于布线过长带来的干扰问题，特别是一些重要信号线如时钟线，务必将其振荡器放在离器件很近的地方。电源层与地线层在中间可以起到隔离作用，减少干扰的作用。

（2）倒角原则。

PCB 板布线过程中尽量避免产生锐角和直角。锐角和直角布线会产生不必要的辐射，同时工艺性能也不好。

（3）3W 原则。

为了减少线间串扰，应保证布线间距足够大。当线中心间距不少于 3 倍线宽时，则可保持 70%的电场不互相干扰，称为 3W 原则；如要达到 98%的电场不互相干扰，可使用 10W 间距。

按照 PCB 板布线规则进行晶振电路的布线，布线完成后如图 5.41 所示。

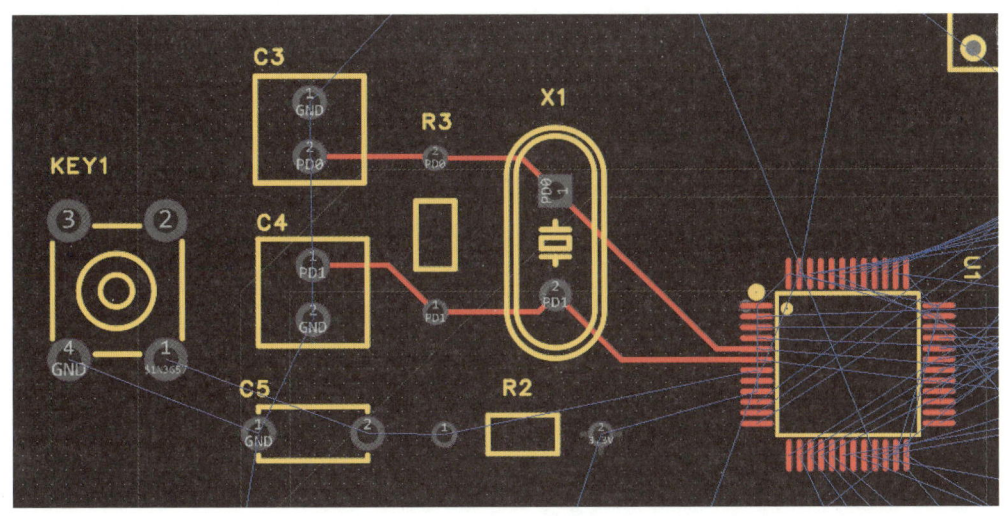

图 5.41　晶振电路布线

（2）复位电路布线。

按照 PCB 板布线规则完成复位电路布线，布线完成后如图 5.42 所示。

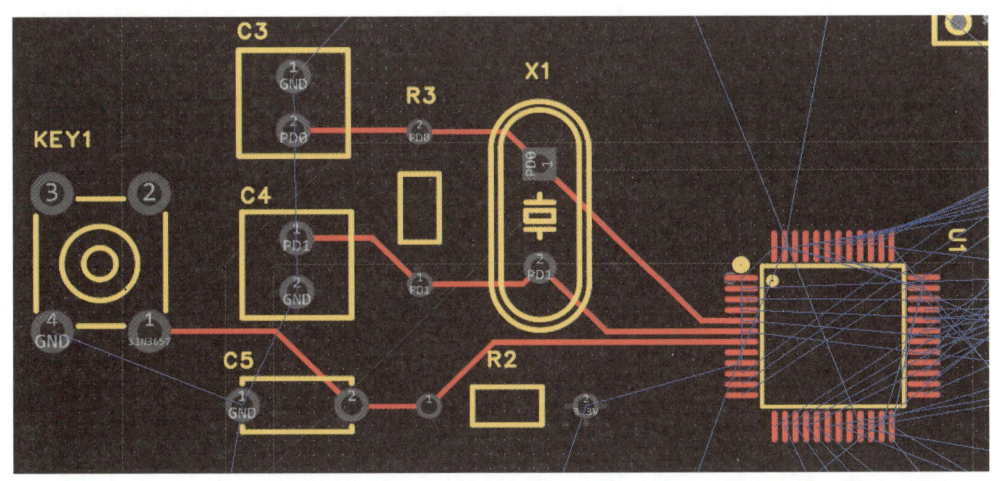

图 5.42　复位电路布线

注意，在对单片机最小系统进行布线时，先不考虑电源和地的布线。

2. 扩展模块和下载模块布线

（1）扩展模块布线。

扩展模块布线主要包括排插 H5、排插 H6 与单片机及相应网络的导线连接，布线量较大。

找到排插 H5 中的 PA0（从上往下的顺序），点击单路布线，再点击 H5 中的 PA0，布线至单片机附近，如图 5.43 所示。

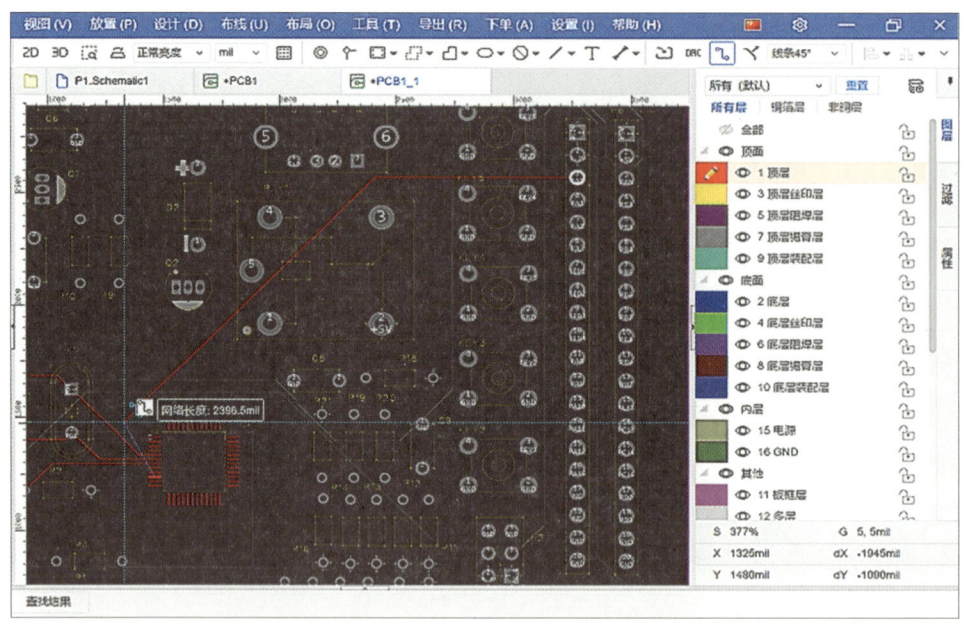

图 5.43　H5 中 PA0 布线至单片机附近

在顶层布线时，由于单片机焊盘、晶振模块和复位电路模块相关元器件的阻挡，无法在顶层布线到单片机引脚 PA0，因此添加过孔至底层，在底层布线到单片机 PA0 引脚附近，再添加过孔至顶层，布线至单片机引脚 PA0，如图 5.44 所示。

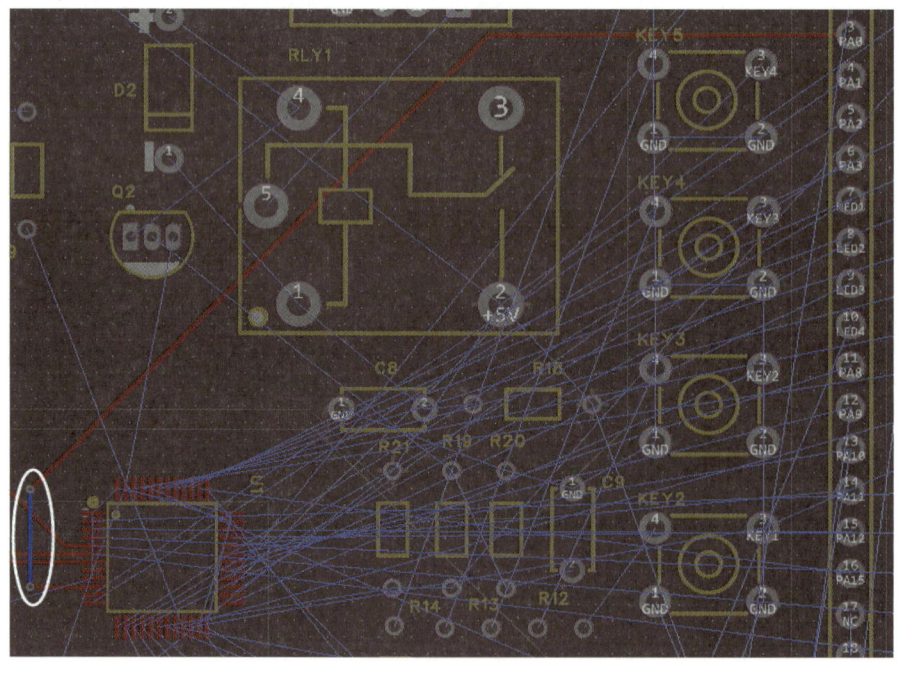

图 5.44　通过过孔进行布线

在布线过程中按"Ctrl+鼠标右键"选择"放置过孔"，或者在布线过程中按"Alt+V"键添加过孔，如图 5.45 所示。

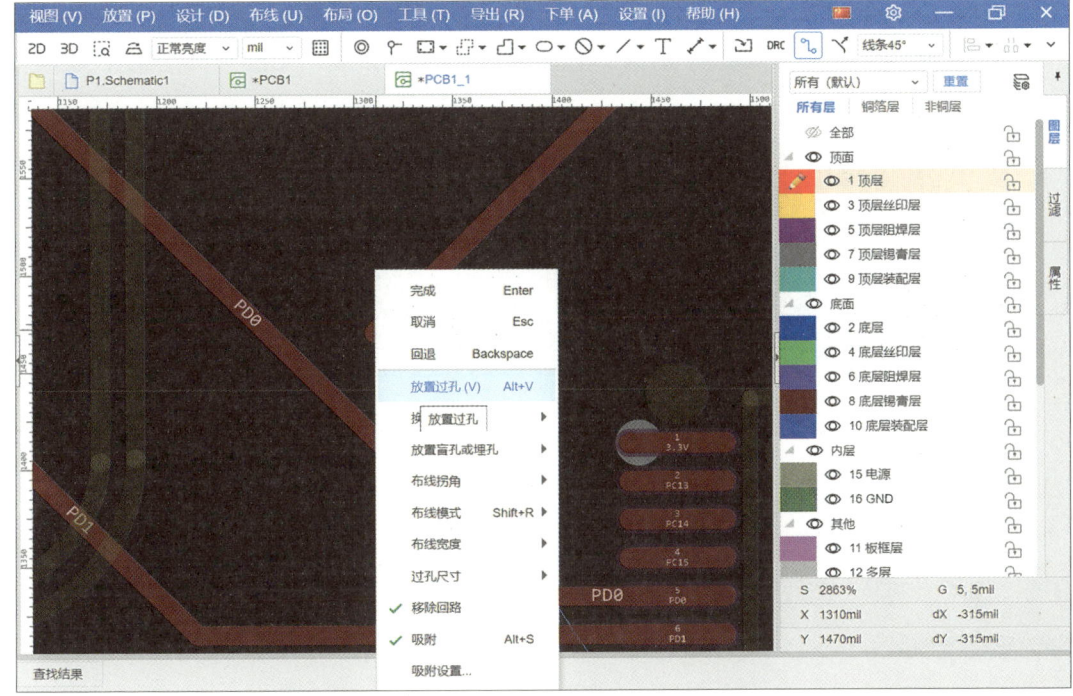

图 5.45 添加过孔

根据以上布线、添加过孔操作步骤,对所有扩展模块(包含元器件)进行布线。完成布线后的扩展模块如图 5.46 所示。

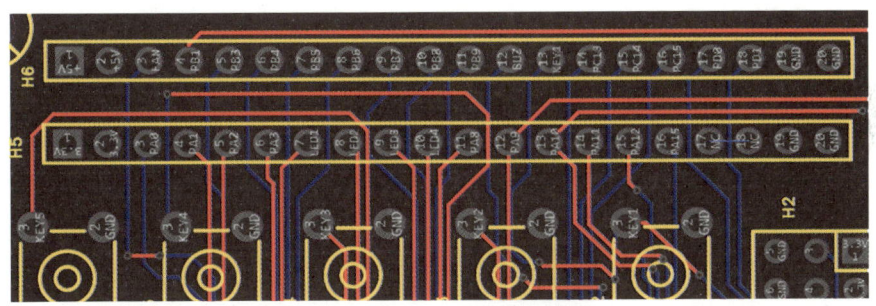

图 5.46 扩展模块布线

 注意事项

PCB 布线的注意事项主要包括:
(1)放置过孔后板层自动切换到底层,在底层布线时导线颜色为蓝色。
(2)每个人布线都会有差异,按照布线规则进行布线即可。
(3)在布线过程中需要反复布线,一定要耐心。
(4)在 PCB 板顶层和底层布置信号线,切记不要在 PCB 板内层布置信号线。
(5)当交叉布线较多时,修改原理图上的网络标号,尽量避免布线的交叉。

(2)下载模块布线。

根据以上布线、添加过孔操作步骤,对下载模块进行布线。完成布线后的下载模块如图 5.47 所示。

图 5.47　下载模块布线

3. 其他模块布线

根据以上布线、添加过孔操作步骤,对其他模块进行布线。整个系统完成 PCB 板布线后的 PCB 板图如图 5.37 所示。

4. 总结分析

本任务的总结分析主要包括:
(1)执行结果。
完成智能小风扇 PCB 板布线图(电源层和底层除外)。
(2)总结与分享。
① 各小组之间相互检查 PCB 板布线图并对其进行打分。
② 各小组分享在 PCB 板绘制过程中使用的小技巧和遇到的困难及解决方法,给出为对应小组打分的依据。

   **5.4　覆铜及 PCB 板检查**

任务要求

对 PCB 板的电源层和地层进行覆铜。覆铜完成后,再根据 PCB 板设计规则进行DRC 检查,调整顶层和底层丝印。执行本任务,最终完成 PCB 板的设计效果如图 5.48 所示。

本任务按照实际现场进行教学,通过小组团队合作完成,各小组按照不同角色(如设计员、检查员)进行任务实施。在实施过程中可加入 PCB 板评审,让学生更加熟悉设计流程。

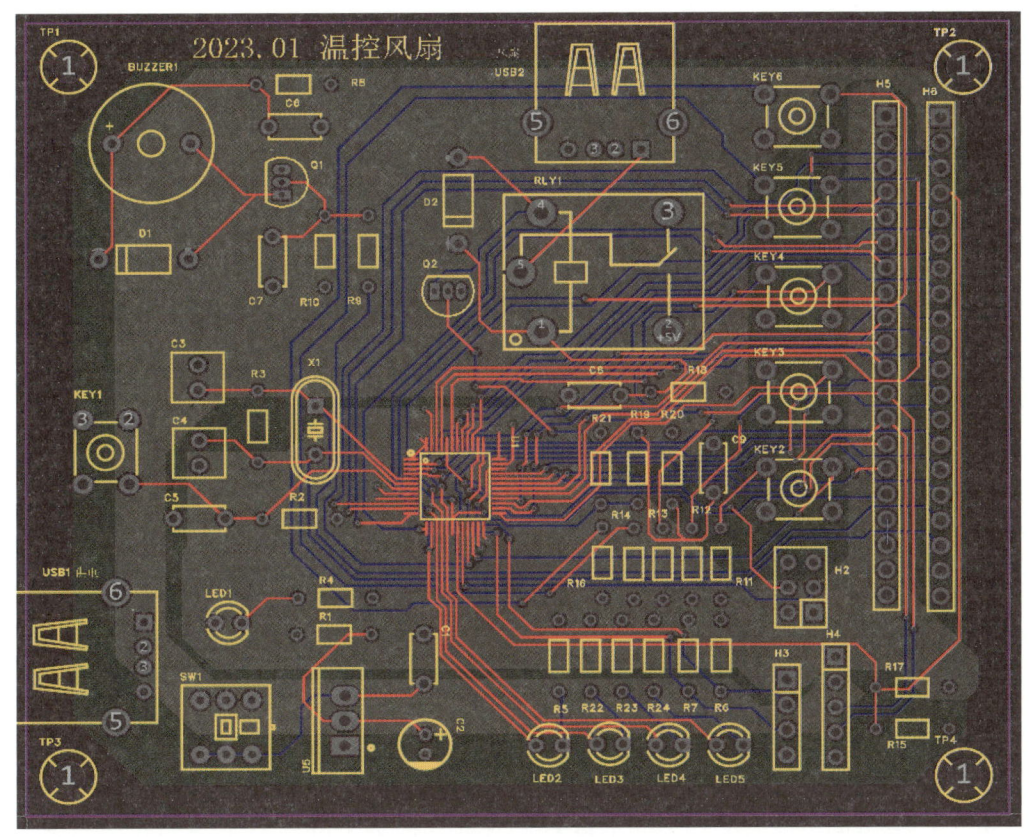

图 5.48　设计完成的 PCB 板

实施思路

本任务在已完成 PCB 板网络层的连线基础上，对 PCB 板进行覆铜和 DRC 检查。本任务实施思路如图 5.49 所示。

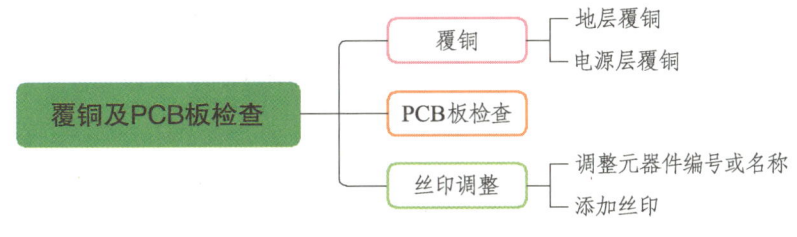

图 5.49　任务实施思路

实施过程

1. 覆铜

覆铜是将 PCB 板上闲置的空间作为基准面，然后用固体铜填充，这些铜区又称为灌铜。覆铜的意义在于减小地线阻抗，提高抗干扰能力；降低压降，提高电源效率；与地线相连还可以减小环路面积。完成覆铜后的效果如图 5.50 所示。

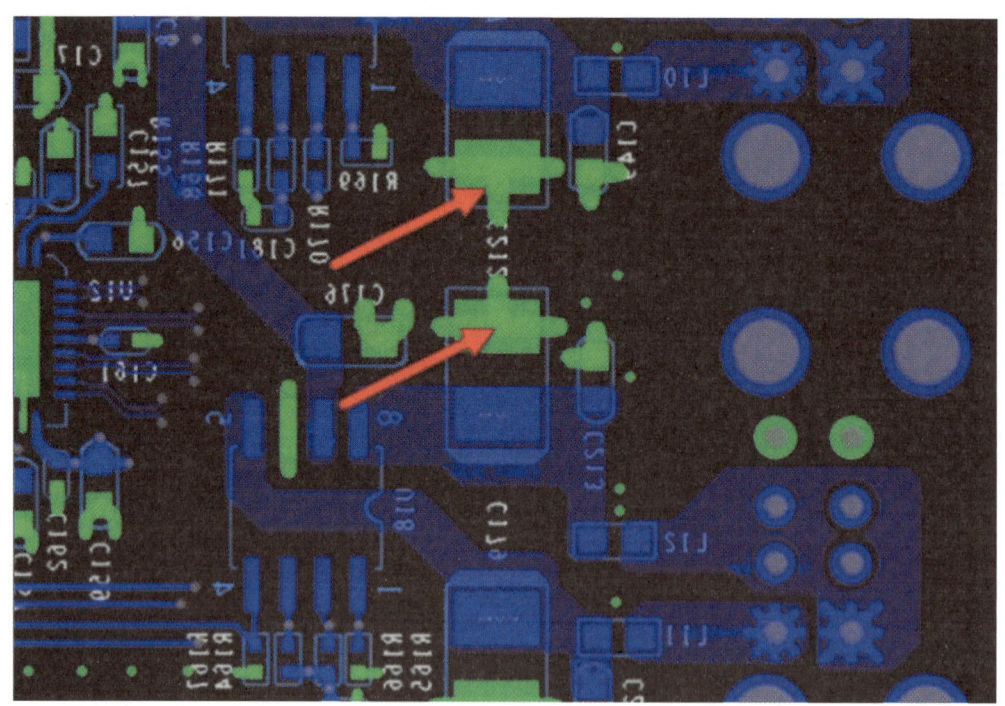

图 5.50 覆铜

（1）地层覆铜。

单击顶部菜单的"放置"→"铺铜区域"或者直接点击屏幕右上角的相应快捷图标进行覆铜，如图 5.51 所示。

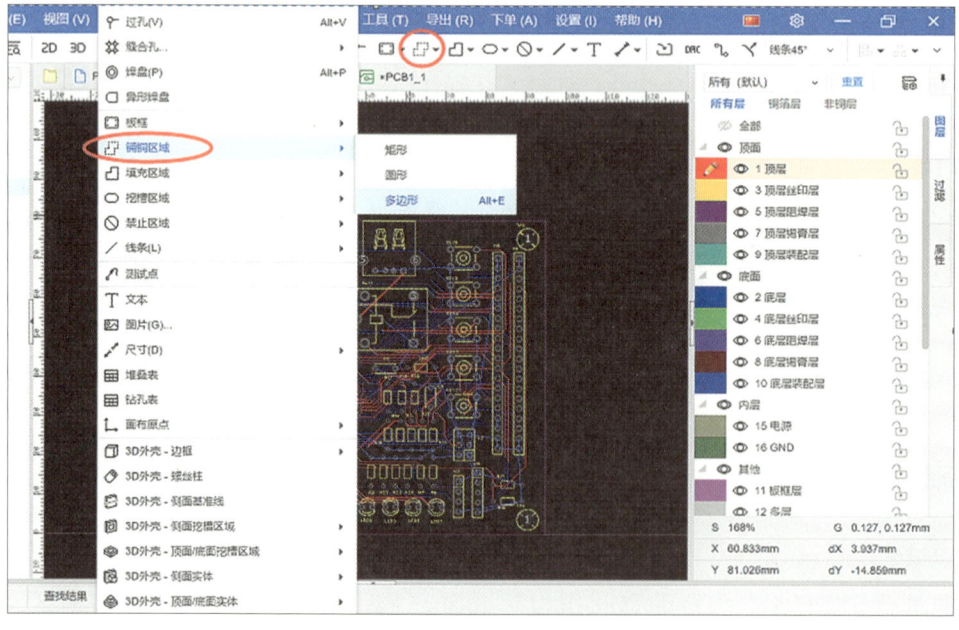

图 5.51 覆铜区域设置

点击多边形绘制覆铜区域。鼠标附近出现覆铜标志，将多边形绘制完整，可通过鼠标中间滚轮来放大、缩小视图。绘制覆铜区域如图 5.52 所示。

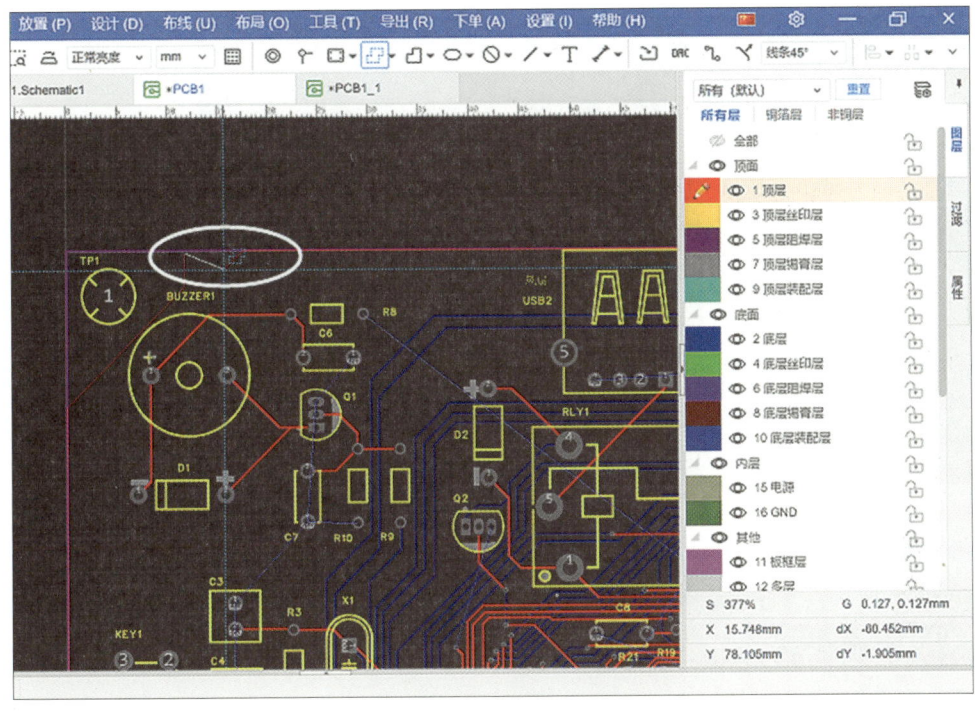

图 5.52　绘制覆铜区域

绘制完成后弹出对话框，在"轮廓对象"对话框中选择"图层"为"地"，选择"网络"为"GND"，如图 5.53 所示。

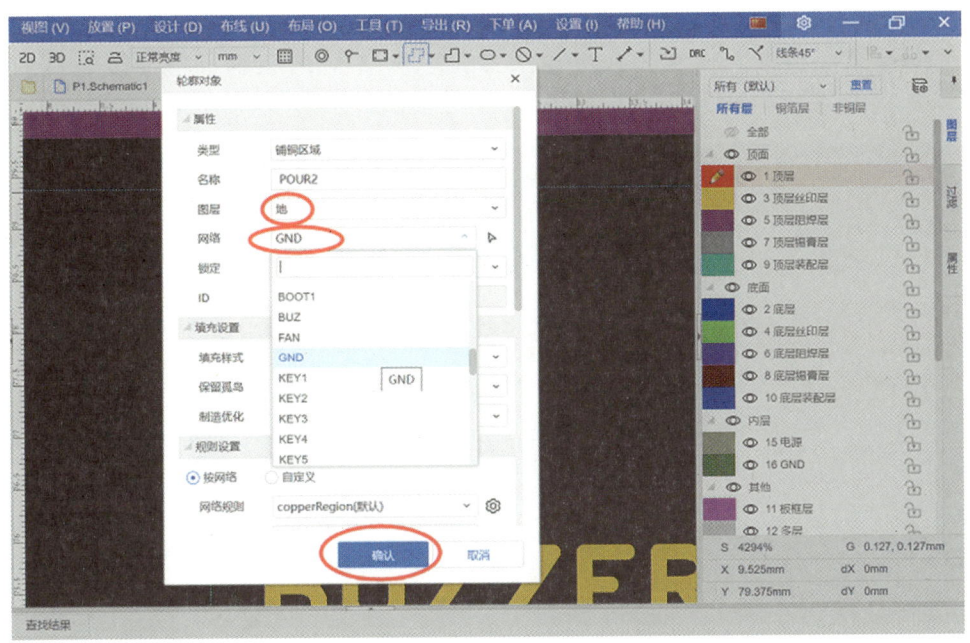

图 5.53　轮廓对象设置

点击"确定"按键,形成地层的覆铜,如图 5.54 所示。

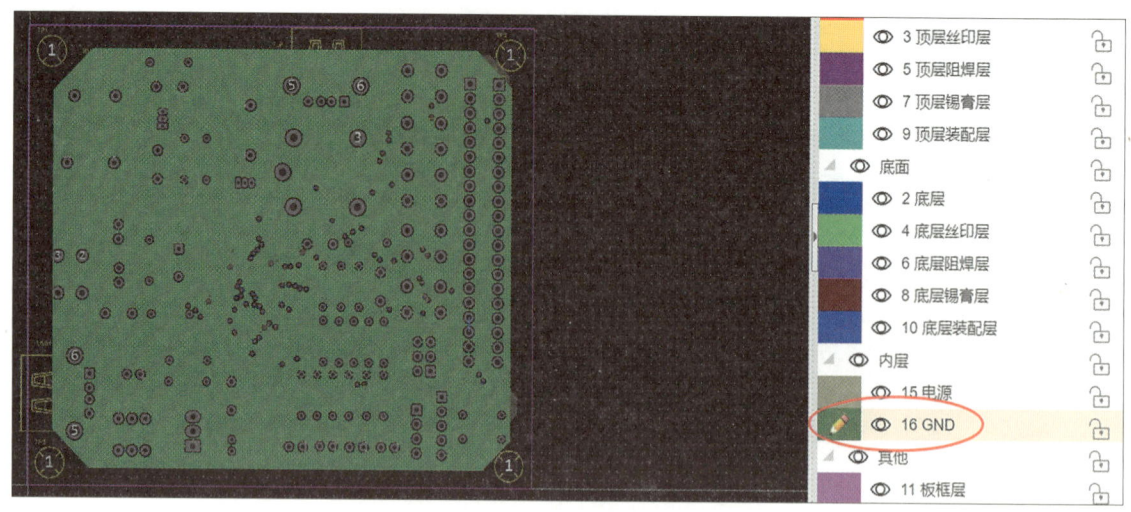

图 5.54　完成地层覆铜

 注意事项

接地及覆铜的注意事项主要包括:
(1) PCB 板上最好不要出现尖角。
(2) 设备内部的金属如金属散热器、金属加固条等,一定要保证良好接地。

(2) 电源层覆铜。

按照覆铜操作步骤,分别完成电源层 3.3 V 和 5 V 的覆铜,电源层覆铜效果如图 5.55 所示。

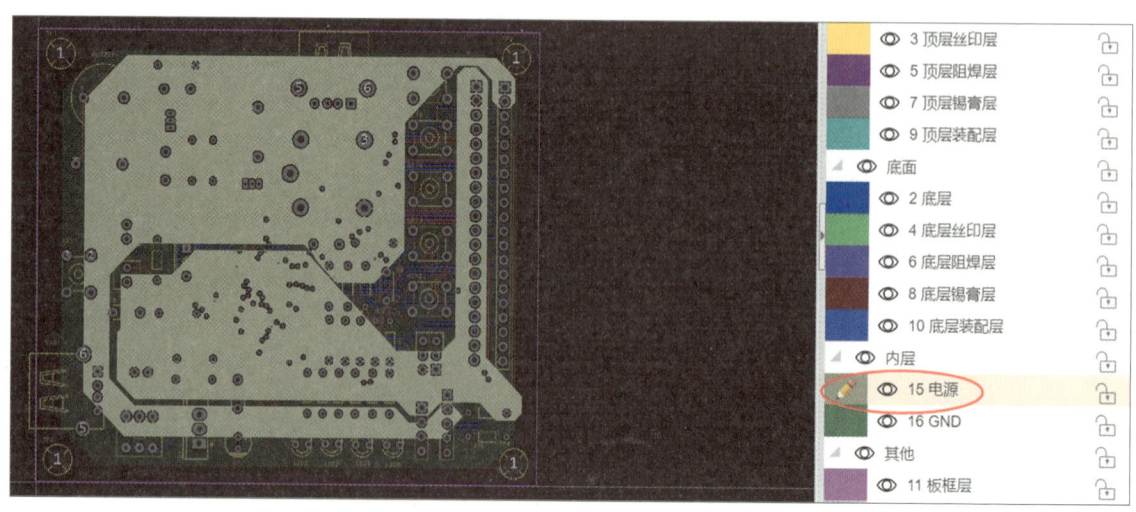

图 5.55　电源层覆铜

> **技能拓展：覆铜**
>
> 覆铜的步骤主要包括：
> （1）电源层包括 3.3 V 电源和 5 V 电源，不同电源采用不同的覆铜，互不相连。
> （2）通过高亮某一网络（如 3.3 V 网络）确定覆铜大致位置。选中焊盘或者网络后，点击顶部菜单的"视图（V）"→"高亮"→"高亮网络"，选中焊盘或者网络即会高亮。
> （3）选中要取消网络的焊盘。在顶部菜单中依次选择"视图（V）"→"高亮"→"取消全部高亮"，也可以使用快捷键 Shift + H 取消全部高亮。
> （4）如果 3.3 V 的某一个引脚不在 3.3 V 铜层的范围内，可以在电源层布线，通过过孔进行连接。
> （5）因覆铜需求调整电源器件位置时，可能会出现不断调整器件位置和重新布线的情况，一定要有耐心。
> （6）覆铜结束后一定要选择重构铜层，确保铜层被更改。

2. DRC 检查

设计规则检查（Design Rules Checking，DRC），通过 Checklist 和 Report 等检查方式重点规避开路类、短路类的重大设计缺陷，检查的同时遵循 PCB 板设计质量控制流程与方法。

设计完一个 PCB 板后，需要对 PCB 板进行 DRC 规则检查，DRC 检查是依据自行设置的规则进行的，如设置走线的最小间距为 8 mil，那么在 PCB 板布线过程中出现走线间距小于 6 mil 时就会报错。

对于 DRC 规则检查时报错的 PCB 板，如果与报错相关的规则可以忽略，如丝印的错误不会影响 PCB 板的电气性能，这类 PCB 板是可用的。

点击顶部菜单的"设计（D）"→"检查 DRC"，DRC 检查结果如图 5.56 所示。

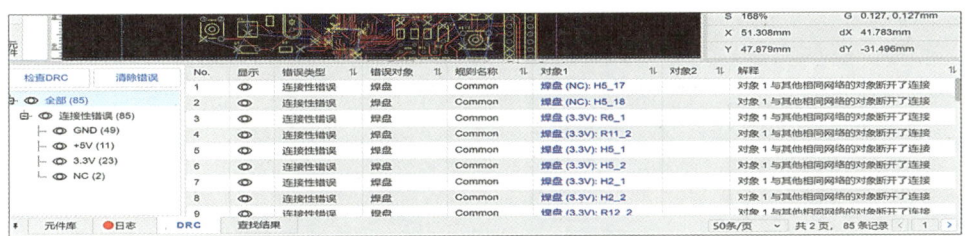

图 5.56　DRC 检查结果

点击单条 DRC 结果，会高亮错误点，如图 5.57 所示。

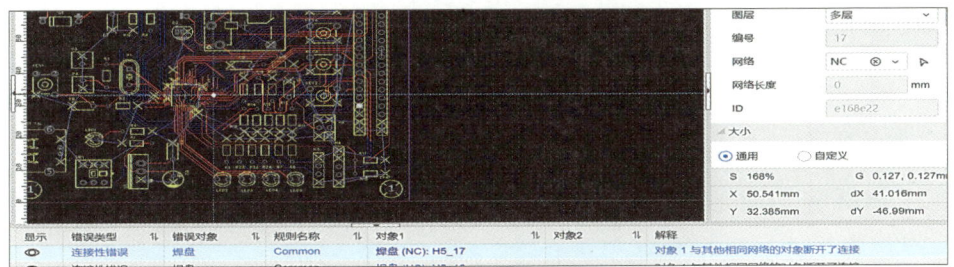

图 5.57　高亮 DRC 检查

根据 DRC 检查结果再进行局部布线调整。

> **技能拓展：DRC 检查**
>
> DRC 检查功能主要包括：
> （1）DRC 检查结果中，单击"对象 1""对象 2"，均可直接定位到错误的地方。
> （2）嘉立创 EDA 专业版可开启实时 DRC 检查功能，在绘制 PCB 板过程中实时报告错误，显示黄色的 X 标识。
> （3）DRC 检查功能可以自定义需要检查的 DRC 项，设置相关的检查参数，有针对性地对 PCB 板进行 DRC 检查。

> **课堂活动：小组分享**
>
> 在 PCB 板的 DRC 检查结果中，找出哪些 DRC 检查结果是可以忽略的。小组分享并解释忽略这些 DRC 检查结果的原因。

3. 丝印调整

PCB 板丝印层是文字层，是在 PCB 板上标识相关信息，方便电路板的安装、检查和维护。在 PCB 板的上、下表面设置丝印标签，如元件编号和元件标称值、元件轮廓形状以及制造商标志、生产日期、版本等信息，也用于标记元件值、零件编号、极性等信息。

（1）调整元器件丝印标签。

在未调整丝印时，PCB 板上可能存在丝印标签被遮盖现象，如图 5.58 所示。

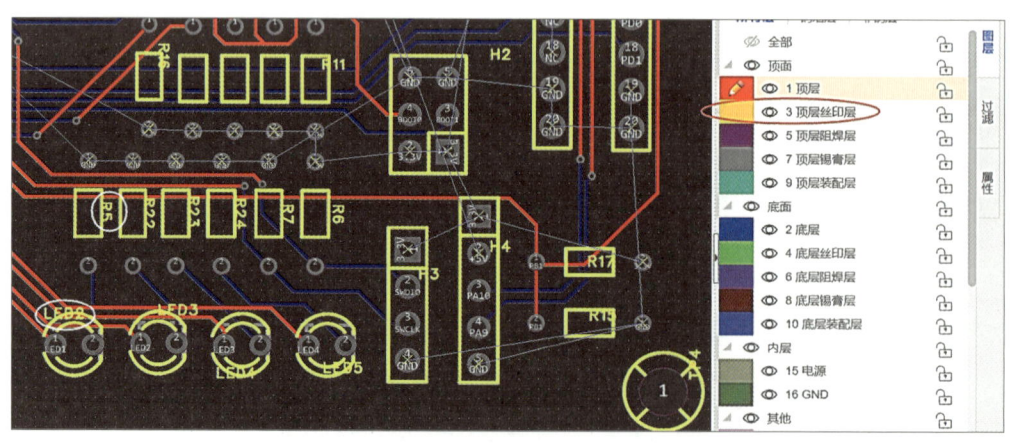

图 5.58　丝印标签被遮挡现象

如果元器件丝印标签被元器件外框所覆盖，会对焊接元件器和 PCB 板检修带来不便，因此需要对 PCB 板上的元器件丝印标签位置进行调整。注意：丝印层在 PCB 板的顶层，丝印标签为黄色。

调整丝印标签位置的具体操作步骤主要包括：

① 鼠标左键单击元器件的丝印标签，按住鼠标左键可以拖动元器件的丝印标签。

② 在拖动过程中，元器件的丝印标签及相应元器件外框均高亮，可以确定该元器件编号应该摆放的位置。

③ 一般将元器件丝印标签摆放到元器件外框相邻位置，可以有效确定该元器件。

例如：调整 LED2 的丝印，如图 5.59 所示。

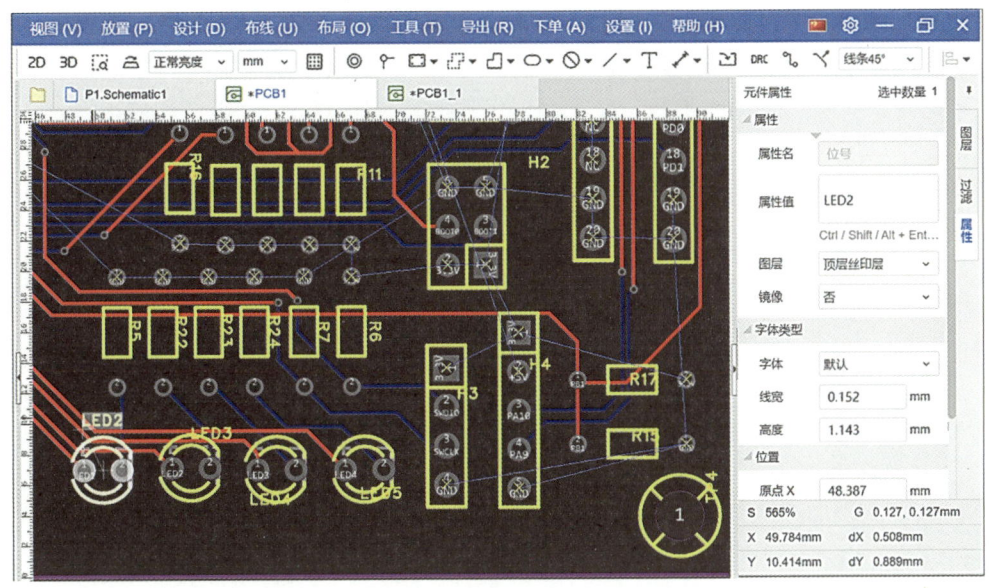

图 5.59 调整 LED2 丝印

> **知识拓展：丝印规则**
>
> 在 PCB 板设计过程中应遵循的丝印规则主要包括：
> （1）丝印字符遵循从左到右、自下而上的原则，方向一致。
> （2）在丝印上标明极性元件的极性，极性方向的丝印标签应易于识别。
> （3）所有元器件、安装孔、定位孔都有相应的丝印标签。为了方便成品板的安装，所有元器件、安装孔、定位孔都有对应的丝印标签。
> （4）在 PCB 板上应用有接插件方向的丝印标签。
> （5）PCB 板名称、日期、版本号等成品板信息的丝印位置要清晰。PCB 板文件上印制板名称、日期、版本号等信息应清晰醒目。
> （6）PCB 板上器件的丝印标签必须与 BOM 清单中元器件的标识符相同。
> （7）PCB 板上安装元器件后，元器件的丝印标签不能被该元器件挡住，也不能被旁边的元器件挡住。
> （8）丝印标签不要压在过孔和焊盘上。
> （9）丝印标签的间距大于 5 mil。

按照丝印标签调整和放置的操作步骤以及丝印规则，完成 PCB 板上丝印标签的调整。丝印标签调整后的 PCB 板如图 5.60 所示。

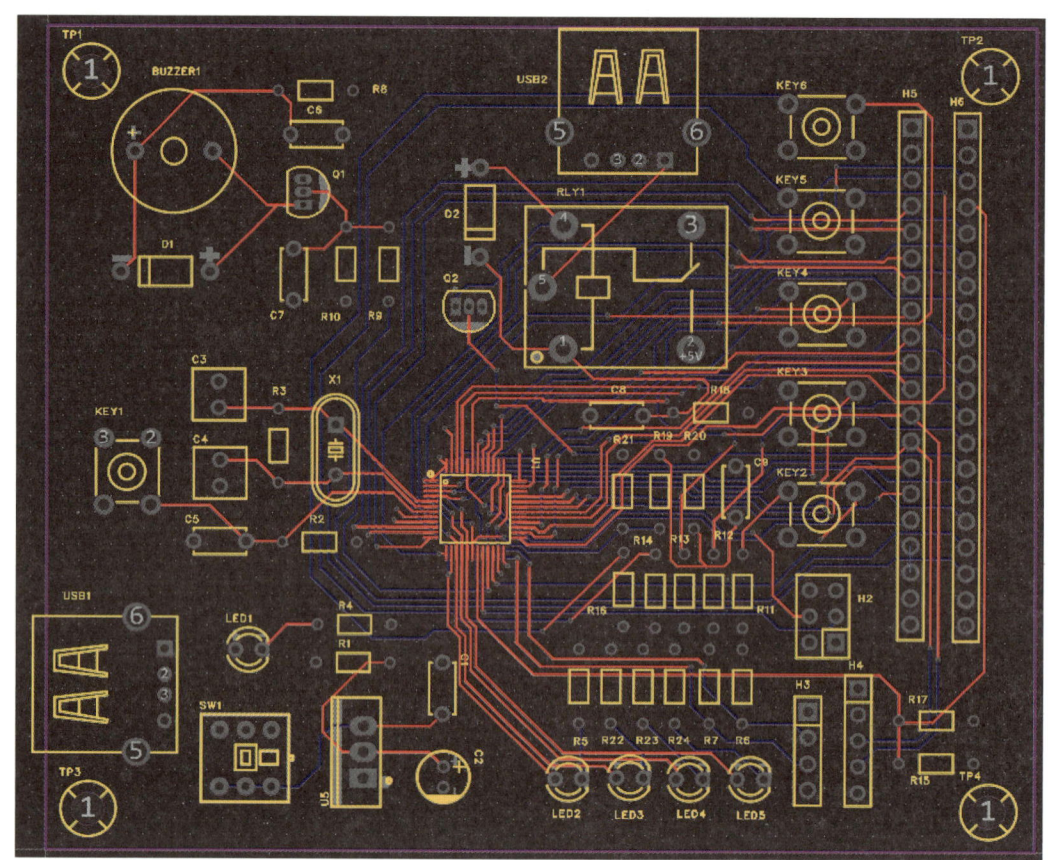

图 5.60　丝印标签调整后的 PCB 板

> **问题思考**
>
> 在 PCB 板绘制过程中，可能会出现增加或减少元器件以及元器件编号不连续的现象，需要采用手动方式进行调整。在手动调整过程中完成以下操作：
> （1）查看嘉立创 EDA 使用说明中"PCB 设计部分"的"分配位号"相关内容。
> （2）各小组检查本小组 PCB 板中所有元器件的编号，根据使用说明手动调整元器件编号。
> （3）各小组根据本小组对 PCB 板元器件编号的自动分配，分享其使用技巧。
> 在原理图设计过程中是否也可以自动分配位号呢？

（2）添加丝印。

PCB 板应该有 PCB 板名称、日期、版本号等信息。在调整完元器件丝印标签后，PCB 板上应注明 PCB 板名称、日期、版本号等成品板信息。

首先添加 PCB 板信息，点击顶部菜单的"放置（P）"→"文本"或点击右上角相应的快捷图标，可以放置文本，如图 5.61 所示。

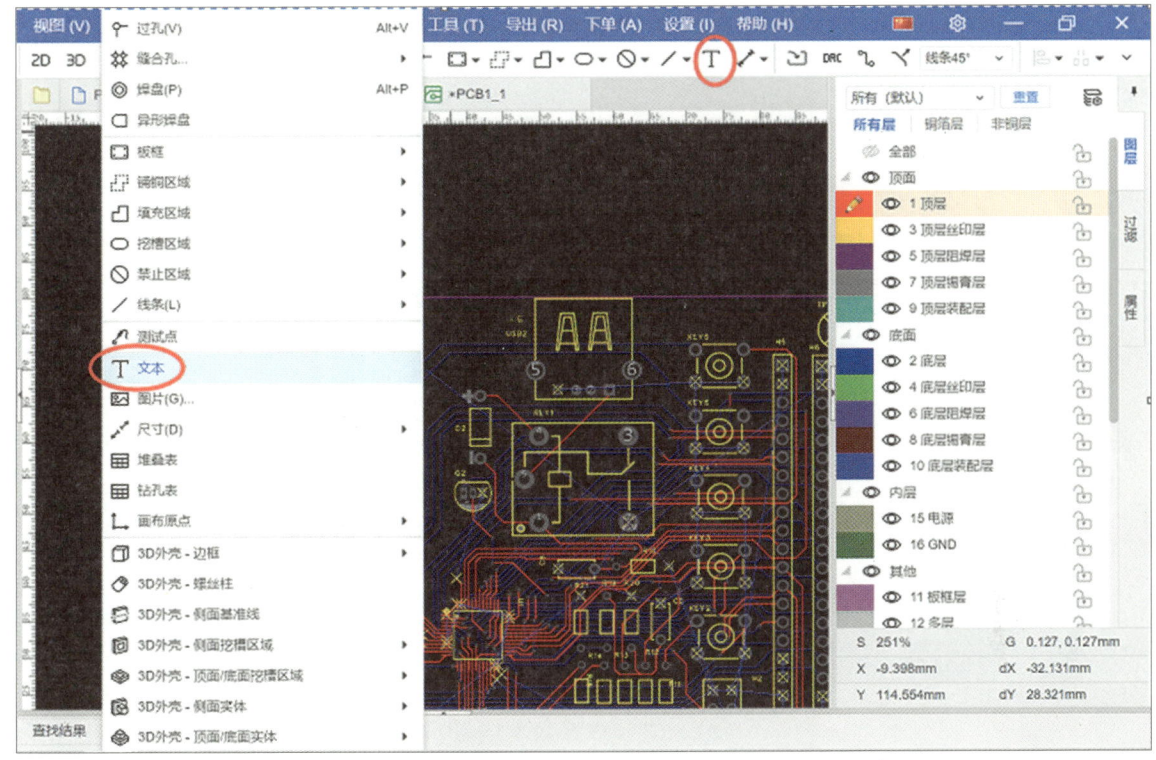

图 5.61 打开放置文本功能

在弹出的"文本"对话框中,在"内容"中填写要输入的文本信息,在"字体"中设置输入文本的字体,在"线宽"中设置文本的线宽,在"高度"中设置文本的高度。设置完成后点击"确认",如图 5.62 所示。

图 5.62 设置 PCB 板版本信息

将文字拖动到 PCB 板上明显的位置,如图 5.63 所示。

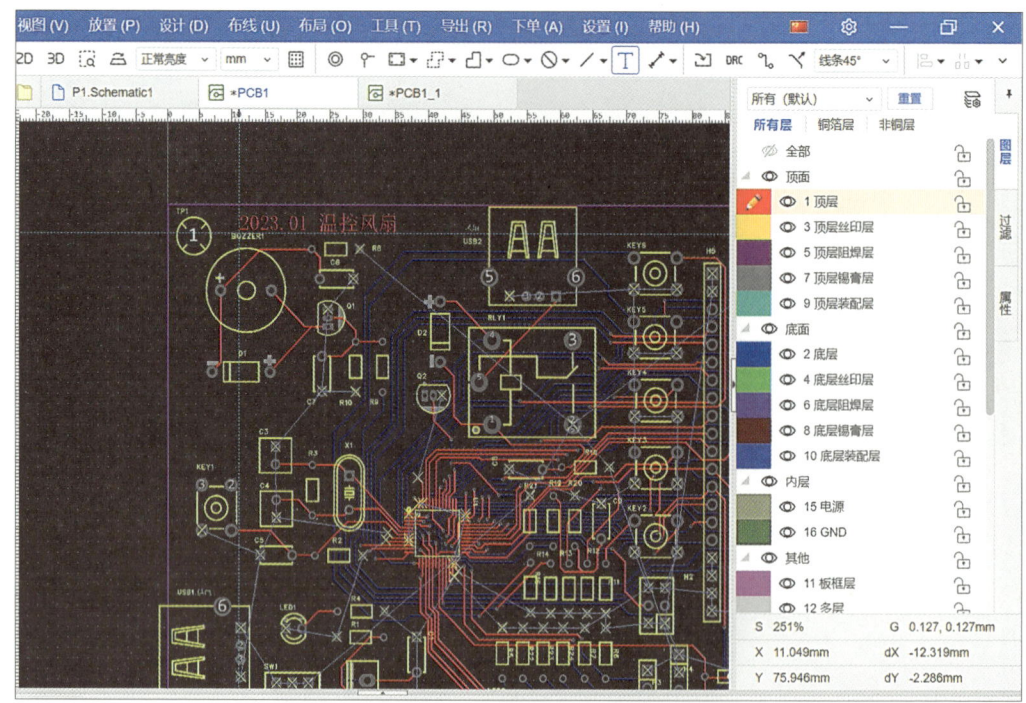

图 5.63 放置版本信息

此时文字为红色,单击文字,在右侧属性中修改文字图层,选择"顶层丝印层",如图 5.64 所示。

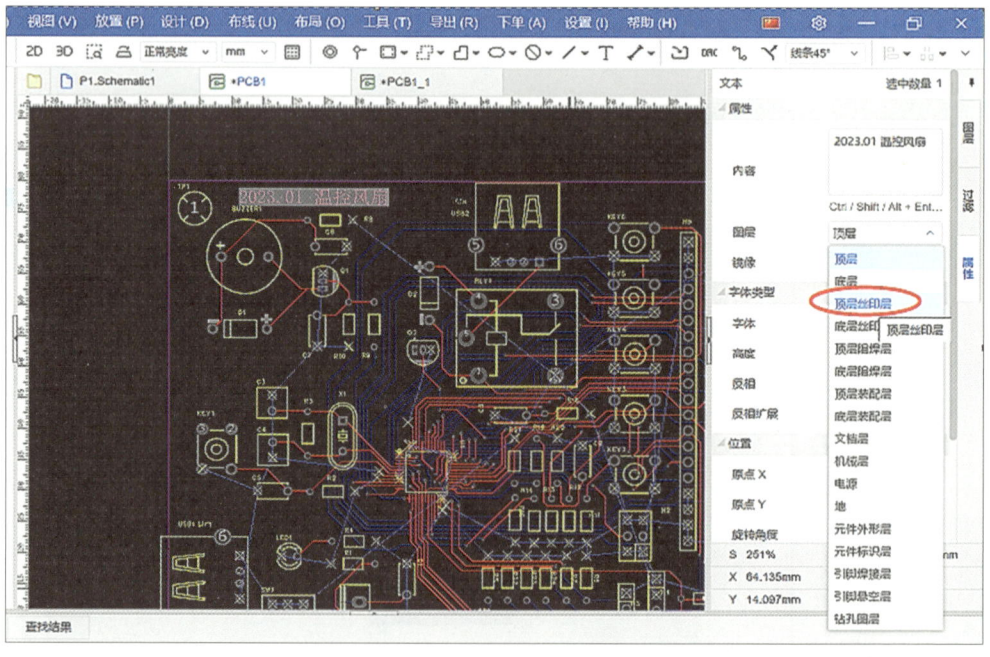

图 5.64 修改文字图层

修改后的 PCB 板版本信息如图 5.65 所示。

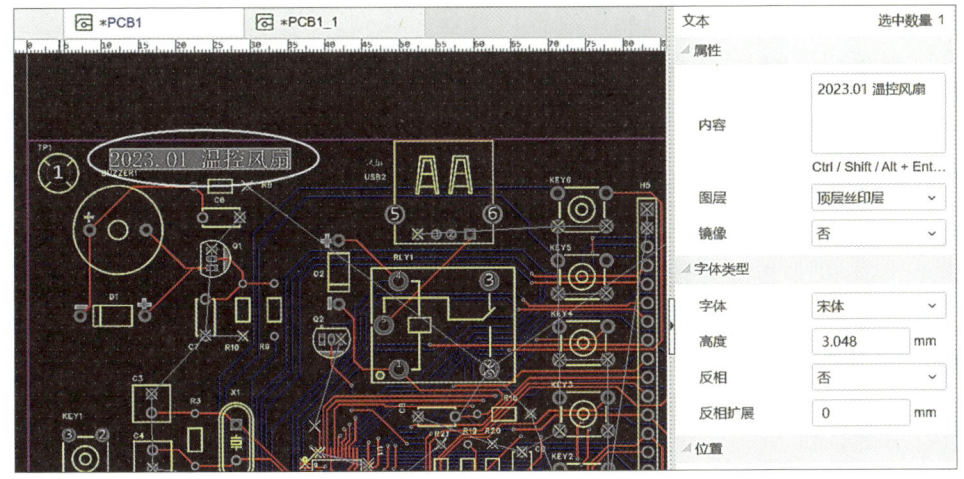

图 5.65 PCB 板版本信息

 技能拓展：DRC 检查

PCB 板的 DRC 检查内容主要包括：

（1）一定要注意各个板层颜色，如顶层显示红色，则顶层的布线均为红色，丝印层为黄色。

（2）点击层的颜色标识区，使铅笔图标切换至对应层，表示该层为活跃层，已处于编辑状态，可进行布线等操作。

（3）点击板层对应的眼睛图标，可以显示、关闭该层。

（4）切换层的快捷键主要包括：

① T：切换至顶层。

② B：切换至底层。

③ 1：切换至内层 1。

④ 2：切换至内层 2。

⑤ 3：切换至内层 3。

⑥ 4：切换至内层 4。

⑦ Shift+S：高亮当前层的所有元素，隐藏其他层的元素。

（5）点击板层后面的锁符号，可以锁定整个图层，如图 5.66 所示。当锁定一个图层时，属于该层的元素将无法被鼠标移动。

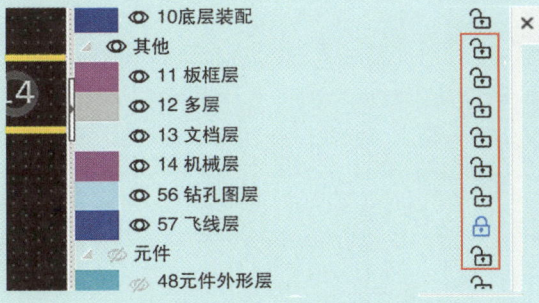

图 5.66 图层锁定或解锁

（6）设计 PCB 板后，点击顶部菜单"视图（V）"→"3D 预览"，PCB 板处于 3D 预览模式。

按照调整和放置丝印标签的操作流程以及丝印规则,为 USB1 和 USB2 添加丝印标签。完成所有丝印后的 PCB 板如图 5.48 所示。

4. 总结分析

本任务的总结分析主要包括:

(1)执行结果

智能小风扇 PCB 板布线图。

(2)总结与分享

① 各小组之间相互检查 PCB 板布线图并对其进行打分。

② 各小组分享在 PCB 板绘制过程中使用的小技巧、遇到的困难及解决方法,给出为对应小组打分的依据。

项目模块 6　生产准备

张三同学及其团队在经过了长时间的辛勤工作、无数次的讨论和反复的修改之后，终于完成了电路设计以及原理图绘制、PCB 板绘制。现在，他们准备进入下一个阶段，即生产阶段。

在本项目模块中，与张三同学一起准备完整的生产资料。生产资料包括 Gerber 文件和工艺要求等关键文件。Gerber 文件是一种广泛使用的标准文件格式，用于描述 PCB 板的布局和设计，工艺要求则详细规定了生产过程中需要遵循的各种参数和标准。这些资料将为 PCB 板生产厂家提供详尽的生产指导，确保 PCB 板生产厂家能够根据这些详细的生产要求进行精确的生产。

PCB 板打样标志着张三同学及其团队成功跨越了设计阶段，迈入了智能小风扇的生产制造阶段。在由抽象的设计图纸转化为产品样品的生产过程中，张三同学及其团队正满怀憧憬地翘首以待智能小风扇的首批样品，期许能够完美诠释他们的设计理念与创意。

能力目标

1. 能导出 BOM 清单及 PCB 板生产资料。
2. 能与 PCB 板生产厂家沟通，完成 PCB 板打样。
3. 能完成元器件的采购。

知识目标

1. 掌握 BOM 清单的用途。
2. 掌握元器件采购流程。
3. 掌握 Gerber 文件的用途。
4. 掌握 PCB 板的制作工艺。

实施思路

本项目模块内容包括 BOM 清单导出及整理、PCB 板打样。项目模块实施思路如图 6.1 所示。

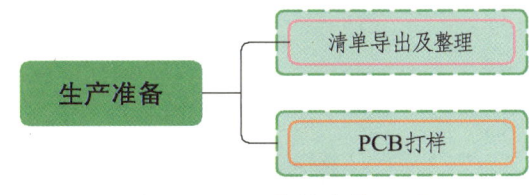

图 6.1　项目模块实施思路

 6.1　BOM 清单及 Gerber 文件

任务要求

通过 PCB 板导出生产 PCB 板所需 BOM 清单及 Gerber 文件。执行本任务最终完成的 Gerber 文件和 BOM 清单如图 6.2 所示。

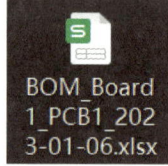

（a）Gerber 文件　　　　　　　　　　　　　　（b）BOM 清单

图 6.2　PCB 板导出的 Gerber 文件和 BOM 清单

本任务按照实际现场进行教学，通过小组团队合作完成，各组按照不同角色（如设计员、采购员、检查员）进行任务实施。在任务执行过程中鼓励使用互联网和 AI 解决问题，鼓励各小组积极进行知识和经验的分享。

实施思路

本任务在已经完成智能小风扇 PCB 板设计的基础上，导出生产所需的 BOM 单、Gerber 文件，为下一步 PCB 板生产做准备。本任务实施思路如图 6.3 所示。

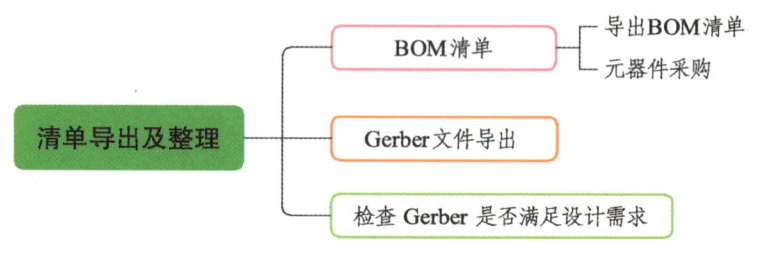

图 6.3　任务实施思路

实施过程

1. BOM 清单

物料清单（Bill of Materials，BOM）通常被称为 BOM 表或电气 BOM 表，是一个元器件清单表。在 PCB 板设计过程中，物料清单是焊接印刷电路板时所需的元器件清单，一般 BOM 表为 excel 表格，如图 6.2 所示。

点击顶部菜单的"文件（F）"→"导出（E）"→"物料清单（BOM）"可进入导出界面，如图 6.4 所示；或者通过顶部菜单的"导出（R）"→"物料清单（BOM）"方式进入导出界面，如图 6.5 所示。

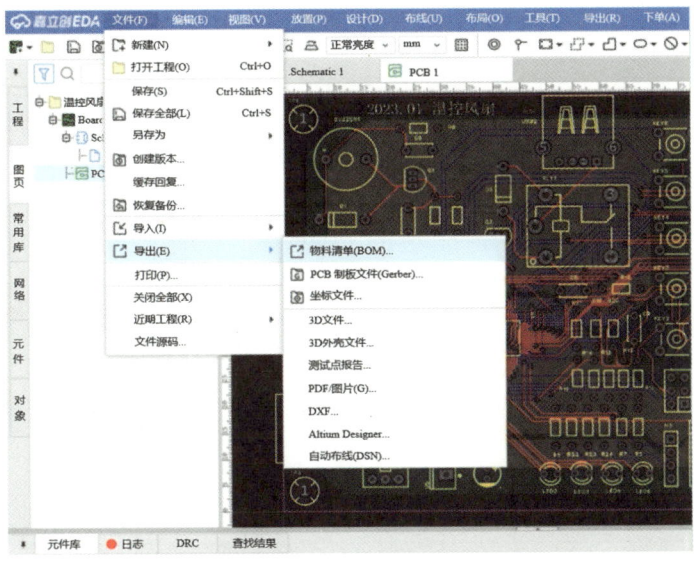

图 6.4　打开导出物料清单功能 1

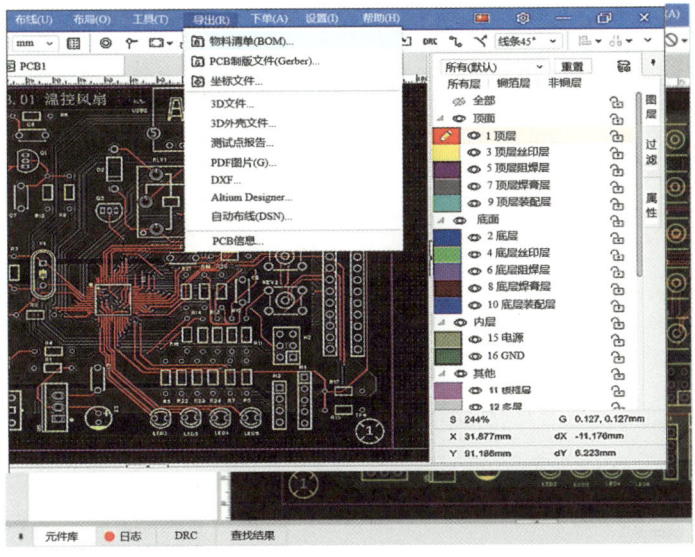

图 6.5　打开导出物料清单功能 2

进入"导出 BOM"对话框，如图 6.6 所示。

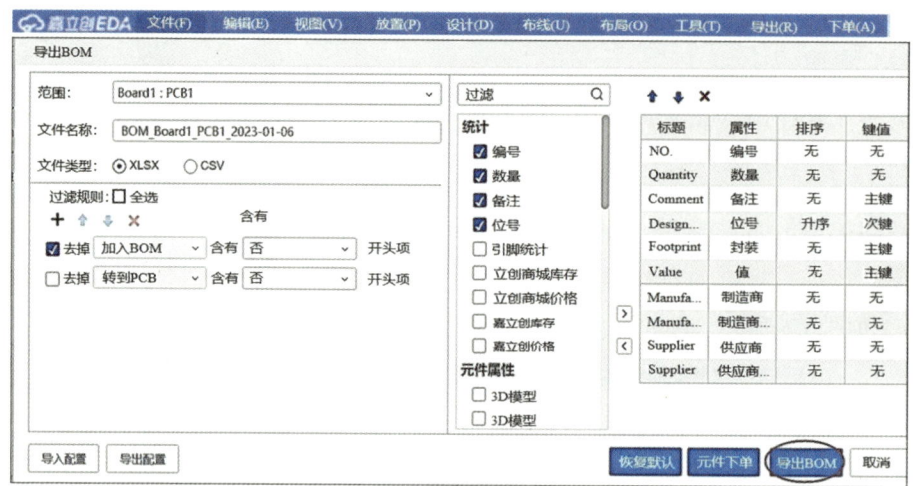

图 6.6　导出 BOM 对话框

> 💬 **思考问题**
>
> 在图 6.7 中应该选择哪些选项使其成为导出的内容？

> 🛠 **技能拓展：BOM 清单的应用范围**
>
> BOM 清单包含的信息范围广泛，设计、采购和制造等部门都会使用该清单。

BOM 清单必须包含元器件编号、元器件名称、元器件参数值、元器件数量、元器件封装形式等信息，如果需要包含其他内容可自行选择。设置 BOM 清单需要包含的内容如图 6.7 所示。

图 6.7　设置 BOM 清单

移除 BOM 清单所包含内容的操作步骤与添加 BOM 表所包含内容的操作步骤类似，只需选中图 6.7 中右侧需要移除的选项，点击"×"就能将所选内容从 BOM 清单中移除。

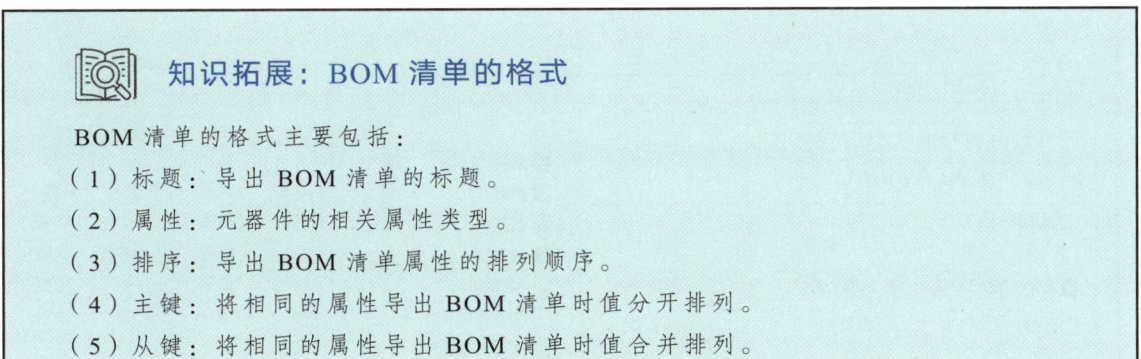

知识拓展：BOM 清单的格式

BOM 清单的格式主要包括：
（1）标题：导出 BOM 清单的标题。
（2）属性：元器件的相关属性类型。
（3）排序：导出 BOM 清单属性的排列顺序。
（4）主键：将相同的属性导出 BOM 清单时值分开排列。
（5）从键：将相同的属性导出 BOM 清单时值合并排列。

在设置完图 6.7 所示 BOM 清单选项后，点击"导出 BOM"，导出并保存 BOM 清单，如图 6.8 所示。

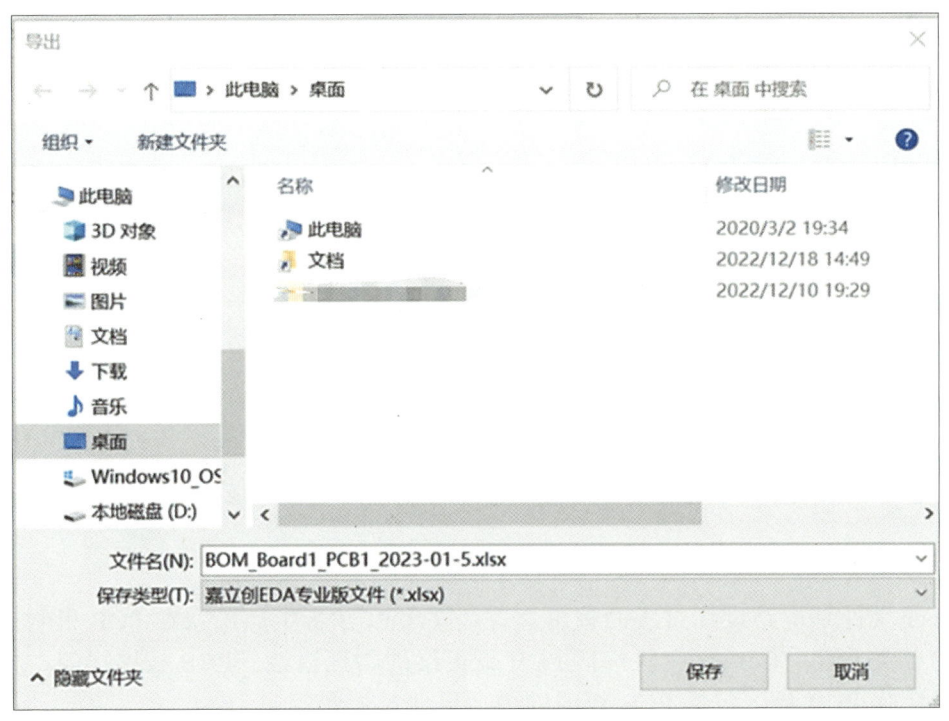

图 6.8　导出 BOM 清单

导出的 BOM 清单如图 6.2（b）所示。

2. 元器件采购

在"导出 BOM"页面，直接点击"元件下单"，如图 6.9 所示。在弹出的页面中按照提示操作，完成元器件的采购。

也可以根据导出的 BOM 清单，到电子元器件商城自行购买元器件。在购买元器件的过程中，一定要注意元器件的参数指标。

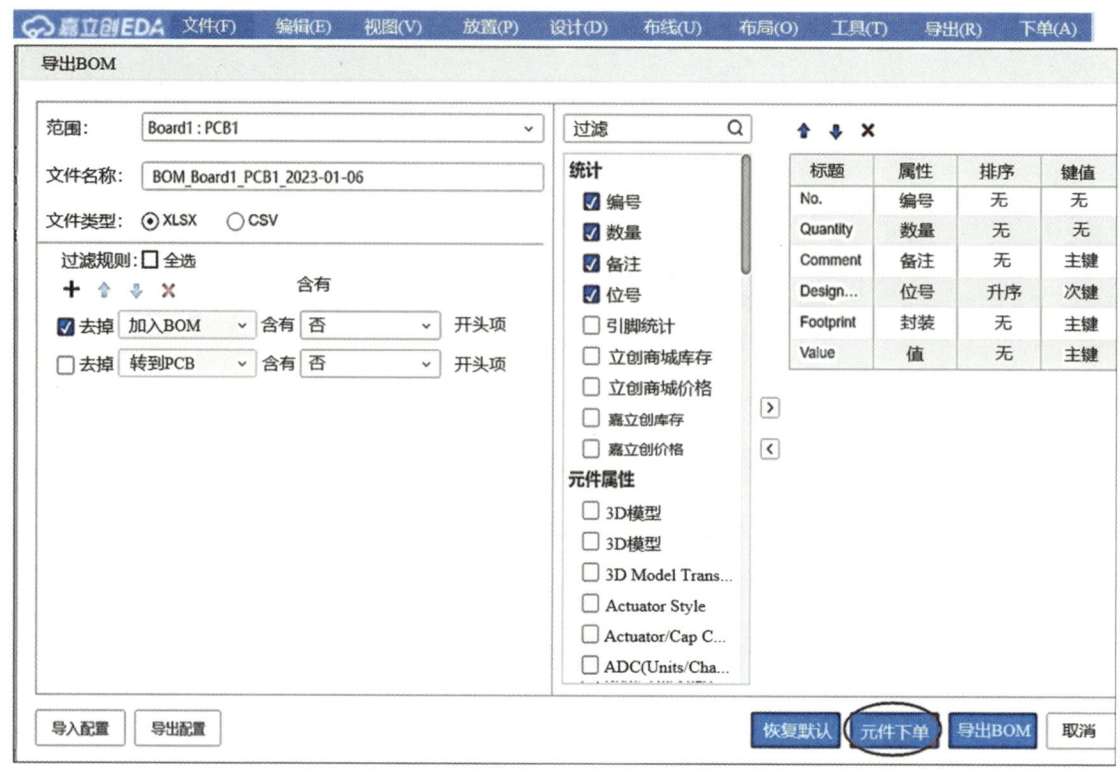

图 6.9　购买元器件

 思考问题

1. 大批量采购电子元器件应该采用哪种采购方式？
2. 小批量采购电子元器件应该采用哪种采购方式？

3. Gerber 文件导出

Gerber 文件是电路设计过程的输出文件，包含 PCB 板生产厂家在 PCB 板制作过程中所需要的各类文件。Gerber 文件包括 PCB 板板层的物理属性、PCB 板图层等，根据这些信息可以制作 PCB 板，包括 PCB 板的蚀刻、尺寸、焊盘等。

CAM 文件是为各制造部门生成的输出文件，包括钻孔程序（子钻孔和主钻孔）、成像图、阻焊输出、路由文件等。

（1）生成 PCB 板制板文件。

完成 PCB 板设计、DRC 检查后，选择顶部菜单"文件（F）"→"导出（E）"→"PCB 制板文件（Gerber）"，如图 6.10 所示；或者在顶部菜单选择"导出（R）"→"PCB 制板文件（Gerber）"，生成 PCB 制板文件，如图 6.11 所示。

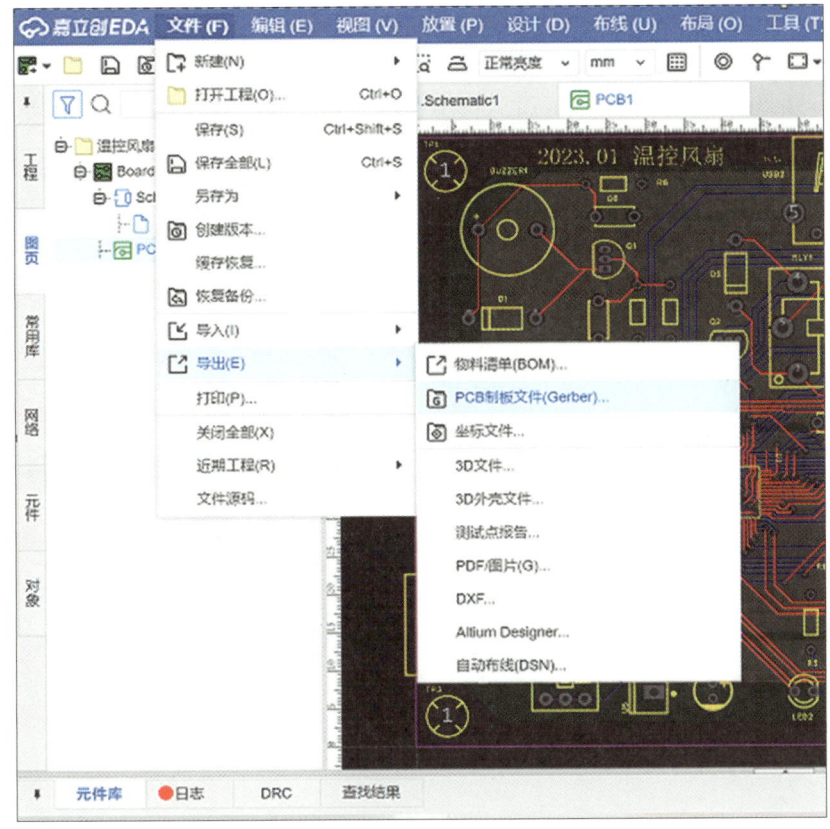

图 6.10　生成 PCB 制板文件的操作方式 1

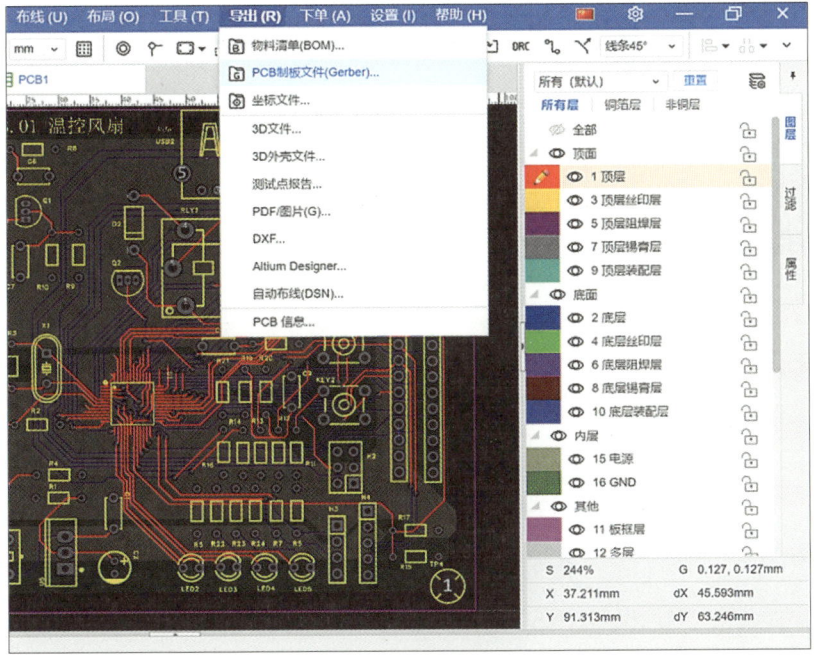

图 6.11　生成 PCB 制板文件的操作方式 2

（2）导出 Gerber 文件。

点击图 6.10 或图 6.11 中的"PCB 制板文件（Gerber）"，弹出"导出 PCB 制板文件"对话框，如图 6.12 所示。点击"导出 Gerber"，导出并保存制作 PCB 板所需的 Gerber 文件。

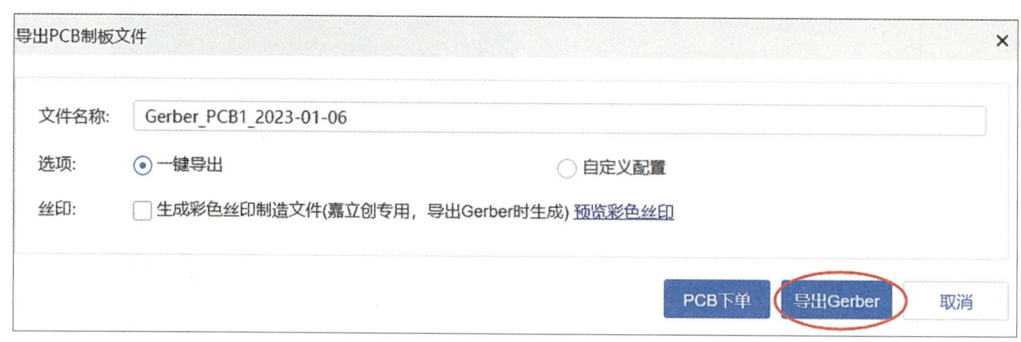

图 6.12　导出 Gerber 文件

（3）检查网络连接。

点击图 6.12 中的"导出 Gerber"，如果设计的 PCB 板还没有完成布线，会弹出"该 PCB 存在未完成布线的网络连接，是否检查网络？"，提示设计人员检查网络连接是否完整，如图 6.13 所示。

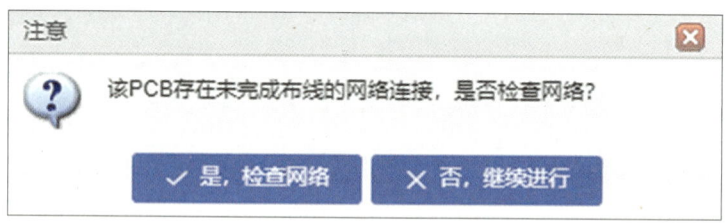

图 6.13　网络连接未完成警示框

（4）DRC 检查。

点击图 6.12 中的"导出 Gerber"，如果设计的 PCB 板还没有进行 DRC 检查，会打开弹窗提示"在生成 Gerber 之前是否检查设计规则（DRC）？"如图 6.14 所示，根据需要选择对应的按钮。

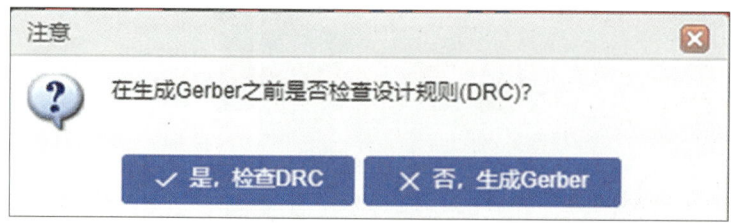

图 6.14　DRC 未检查警示框

在图 6.12 中点击"导出 Gerber"，如果没有网络连线问题并且已经完成 DRC 检查，则导出的 Gerber 文件为一个"Gerber_PCB1_2023-01-06.zip"的压缩包文件，其内部包含了制造文件和钻孔文件，如图 6.15 所示。

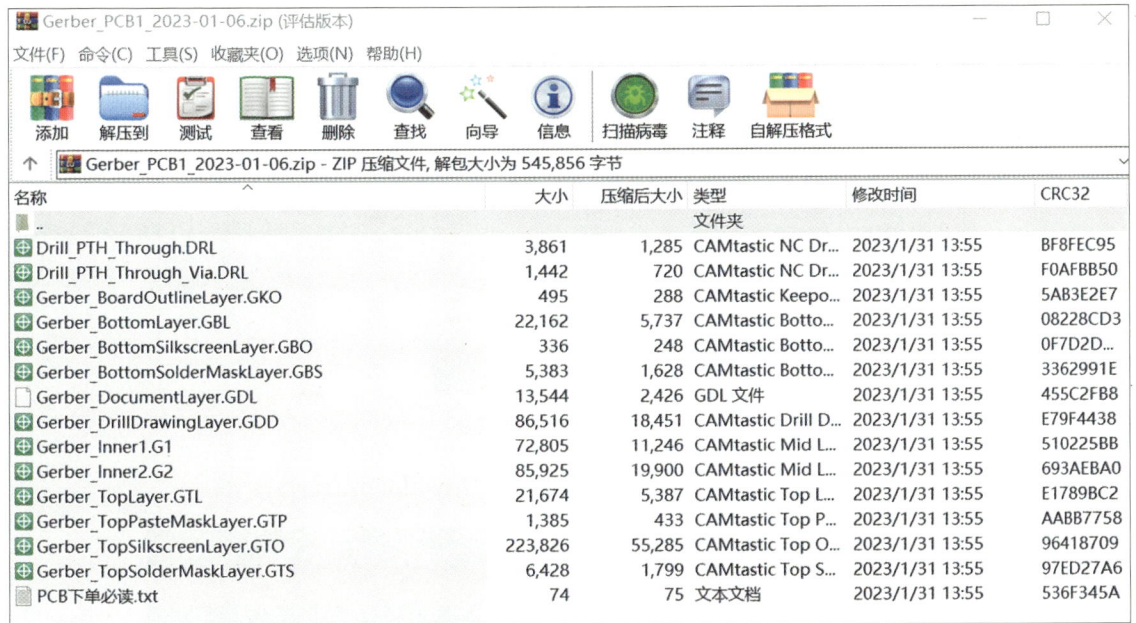

图 6.15 生成的 Gerber 文件

> **知识拓展：Gerber 文件名**
>
> PCB 板设计完成后，生成的与 PCB 板制造相关的 Gerber 文件主要包括：
> （1）Gerber_BoardOutline.GKO：边框文件。PCB 板生产厂家根据该文件切割 PCB 板形状。嘉立创 EDA 绘制的槽、实心填充的非镀铜通孔在生成的 Gerber 边框文件中体现。
> （2）Gerber_TopLayer.GTL：PCB 顶层文件。顶层为铜箔层。
> （3）Gerber_BottomLayer.GBL：PCB 底层文件。底层为铜箔层。
> （4）Gerber_Inner1.G1，Gerber_Inner2.G2：内层铜箔层文件。
> （5）Gerber_TopSilkLayer.GTO：顶层丝印层文件。
> （6）Gerber_BottomSilkLayer.GBO：底层丝印层文件。
> （7）Gerber_TopSolderMaskLayer.GTS：顶层阻焊层文件。顶层阻焊层也称为开窗层，默认 PCB 板盖油，该层绘制的元素对应到顶层的区域则不盖油。
> （8）Gerber_BottomSolderMaskLayer.GBS：底层阻焊层文件。底层阻焊层也称为开窗层，默认 PCB 板盖油，在该层绘制的元素对应到底层的区域则不盖油。
> （9）Gerber_TopPasteMaskLayer.GTP：顶层助焊层文件。该文件用于开钢网。
> （10）Gerber_BottomPasteMaskLayer.GBP：底层助焊层文件。该文件用于开钢网。

4. 检查 Gerber 是否满足设计需求

（1）下载 Gerber 查看器。

Gerber 查看器包括 Gerbv、FlatCAM、CAM350、ViewMate、GerberLogix 等检查工具，此处主要介绍开源软件 Gerbv。

Gerber 官网主页网址 http://gerbv.geda-project.org/，如图 6.16 所示。

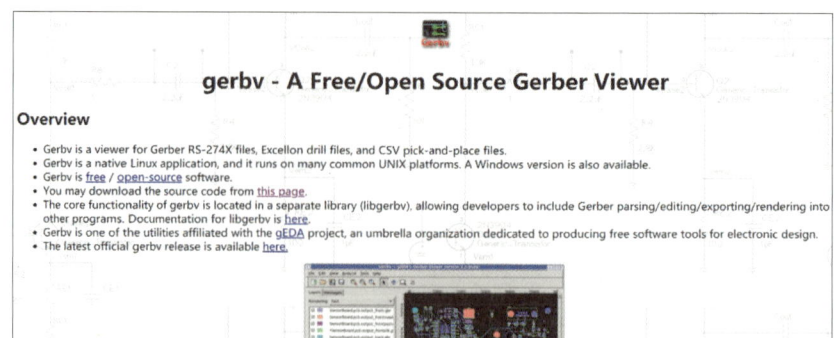

图 6.16　Gerbv 官网

在图 6.17 所示的 Gerbv 官网下载界面，点击"Download"进行下载。

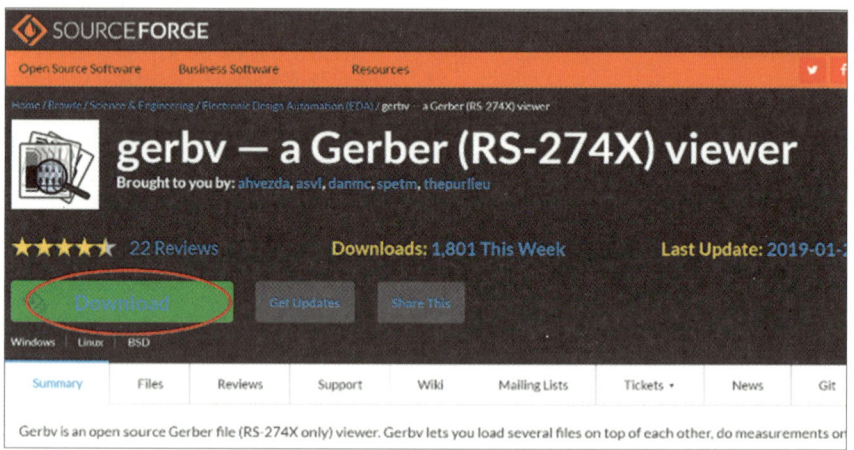

图 6.17　Gerbv 官网下载界面

（2）使用方法。

根据提示安装完成 Gerbv 软件后，解压下载的 Gerber 压缩包。打开 Gerbv 软件，点击左下角的加号"+"，打开 Gerber 文件夹，用"Shift+全选"或者"Ctrl+A"选择所有解压后的 Gerber 文件，如图 6.18 所示。

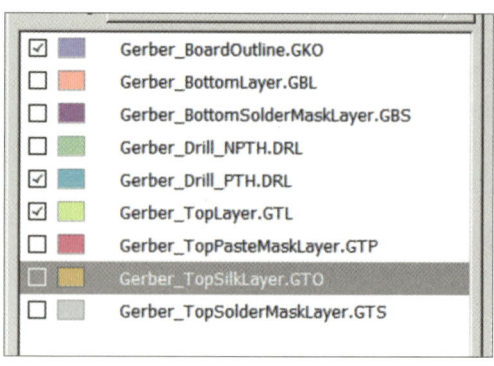

图 6.18　选中所有 Gerber 文件

(3) 外边框检查。

选择"Gerber_Drill_PTH.DRL"文件，检查外边框尺寸是否一致，如图 6.19 所示。

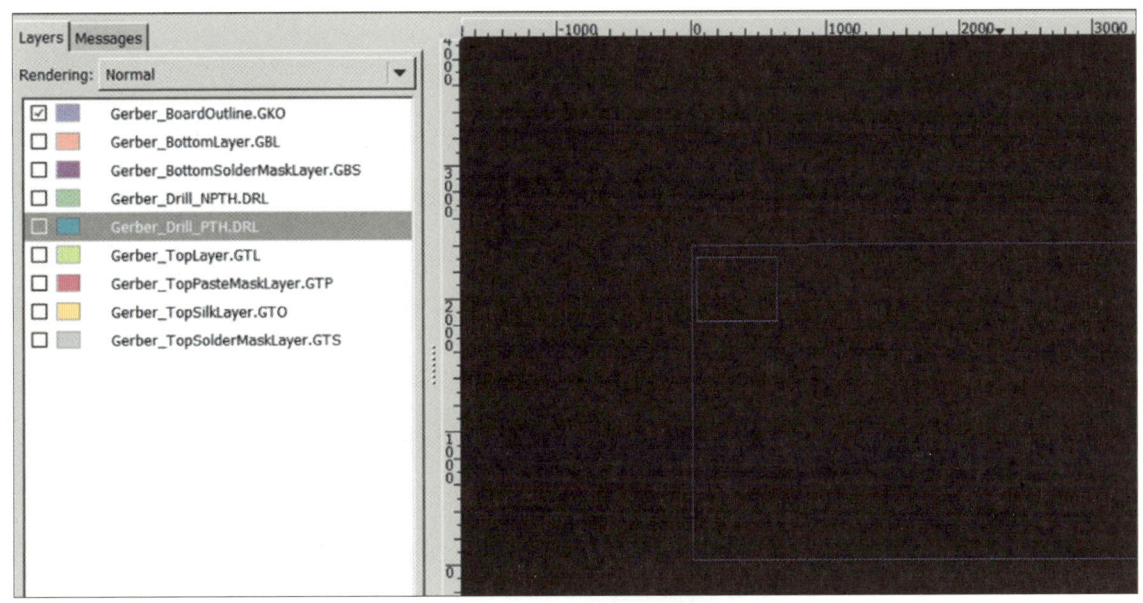

图 6.19　外边框检查

(4) 丝印层检查。

选择"Gerber_TopSilkLayer.GTO"文件，图 6.20 (a) 所示丝印在器件下方；图 6.20 (b) 所示丝印文字顺序反了，需要调整丝印。返回 PCB 图，修改丝印内容。

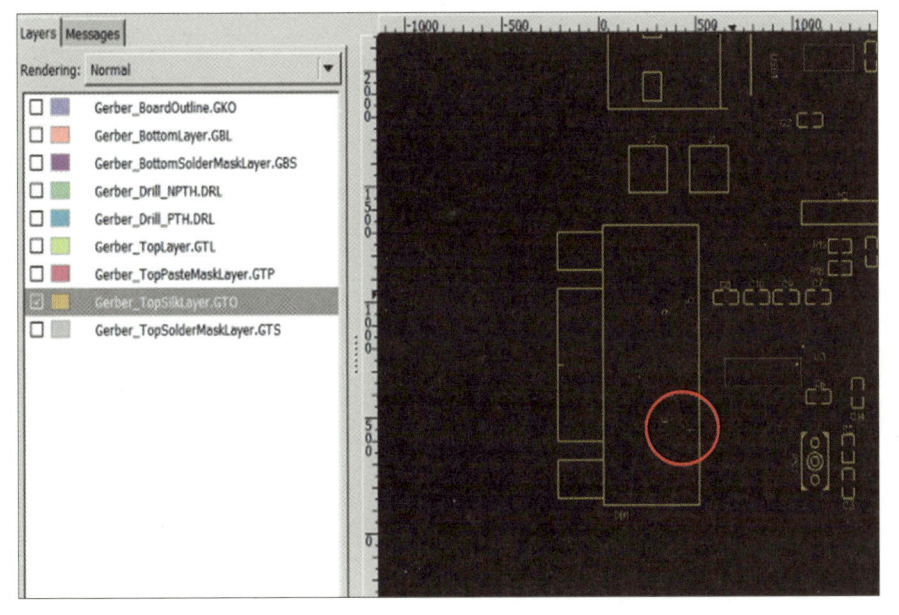 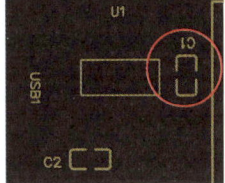

(a) 丝印在器件下方　　　　　　　　　　　(b) 丝印文字反序

图 6.20　丝印层

(5)布线。

选择"Gerber_BottomLayer.GBL"文件,检查顶层和底层布线,如图 6.21 所示。

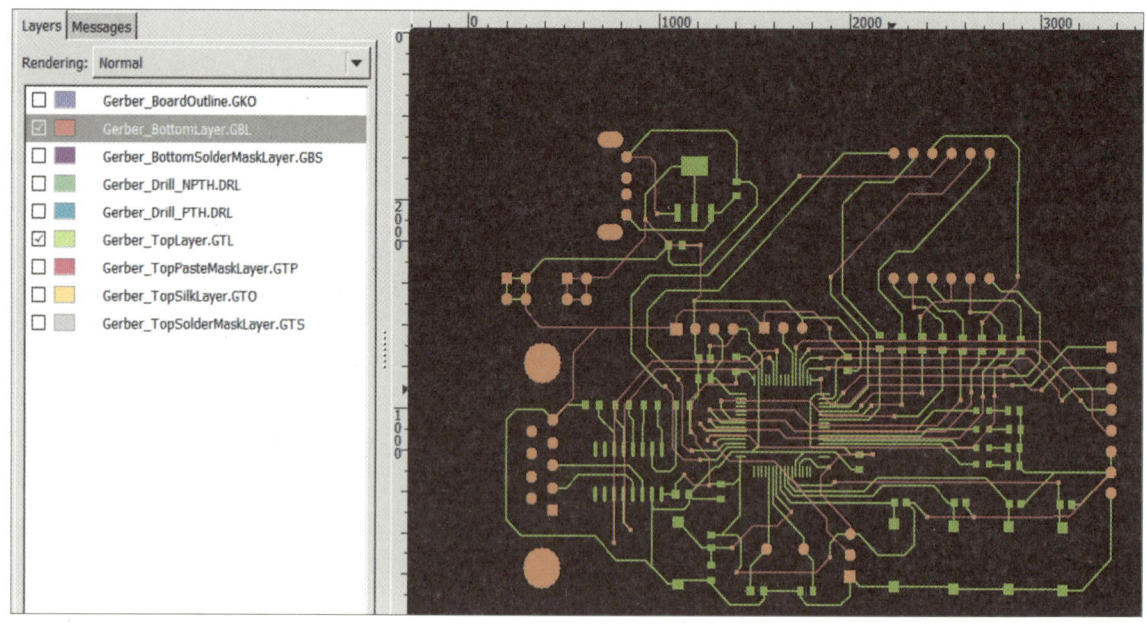

图 6.21　检查布线

检查每一根布线。选中某一根布线,单击右键选择"Display properties of selected object(s)",展示所选布线的细节,如图 6.22 所示。

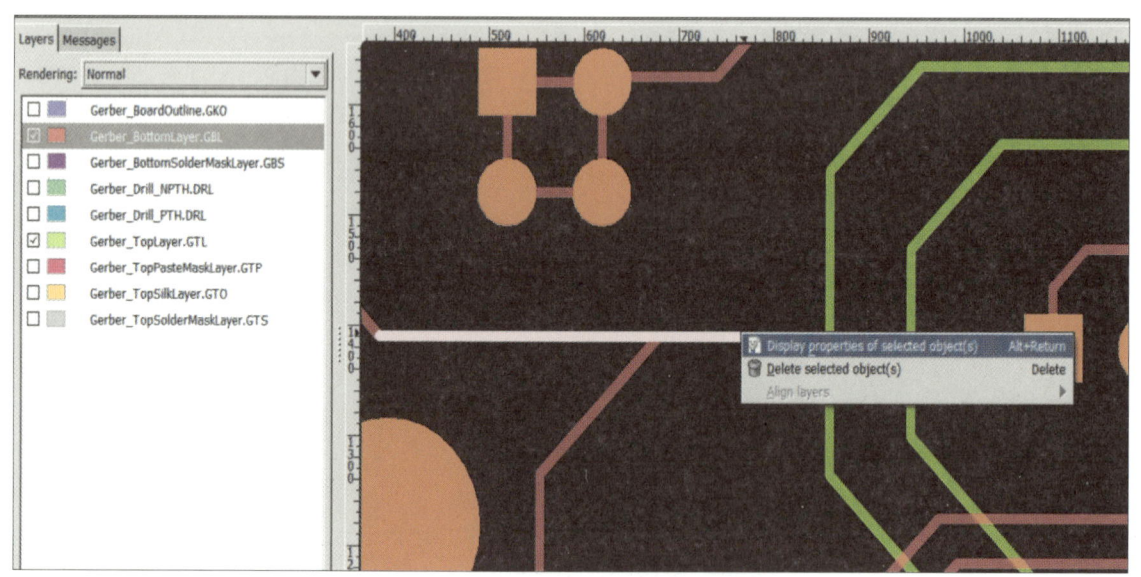

图 6.22　选择展示布线细节

在左侧"Messages"选项框中出现布线的详细信息,如图 6.23 所示。检查布线是否与设定信息一致,如果不一致则返回 PCB 图进行修改。

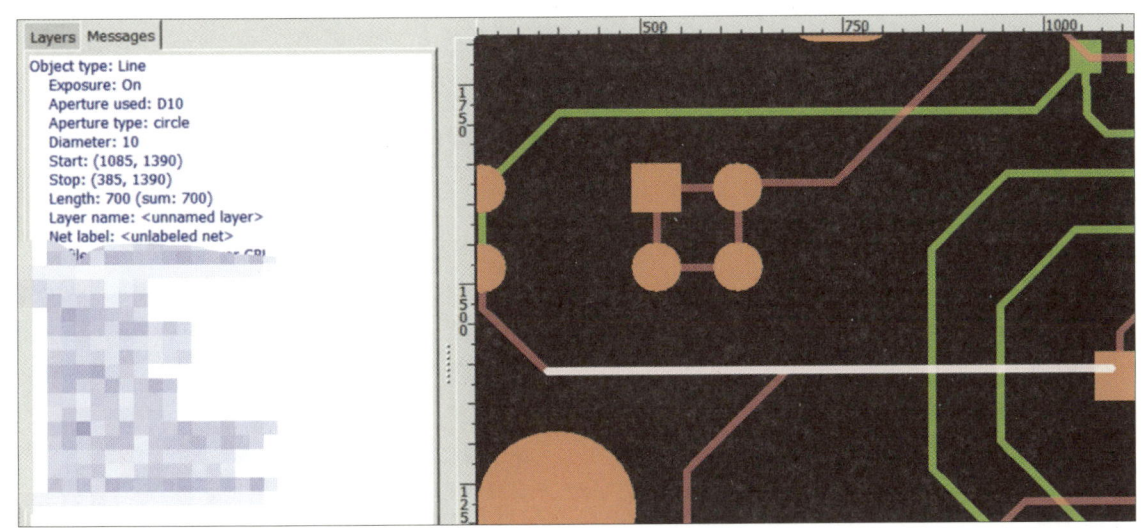

图 6.23　布线详细信息

（6）钻孔文件。

选择"Gerber_Drill_NPTH.DRL"（非镀通孔）和"Gerber_Drill_PTH.DRL"（镀通孔），如图 6.24 所示，检查直插器件和通孔是否正确，如不正确则返回 PCB 图进行修改。

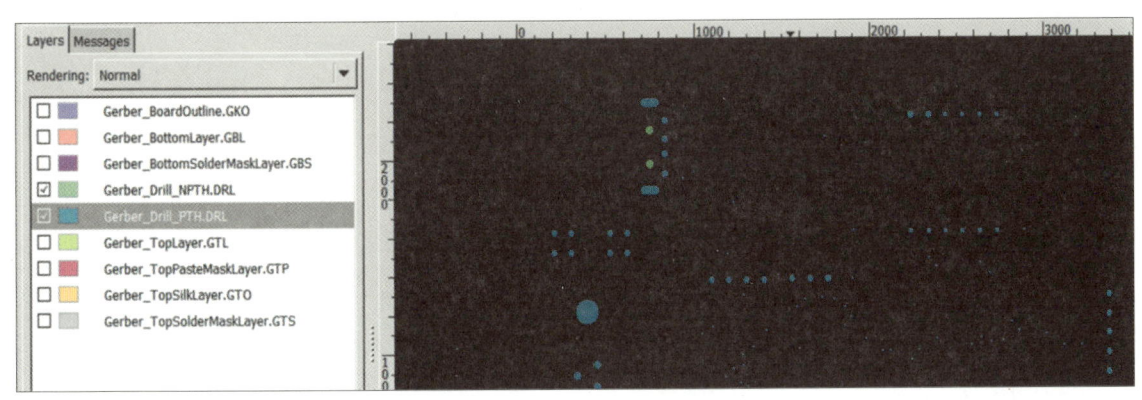

图 6.24　钻孔细节

（7）其余文件。

分别选择其他的文件，如阻焊文件和助焊文件查看相关细节。如果阻焊内容和助焊内容不正确，返回 PCB 图进行修改。

5．总结分析

本任务的总结分析主要包括：

（1）执行结果。

智能小风扇 BOM 清单和制板 Gerber 文件。

（2）总结与分享。

① 各小组之间相互检查 PCB 板的 Gerber 文件。

② 各小组分享在检查过程中其他小组出现的问题，并给出相应解决方案。

6.2 PCB 板打样

任务要求

联系 PCB 板生产厂家，完成 PCB 板的投板打样。某产业服务站群的投板方法如图 6.25 所示。

图 6.25　投板方法

各小组按照不同分工实施任务，通过小组团队合作完成本任务。在任务执行过程中，鼓励使用搜索工具和 AI 解决问题，鼓励各小组积极进行知识和经验的分享。

实施思路

本任务是将制板文件发送给 PCB 板生产厂家，与 PCB 板生产厂家沟通交流后由 PCB 板生产厂家制作 PCB 板。本任务实施思路如图 6.26 所示。

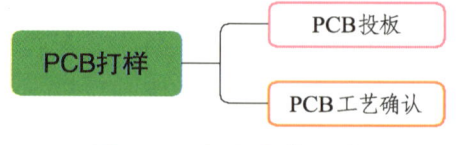

图 6.26　任务实施思路

实施过程

PCB 板投板过程就是与 PCB 板生产厂家进行工艺沟通的过程。首先需要将 Gerber 文件发送给 PCB 板生产厂家，再确定各类工艺指标，最后完成投板。

导出 Gerber 文件后可以选择不同的 PCB 板生产厂家生产 PCB 板。

1. PCB 板投板

（1）PCB 板下单。

嘉立创 EDA 会根据当前打开的 PCB 板生成 Gerber 文件并上传服务器，点击顶部菜单的"下单"→"PCB 下单"，如图 6.27 所示。

（2）检查飞线。

点击"PCB 下单"后"警告"对话框，发出"检测到 PCB 存在未连接的网络（飞线），是否检查飞线？"的警告，如图 6.28 所示。

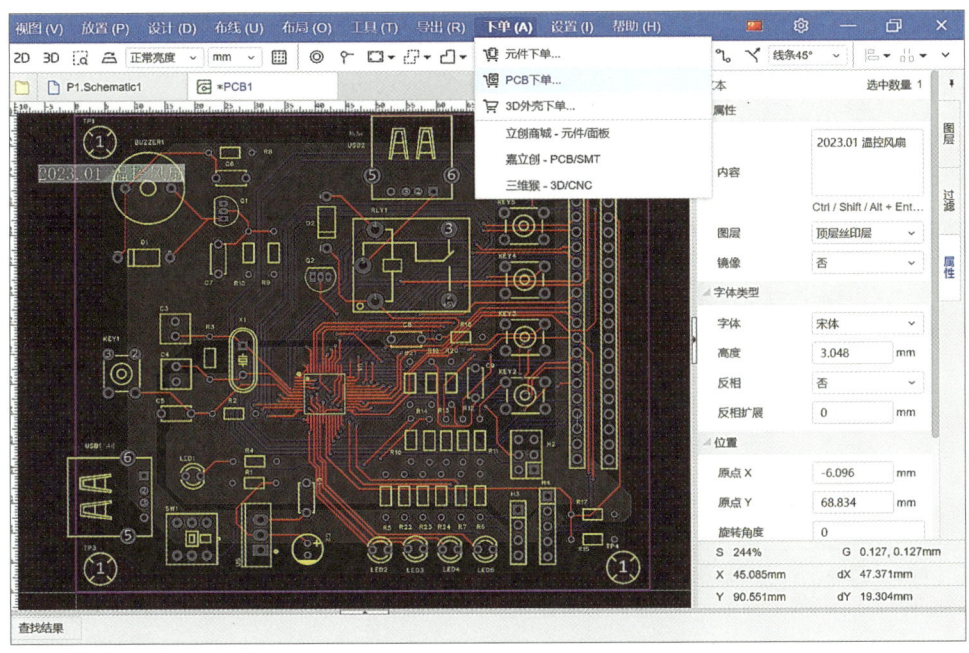

图 6.27 PCB 下单

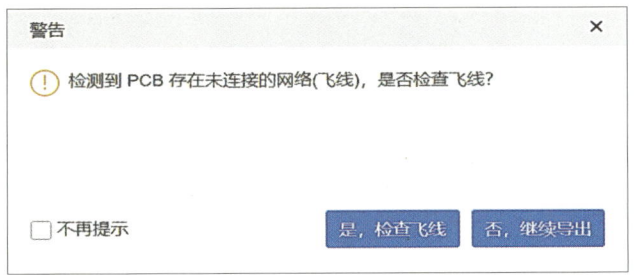

图 6.28 检查飞线

如果 PCB 板存在有未连接的网络，则选择"是，检查飞线"；否则选择"否，继续导出"。建议在下单前，先进行 DRC 检查。

（3）DRC 检查。

检查飞线后会弹出"警告"对话框，发出"是否先检查 DRC 再继续"的警告，如图

6.29 所示。

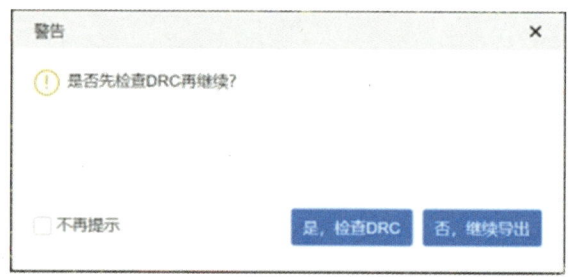

图 6.29　DRC 检查

如果需要进行 DRC 检查，选择"是，检查 DRC"；否则选择"否，继续导出"。检查完成后，弹出 PCB 下单对话框，如图 6.30 所示。

点击图 6.30 中的"确认"后，系统自动通过浏览器跳转到"PCB 在线下单"的设置界面，如图 6.31 所示。

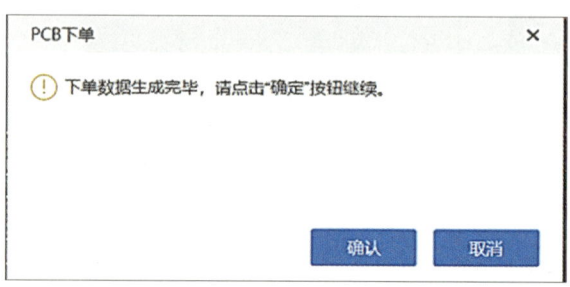

图 6.30　PCB 下单对话框

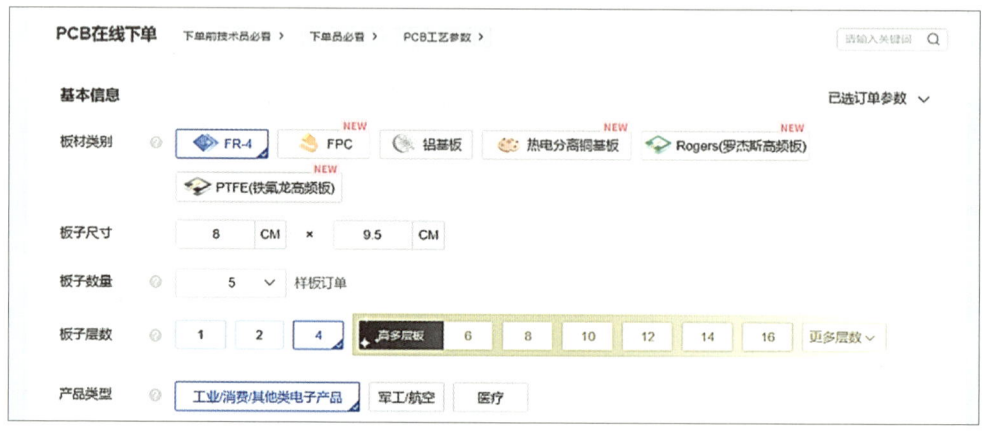

图 6.31　PCB 在线下单设置界面

2. PCB 工艺确认

（1）基本信息。

在图 6.31 所示的"基本信息"界面中，"板材类型"选择"FR-4"，"板子尺寸"选择"8 cm×9.5 cm"，"板子数量"选择"5"，"板子层数"选择"4"，"产品类型"选择"工业

/消费/其他类电子产品"。

> **思考问题**
> 1. PCB 板板材材类别包括哪些？
> 2. 不同 PCB 板板材的用途及性能指标分别包括哪些内容？

（2）PCB 工艺信息。

"PCB 工艺信息"界面如图 6.32 所示，包括"拼板款数""板子厚度""板材选项""外层铜厚""内层铜厚""层压顺序""需要阻抗""阻焊颜色""字符颜色""阻焊覆盖""焊盘喷镀""最小孔径/外径""金（锡）手指斜边""线路测试"等。

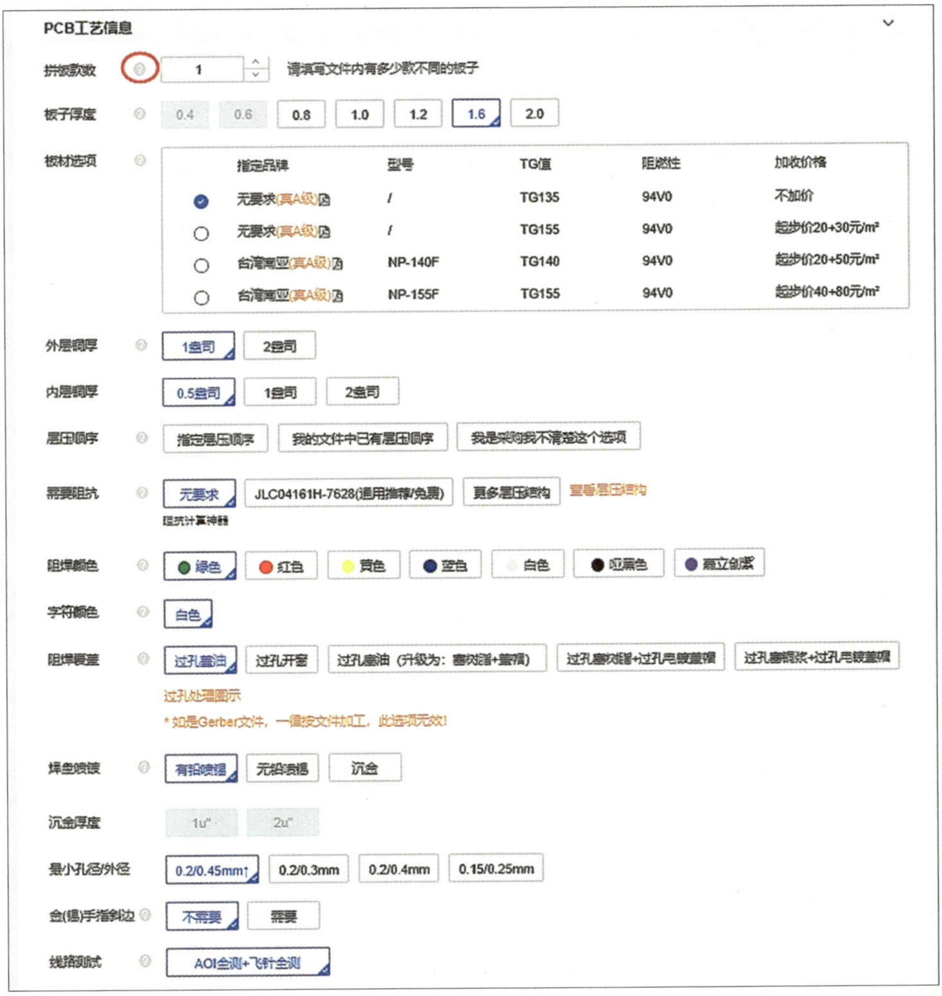

图 6.32　PCB 工艺信息

如在选择过程中遇到问题，请点击图 6.32 中的问号，根据提示进行选择，也可自行搜集相关工艺信息。

> **思考问题**
> 1. 盎司单位是什么？
> 2. 什么是阻抗？

（3）其他信息。

其他信息根据需求自行决定。

（4）查看订单信息。

下单完成后，可在左侧导航窗口"PCB 订单"→"PCB 订单"中查找，如图 6.33 所示。

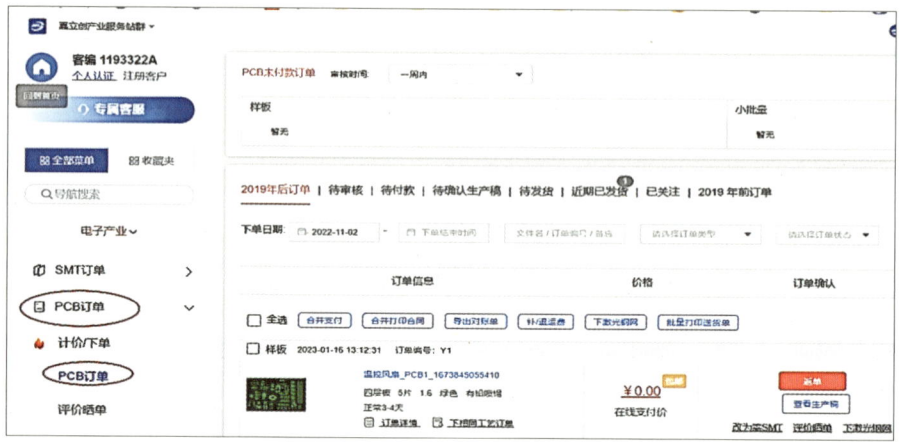

图 6.33　订单信息

可在"进度跟踪"内查看"订单进度""生产进度"等，如图 6.34 所示。

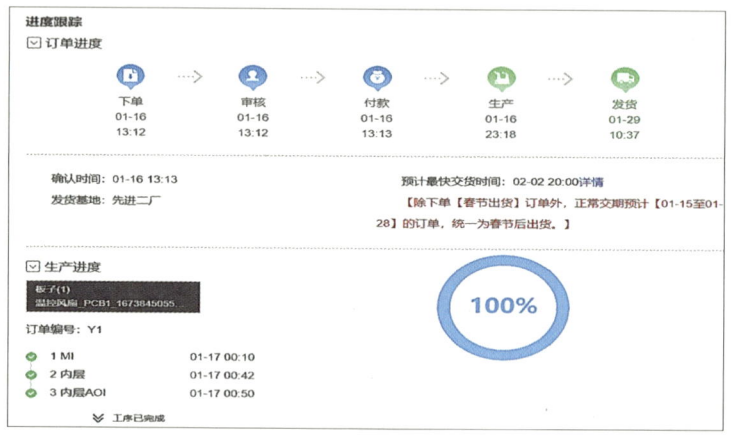

图 6.34　进度跟踪

3．执行结果

智能小风扇电路板下单信息。

项目模块 7　产品焊接与调试

在完成 PCB 板制作以及所需元器件的选择、购买后,接下来将进行产品的实际制作与调试工作。本项目模块主要介绍焊接和调试的基本原理以及实际操作方法,常用设备和仪器仪表的相关知识以及操作规范。

通过深入学习本项目模块的相关内容,张三及团队的焊接水平与产品调试能力得到极大提升,为产品的持续优化与提升奠定坚实而稳固的基础。

学习目标

能力目标

1. 能认识各种焊接工具和材料。
2. 能使用各种仪器仪表进行产品调试。
3. 能熟练使用电烙铁进行手工焊接。

知识目标

1. 了解焊接的定义、分类、工作原理、工具、材料。
2. 了解焊接技术的现状及发展方向。
3. 掌握电路板的焊接方法和技术。
4. 掌握各种直插元件手工焊接方法。
5. 掌握质量检查的方法。

实施思路

本项目模块介绍调试工具的使用、焊接方法与调试方法,实施思路如图 7.1 所示。

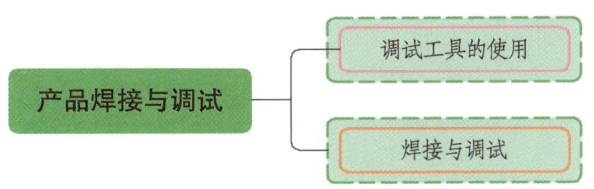

图 7.1　项目模块实施思路

7.1 调试工具

任务要求

掌握常用调试工具、仪器仪表的使用方法以及电路板的常用调试方法,为产品调试做好充分准备。

实施过程

1. 万用表

(1) 认识数字万用表。

数字万用表如图7.2所示,请根据图中标识了解万用表各部分的主要功能。

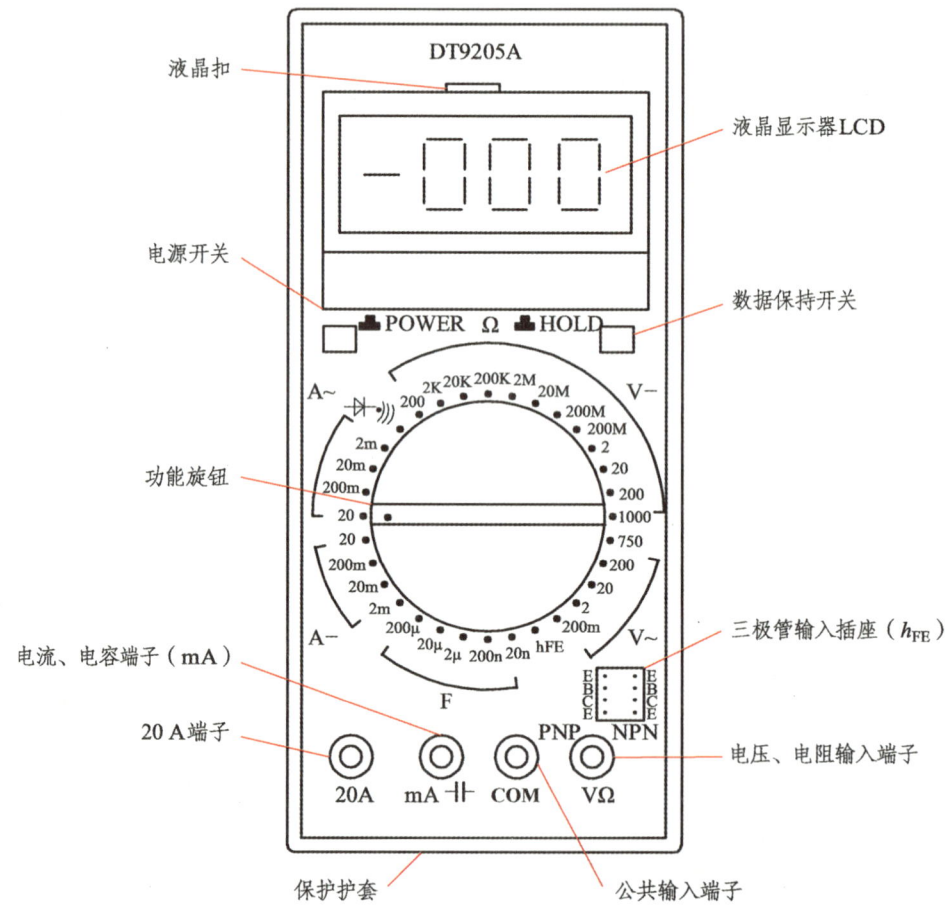

图 7.2　数字万用表功能分布

(2) 万用表测量电池电压。

将万用表的黑表笔插入 COM 端口,红表笔插入 VΩHz 端口,如图7.3所示。将功能旋转开关旋转到"V—"（直流）并选择合适的量程，如图 7.4 所示。

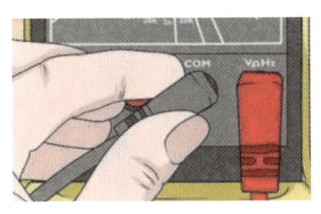 

图 7.3　插入表笔　　　　　　　　　图 7.4　选择挡位

万用表的红表笔表针接触被测电池的正极，黑表笔表针接触被测电池的负极，如图 7.5 所示，从万用表的 LCD（液晶显示屏）读取测量值。

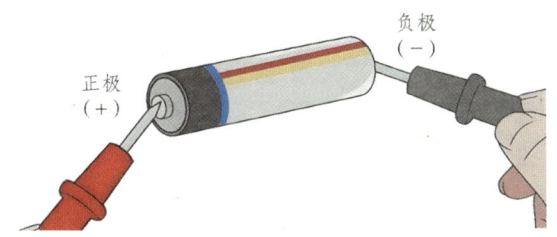

图 7.5　测量电池电压

 注意事项

使用万用表时需注意事项主要包括：

（1）如果无法预估被测电压或电流的大小，应将功能旋转开关旋转到最高量程挡测量一次，再视情况逐渐把量程减小到合适量程。测量完毕应将量程开关拨到最高电压挡并关闭电源。

（2）满量程时万用表仅在最高位显示数字"1"，其他位均消失，这时应选择更高的量程。

（3）测量电压时应将万用表与被测电路并联；测电流时应与被测电路串联。

（4）当误用交流电压挡去测量直流电压或误用直流电压挡去测量交流电时，万用表显示屏将显示"000"或低位上的数字出现跳动。

（5）禁止在测量高电压（220 V 以上）或大电流（0.5 A 以上）时切换挡位，以防止产生电弧烧毁万用表开关触点。

（3）万用表测量电阻器。

将万用表的功能旋转开关旋转到欧姆挡，注意选择合适的量程。如图 7.6 所示。

确定数字万用表表针与被测电阻器的 2 条引脚接触良好，如图 7.7 所示，通过 LCD 读取数值。

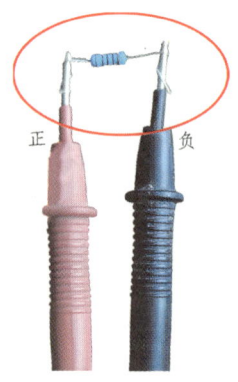

图 7.6　调整到欧姆挡　　　　图 7.7　表笔测电阻器

（4）万用表测量电容器。

万用表的功能旋转开关旋转到电容挡，注意选择合适的量程，如图 7.8 所示。

确定数字万用表表针与被测电容器的 2 条引脚接触良好，读取万用表 LCD 显示的数值，如图 7.9 所示。如果读取的电容值明显超过误差范围，则该电容器不能使用。

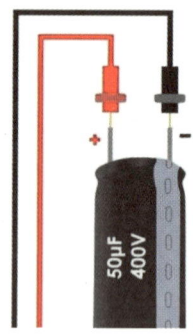

图 7.8　调整到电容挡　　　　图 7.9　万用表检测电容器

 注意事项

如果万用表无电容挡，可用电阻挡判断电容的好坏，判断过程主要包括：

（1）确保电容器完全放电。

（2）将万用表转换到欧姆挡，量程选择 1 kΩ。

（3）将万用表探头连接到电容器的 2 个引脚。

（4）数字万用表将显示数值，然后会立即返回到 0 或无穷大。

（5）数字万用表测量二极管。

① 检测发光二极管。

利用数字万用表检测二极管时，将数字万用表的功能旋转开关旋转到二极管挡，如图 7.10 所示。确定数字万用表表针与被测发光二极管的 2 条引脚接触良好，读取数字万用表

LCD 显示的数值,如图 7.11 所示。如果数字万用表显示屏有示数,表明红表笔表针所接触的发光二极管引脚为正极,黑表笔表针所接触的发光二极管引脚为负极,同时发光二极管会发光。

图 7.10　万用表二极管挡

图 7.11　检测发光二极管

如果数字万用表的显示屏上没有示数,可以调换表笔的表针重新测量;如果两次测量都没有示数,表示此发光二极管已经损坏。

② 检测普通二极管。

利用数字万用表检测普通二极管时,可以根据二极管正向导通、反向不导通的特性,利用数字万用表来判别二极管的极性。首先把万用表的挡位拨到二极管挡位;其次把数字万用表的红表笔表针和黑表笔表针分别与二极管的 2 条引脚接触。如果数字万用表的显示屏有示数,如图 7.12 所示,那么将数字万用表的红表笔表针和黑表笔表针对调重新测量二极管。如果数字万用表显示屏没有示数,如图 7.13 所示,则表明二极管正常;反之,则表明二极管损坏。

图 7.12　第一次检测普通二极管

图 7.13　第二次检测普通二极管

(6)万用表测量三极管放大倍数。

① 万用表的功能旋转开关旋转到"hFE"挡位,如图 7.14 所示。

② 测三极管放大倍数可以不用表笔。找到表盘上的三极管插孔,如图 7.15 所示。

③ 将三极管按照对应的类型插入三极管插孔,引脚也要一一对应,如图 7.16 所示。

④ 读出三极管放大倍数。

图 7.14　选择 hFE 挡位

图 7.15　三极管插孔

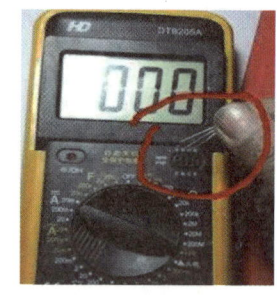
图 7.16　插入三极管

2. 示波器

Owon EDS102 示波器参数主要包括：模拟带宽 60～300 MHz；实时采样率 500 MS/s～3.2 GS/s；双通道示波器的存储深度高达 10 Mpts。

（1）示波器面板。

示波器向用户提供简单而功能明晰的前面板，以进行基本的操作，如图 7.17 所示。面板上包括旋钮和功能按键，旋钮的功能与其他示波器类似。显示屏下侧及右侧均有 5 个按键，下侧自左向右依次定义为 H1～H5，右侧自上而下定义为 F1～F5，均为菜单选择按键。通过这些按键，可以设置当前菜单的不同选项。其他按键为功能按键，通过功能按键可以进入不同的功能菜单或直接获得特定的应用功能。当示波器接入市电且电池无电或电池满电量，则电源指示灯 3 为绿灯；当示波器接入市电且电池处于充电状态，电源指示灯 3 为黄灯；当示波器未接入市电，电源指示灯 3 不亮。探头补偿 5 输出信号为 5 V/1 kHz 的信号。

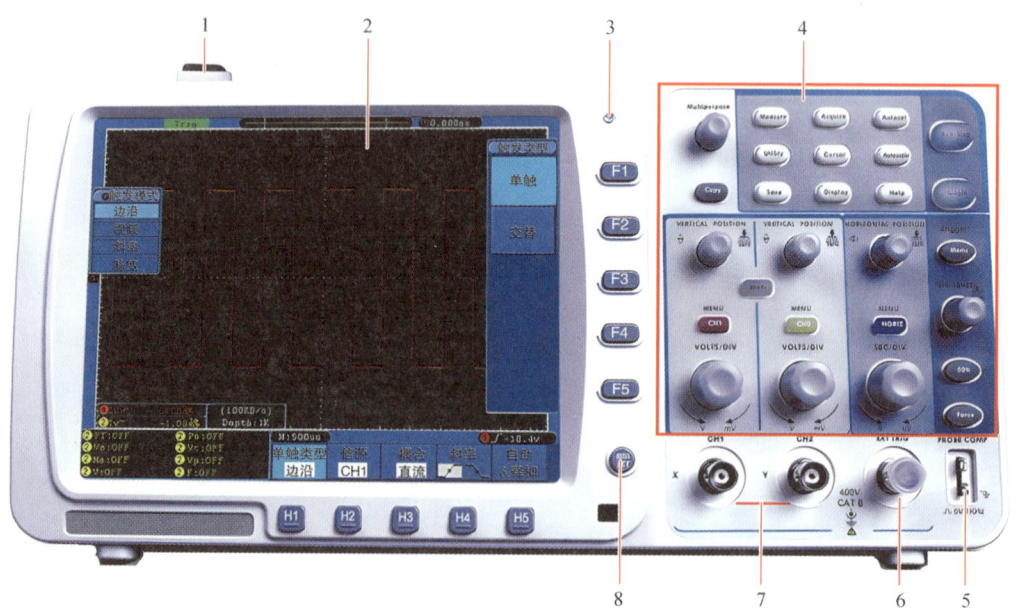

1—示波器开关；2—显示区域；3—电源指示灯；4—按键和旋钮控制区；5—探头补偿；
6—外触发输入；7—信号输入口；8—菜单关闭键。

图 7.17　示波器前面板

（2）按键控制区。

按键控制区如图 7.18 所示，按键控制区的内容主要包括：

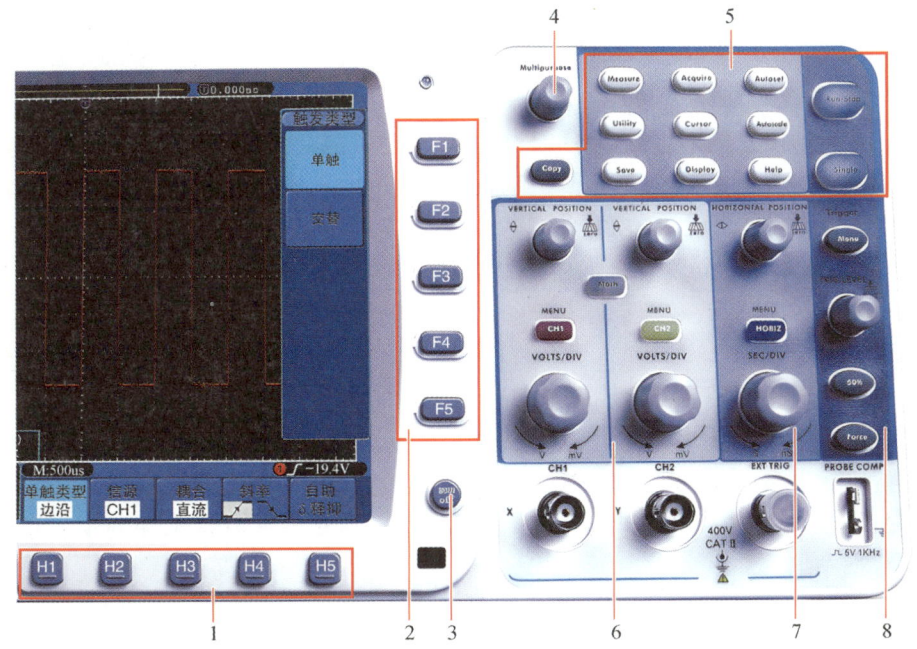

1—横排菜单选项设置区；2—竖排菜单选项设置区；3—菜单关闭键；4—通用旋钮；
5—功能按键区；6—垂直控制区；7—水平控制区；8—触发控制区。

图 7.18　示波器的按键控制区

① 横排菜单选项设置区：包括 H1～H5 共 5 个按键。

② 竖排菜单选项设置区：包括 F1～F5 共 5 个按键。

③ 菜单关闭键：关闭当前屏幕上显示的菜单。

④ 通用旋钮：当屏幕菜单中出现 M 标志时，表示可转动通用旋钮来选择当前菜单或设置数值；按下通用旋钮可关闭屏幕左侧菜单。

⑤ 功能按键区：共 12 个按键。

⑥ 垂直控制区：包括 3 个按键和 4 个旋钮。

在示波器显示状态，示波器"MENU"下面的"CH1"按钮和"MENU"下面的"CH2"按键分别对应 CH1（通道 1）和 CH2（通道 2）的设置菜单。"波形计算"按键对应波形计算菜单，运算菜单中包括加、减、乘、除以及 FFT 等运算。2 个"VERTICAL POSITION"（垂直位置）旋钮分别控制 CH1 和 CH2 的垂直位移。2 个"VOLTS/DIV"（伏/格）旋钮分别控制 CH1 和 CH2 的电压挡位。

⑦ 水平控制区：包括 1 个按键和 2 个旋钮。

在示波器显示状态，"水平菜单"按键对应水平系统设置菜单，"水平位置"旋钮控制触发的水平位置，"SEC/DIV"（水平秒/格）旋钮控制时基挡位。

⑧ 触发控制区：包括 3 个按键和 1 个旋钮。

"TRIG LEVEL"（触发电平）旋钮调整触发电平，其他 3 个按键对应触发系统的设置。

（3）水平调节系统。

在如图 7.19 所示的水平调节系统中，在水平控制区有 1 个按键、2 个旋钮。按照下面的操作步骤熟悉水平时基的设置：

① 使用"SEC/DIV"旋钮改变水平时基设置，观察改变水平时基设置导致的状态信息变化情况。"SEC/DIV"旋钮改变水平时基,可以发现状态栏对应的水平时基显示发生了相应的变化。

② 使用"HORIZONTAL POSITION"（水平位置）旋钮调整信号在波形窗口的水平位置。"HORIZONTAL POSITION"旋钮控制信号的触发水平位移,转动该旋钮时可以观察到波形随旋钮而水平移动。

触发点位移恢复到水平零点快捷键：转动"HORIZONTAL POSITION"旋钮不但可以调整信号在波形窗口的水平位置，更可以通过按下该按键使触发位移恢复到水平零点处。

图 7.19　水平控制区

③ 按下"HORIZ MENU"（水平菜单）按键，可以进行视窗设定和视窗扩展。

（4）垂直调节系统。

图 7.20 所示的垂直控制区包括一系列的按键、旋钮，按照下面的操作步骤熟悉垂直调节系统的设置：

① 使用"VERTICAL POSITION"（垂直位置）旋钮使波形窗口在居中位置显示信号波形，这个旋钮控制信号的垂直显示位置。当转动"VERTICAL POSITION"旋钮时，指示通道接地基准点的指针跟随波形上下移动。

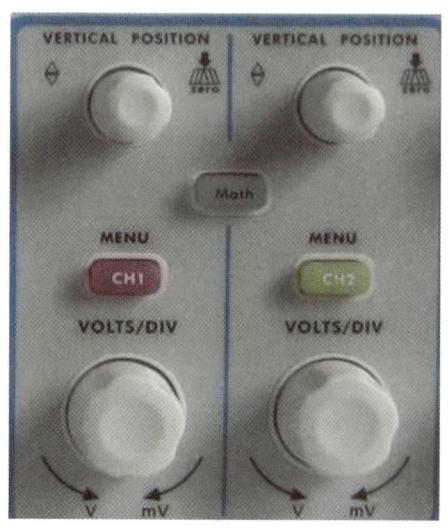

图 7.20　垂直控制区

测量技巧：如果通道耦合方式为 DC（直流）耦合，可以通过观察波形与信号地之间的差距来快速测量信号的直流分量；如果耦合方式为 AC（交流）耦合，信号的直流分量被滤除，这种方式便于用更高的灵敏度显示信号的交流分量。

双模拟通道垂直位置恢复到零点快捷键：旋动"VERTICAL POSITION"不但可以改变通道的垂直显示位置，还可以通过按下该旋钮作为设置通道垂直显示位置恢复到零点的快捷键。

② 改变垂直设置方式并观察状态信息的变化情况。

通过波形窗口下方的状态栏显示的信息，确定所有通道垂直标尺因数的变化情况。

转动"VOLTS/DIV"（垂直伏/格）旋钮改变垂直标尺因数（如电压挡位），可以发现状态栏对应通道的标尺因数显示发生了相应的变化。

按"CH1 MENU"（CH1 菜单）、"CH2 MENU"（CH2 菜单）和"Math"（波形计算）按键，屏幕显示对应通道的操作菜单、标志、波形和标尺因数等状态信息。

3. 可调稳压电源

打开电源后可调稳压电源如图 7.21 所示。

可调稳压电源的输出最大电压为 30 V、输出最大电流为 5 A。可调稳压电源通过调整 ◀（左键）、▶（右键）、▲（上键）、▼（下键）以及旋钮键或数字键可调整本稳压电源的输出最大电压值和最大电流值。

将可调稳压电源的输出电压设置为 3 V，输出电流设置为 1 A，可调稳压电源显示屏显示的内容如图 7.22 所示。

图 7.21　可调稳压电源

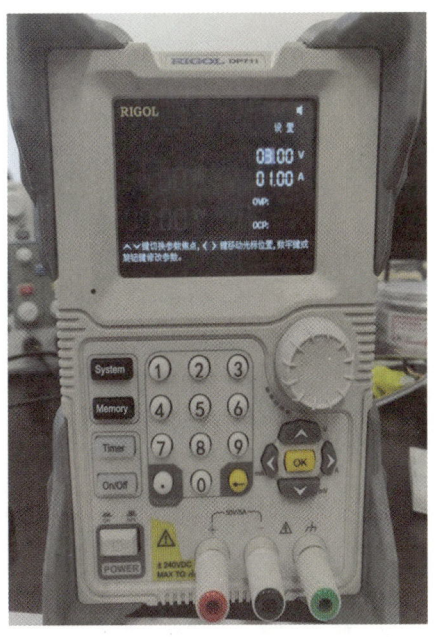

图 7.22　设置输出电压和输出电流

调整完成后，按下面板中的"On/Off"键，则可调稳压电源的实际输出电压为 3 V，实际输出电流为 1 A，如图 7.23 所示。由于未接入功率器件，因此稳压电源的显示屏中显示的实际输出电流为"00.00 A"。

利用万用表测试稳压电源的实际输出电压值，接入香蕉头转鳄鱼头的线缆，将鳄鱼头夹至万用表正极和负极，如图 7.24 所示。

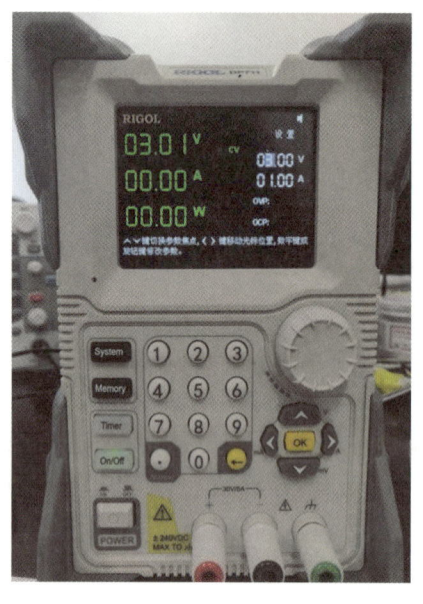

图 7.23　可调稳压电源实际输出电压 3 V 电压、实际输出 1 A 电流

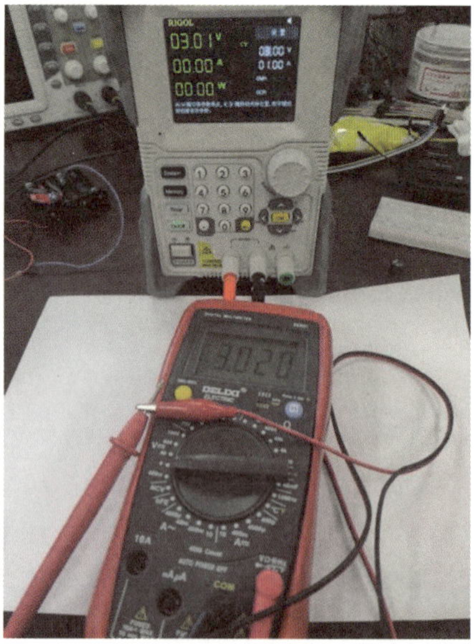

图 7.24　万用表测试稳压电源输出电压

由图 7.24 可知，可调稳压电源的输出电压为 3.01 V，万用表测量的可调稳压电源的输出电压为 3.02 V。

7.2　焊接与调试

任务要求

通过本任务，让学生掌握焊接的基本方法以及智能小风扇的测试方法，同时锻炼团队合作、焊接和测试工具的使用等基本职业素质。

各小组按照不同分工实施任务，通过小组团队合作完成本任务。在任务执行过程中，鼓励使用搜索工具和 AI 解决问题，鼓励各小组积极进行知识和经验的分享。

实施思路

本任务实施思路如图 7.25 所示。

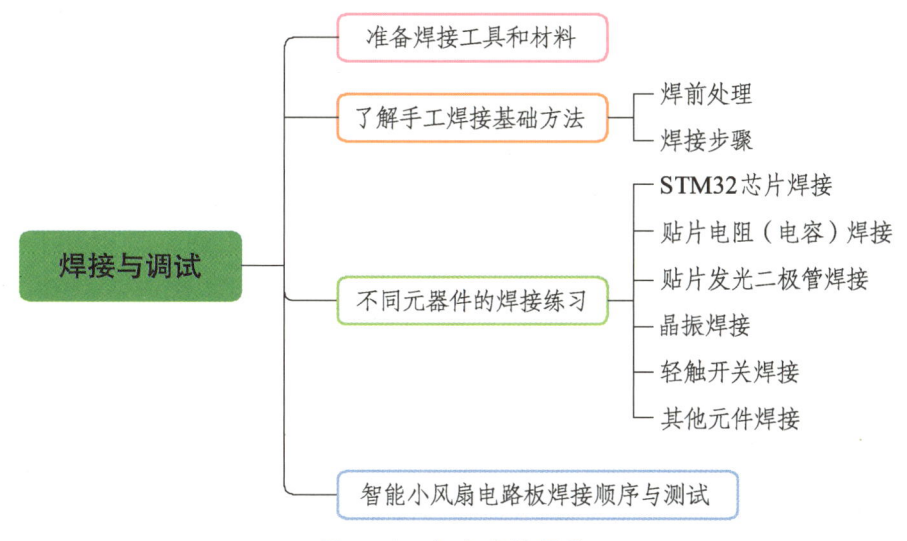

图 7.25　任务实施思路

实施过程

1. 焊接工具和材料

（1）电烙铁。

电烙铁是用来加热焊锡、焊接元器件的一种工具。焊接时，一般根据元件的耐热性和焊锡丝的熔点来调节焊接的温度和时间。普通电烙铁及烙铁架如图 7.26 所示，恒温电烙铁如图 7.27 所示。

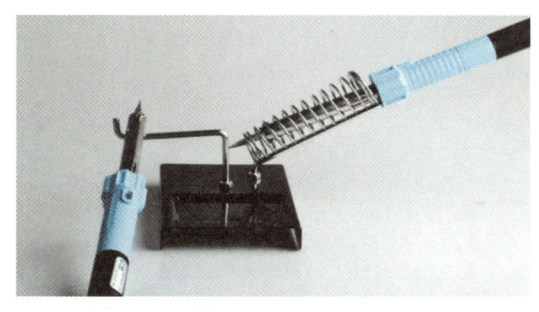

图 7.26　普通电烙铁及烙铁架

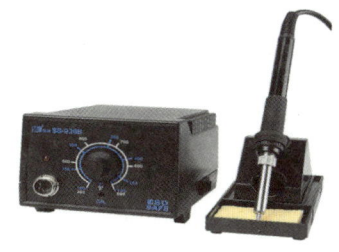

图 7.27　恒温电烙铁

图 7.27　恒温电烙铁

 知识拓展：电烙铁

电烙铁是最常用的手工焊接工具之一，被广泛应用于各种电子产品的生产与维修。电烙铁主要包括内热式、外热式、恒温式、吸焊式、感应式等多种类型，最常用的是内热式和外热式两种电烙铁。

常用电烙铁的功率包括 20 W、25 W、30 W、200 W、300 W 等，一般元器件和集成电路的焊接采用 20～50 W 的内热式电烙铁；焊接大元件时可用 100～300 W 的大功率外热式电烙铁。

229

电烙铁的使用方法主要包括：

① 接上电源，数分钟后当烙铁头的温度升至焊锡熔点时，蘸上助焊剂（松香），然后用烙铁头刃面接触焊锡丝，使烙铁头上均匀地镀上一层锡（亮亮的、薄薄的就可以），便于焊接并防止烙铁头表面氧化。没有蘸锡的烙铁头，焊接时不容易上锡。

② 进行普通焊接时，一手拿电烙铁，一手拿焊锡丝，靠近元器件与焊盘接触的根部，两头轻轻一碰就形成焊点。

③ 焊接时间不宜过长，否则容易烫坏元件，必要时可用镊子夹住元器件的引脚，有助于散热。

④ 焊接完成后，一定要断开电烙铁的电源，电烙铁冷却后再收起来。

> **知识拓展：电烙铁的烙铁头选择**
>
> 电烙铁的烙铁头形状多样，可应用于不同要求的焊接，烙铁头的形状如图 7.28 所示。初学者在焊接直插式元器件时一般使用尖头电烙铁，在焊接贴片元器件时一般使用刀头。刀头适用于焊接多引脚器件以及需要拖焊的情况，如焊接 STM32 芯片及排针时采用刀头，刀头在焊接贴片电阻器、贴片电容器、贴片电感器时也非常方便。
>
>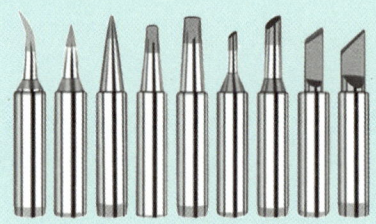
>
> 图 7.28　烙铁头形状
>
> 常见烙铁头的应用范围主要包括：
>
> （1）尖头适合于点焊。
>
> （2）扁头适合于拉焊。
>
> （3）斜头、马蹄形适合于拉焊。
>
> （4）刀头适合于刮焊。
>
> （5）弯头、J 嘴适合于需要在被焊接对象内部进行焊接的特殊焊接。

（2）热风枪。

① 热风枪面板功能。

热风枪面板功能如图 7.29 所示。

热风枪面板左下侧有一个"风量调节"旋钮，顺时针旋转可以增加风枪口输出的风量；逆时针旋转时则减少风枪口输出的风量。风量的调节范围共有 1~8 个挡位，在同一温度（指显示温度）时风枪口的风量越小，风枪口送出风量的温度就越高；反之则风枪口的温度越低。

风枪口面板右侧下方是"温度调节"旋钮，可调范围在 100~480 ℃，顺时针旋转"温度调节"旋钮，可以提高热风枪口输出的温度。左侧上方有一个显示屏，显示的是当前风枪口送出的实际温度。按下显示屏右侧的"设定温度显示"按钮，显示屏显示设定的温度。

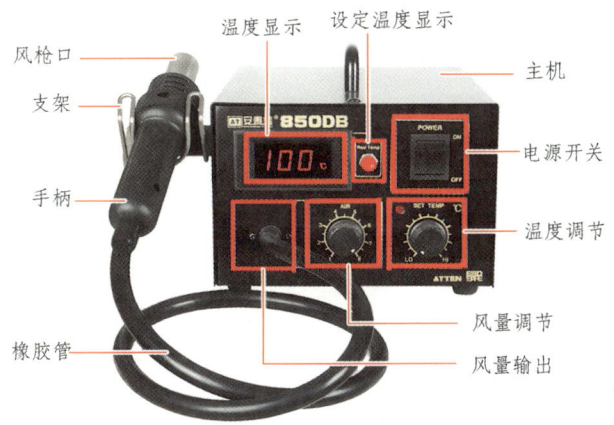

图 7.29 热风枪

> **知识拓展：热风枪的工作原理**
>
> 　　热风枪的内部就像一个电热炉，用一把小风扇将电热丝产生的热量以风的形式送出。在风枪口有一个传感器，对吹出热风的温度进行取样，再将热能转换成电信号来实现热风的恒温控制和温度显示。
>
> 　　根据热风枪的工作原理，热风枪控制电路的主体部分应包括温度传感器、温度信号放大电路、比较电路、可控硅控制电路、风控电路。另外，为了提高电路的整体性能，还应设置一些辅助电路，如温度显示电路、关机延时电路和过零检测电路。

　　② 热风枪基本操作方法。

　　a. 将热风枪电源插头插入电源插座，打开热风枪电源开关。

　　b. 在热风枪的风枪口前 10 cm 处放置一纸条，调节热风枪"风量调节"旋钮，当热风枪的风速在 1~8 挡变化时观察热风枪的风力情况。

　　c. 在热风枪的风枪口前 10 cm 处放置一纸条，调节热风枪"温度调节"旋钮，当热风枪的温度在 1~8 挡变化时观察热风枪的温度情况。

　　d. 操作完毕后，关闭热风枪电源，此时热风枪将向外继续喷气，当喷气结束后再将热风枪的电源插头拔下。

　　熟悉热风枪的基本操作后可以用热风枪拆装元器件。

（3）吸锡器。

吸锡器如图 7.30 所示，熟悉吸锡器的操作后可以用吸锡器来进行元器件的拆锡。

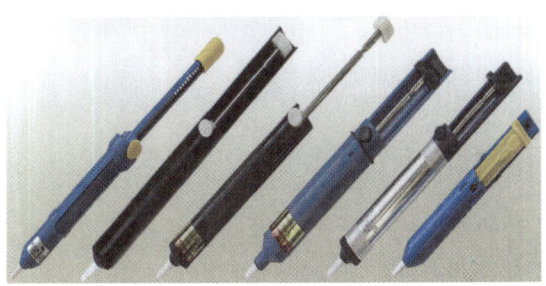

图 7.30 吸锡器

(4)焊料及助焊剂。

① 焊料。

焊料是易熔金属,其熔点低于被焊金属,在熔化时能在被焊金属表面形成合金而将被焊金属连接到一起。焊料按成分可分为锡铅焊料、银焊料、钢焊料等。在一般电子产品装配中主要使用锡铅焊料,也称焊锡。

焊锡丝如图7.31(a)所示。焊锡丝有不同的粗细和不同的熔点,一般根据不同的元器件来选择焊锡丝。针筒焊锡膏如图7.31(b)所示。

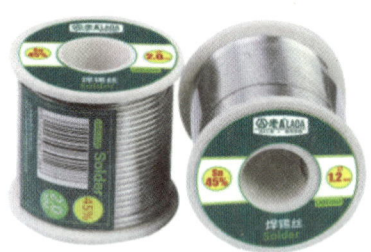

(a)焊锡丝

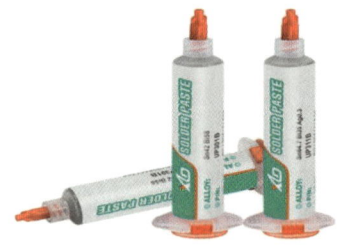

(b)针筒焊锡膏

图7.31 焊锡丝和针筒焊锡膏

 知识拓展:焊锡丝线径的选择

根据不同的焊接对象,需要选择不同线径的焊锡丝,焊锡丝线径的选择如表7.1所示。

表7.1 焊锡丝线径

序号	被焊对象	焊锡丝线径/mm
1	贴片元件焊接点	0.5
2	印制板焊接点	0.8~1.2
3	小型端子与导线焊接	1.0~1.2
4	大型端子与导线焊接	1.2~2.0

 注意事项

铅是对人体有害的重金属,焊锡丝中铅占一定比例,因此在焊接过程中需要戴口罩套,避免食入重金属铅。

② 认识助焊剂。

助焊剂通常是以松香为主要成分的混合物,是保证焊接顺利进行的辅助材料。焊接是电子装配中的主要工艺过程,助焊剂是焊接时使用的辅料,助焊剂性能的优劣直接影响到电子产品的质量。松香是一种常用的助焊剂,如图7.32所示。

图7.32 松香

> **知识拓展：助焊剂的种类**
>
> 助焊剂的种类有很多，一般可分为有机、无机和树脂三大系列。
> 树脂助焊剂通常是从树木的分泌物中提取，属于天然产物，一般没有腐蚀性。松香是树脂助焊剂的典型代表，所以也称为松香类助焊剂。
> 电子产品装配与维修过程中常用的助焊剂包括松香和松香酒精溶液（也称为松香水），助焊剂的作用主要包括：
> （1）除氧化膜。
> 助焊剂除氧化膜就是清除焊料和被焊母材表面的氧化物，使金属表面达到必要的清洁度。
> （2）防止氧化。
> 液态的焊料及加热的焊件金属都容易与空气中的氧接触而氧化。助焊剂在熔化后漂浮在焊料表面形成隔离层，可以防止焊接面的氧化。
> （3）减小表面张力。
> 助焊剂有助于增加焊锡的流动性，有助于焊锡润湿焊件。

（5）吸锡带。

在焊接引脚密集的贴片元件时，很容易因焊锡过多导致贴片元件引脚间短路，出现这种情况可以使用吸锡带"吸走"多余的焊锡。吸锡带的使用方法主要包括：

① 用剪刀剪下一小段吸锡带。
② 用电烙铁加热吸锡带使其表面蘸上一些松香。
③ 用镊子夹住吸锡带放在焊盘上。
④ 电烙铁压在吸锡带上。
⑤ 吸锡带变为银白色表明焊锡被"吸走"了。

注意，在吸锡时不可用手碰吸锡带，以免被烫伤。

吸锡带如图 7.33 所示。

图 7.33　吸锡带

（6）其他焊接工具。

① 斜口钳。

斜口钳如图 7.34 所示，主要用于剪切导线，尤其适用于剪除元器件多余的引线。斜口钳剪除元器件引线时，要使钳头朝下，在不变动方向时可用另一只手遮挡，以防止剪下的引线飞出伤眼。

② 镊子。

焊接电路板时常用的镊子包括直尖头镊子和弯尖头镊子,一般使用直尖头镊子。镊子如图 7.35 所示。

图 7.34　斜口钳

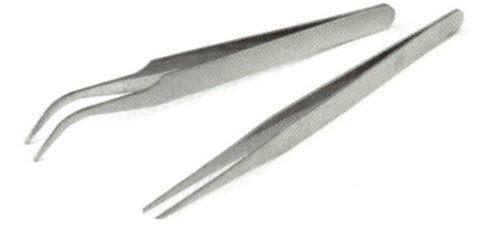
图 7.35　镊子

2. 手工焊接基础方法

（1）五步法训练。

手工焊接一般包括准备施焊、加热焊件、熔化焊料、移开焊锡、移开电烙铁五个步骤,如图 7.36 所示。

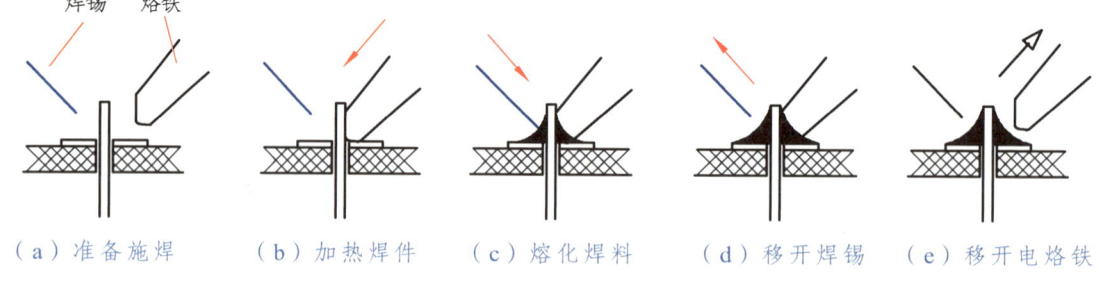
图 7.36　手工焊接步骤

提示：手工焊接的各步骤之间停留时间对保证焊接质量至关重要,只有通过实践才能逐步掌握。

 注意事项

元器件装焊顺序依次为电阻器、电容器、二极管、三极管、集成电路、大功率管,其他元器件的装焊顺序为先小后大。

（2）导线焊接。

① 采用剥线钳把导线处理成合适的长度。

② 对导线进行预焊处理。

a. 预焊在导线的焊接中是关键的步骤,尤其是多股导线。如果没有预焊的处理,焊接质量很难保证。

b. 导线的预焊又称为挂锡，方法与元器件引线预焊方法一样。需要注意的是，导线挂锡时要一边镀锡一边旋转。

c. 多股导线的挂锡要防止"烛芯效应"，即焊锡浸入绝缘层内造成软线变硬，容易导致接头故障，如图 7.37 所示。

（a）良好的镀层　　　　　　　　（b）烛芯效应导致软线变硬

图 7.37　导线处理

（3）焊点检查。

理想焊点的外观如图 7.38 所示。理想焊点的特点主要包括：

① 形状为近似圆锥而表面稍微凹陷，呈漫坡状，以焊接导线为中心对称成裙形展开。虚焊点的表面往往向外凸出，容易鉴别。

② 焊点上焊料的连接面呈凹形自然过渡，焊锡和焊件的交界处平滑，接触角尽可能小。

③ 表面平滑，有金属光泽。

④ 无裂纹、针孔、夹渣。

不合格焊点如图 7.39 所示，主要包括因操作不当导致的虚焊。

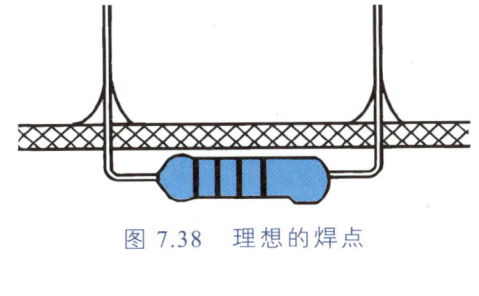

图 7.38　理想的焊点

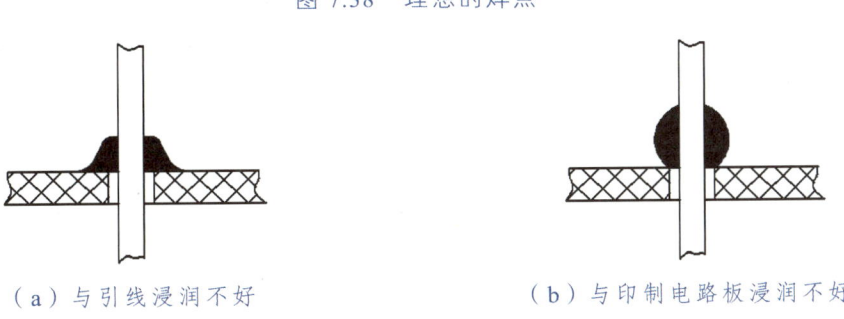

（a）与引线浸润不好　　　　　　（b）与印制电路板浸润不好

图 7.39　不合格焊点的主要原因

3. 不同元器件的焊接

（1）STM32F103C8T6 芯片的焊接方法。

电路板上最难焊接的当属 LQFP 封装的 STM32F103C8T6 芯片，因为这种芯片的相邻引脚间距一般只有 0.5 mm 或 0.8 mm。如果掌握了焊接技巧，这种芯片相对于以往的直插元件（如 DIP40）焊接起来会更加简单、容易。

对于焊接贴片元件而言，元件的固定非常重要。元件固定方法包括单脚固定法和多脚固定法，如电阻器、电容器、二极管和轻触开关等引脚数为 2~5 个的元件常采用单脚固定法，多引脚且引脚密集的元件如各种芯片则采用多脚固定法。此外，焊接时要注意控制时间，焊接时间不能太长也不能太短，一般在 1~4 s 内完成焊接。焊接时间过长容易损坏元件，焊接时间太短则焊锡不能充分熔化，造成焊点不光滑、有毛刺、不牢固，也可能出现虚焊现象。

焊接 STM32F103C8T6 芯片采用多脚固定法，焊接步骤主要包括：

① 将 PCB 上 STM32F103C8T6 芯片的所有焊盘涂一层薄薄的锡。

② 将 STM32F103C8T6 芯片放置在 PCB 板的对应位置，在放置时务必确保芯片上的圆点与 PCB 板上丝印的圆点同向，放置时芯片的引脚要与 PCB 板上的焊盘一一对齐。芯片放置好后用镊子或手指轻轻压住以防止芯片移动。

③ 用电烙铁的斜刀口轻压一边的引脚，把锡熔掉，从而将引脚和焊盘焊在一起，如图 7.40 所示。在焊接第一个边时，务必将芯片紧紧压住以防止芯片移动。再以同样的方法焊接其余三边的引脚。

图 7.40　焊接 STM32 的引脚

④ STM32F103C8T6 芯片焊完后，还需要利用万用表检测引脚之间是否存在短路，每条引脚是否与对应的焊盘产生虚焊。短路主要是相邻引脚之间的锡渣把引脚连在一起所导致的，检测短路前先将万用表旋到短路检测挡，然后将红表笔表针和黑表笔表针分别放在 STM32F103C8T6 芯片 2 个相邻引脚上，如果万用表发出蜂鸣声则表明 2 条引脚短路；虚焊是引脚和焊盘没有焊在一起所导致的，将红表笔表针和黑表笔表针分别放在引脚和对应的焊盘上，如果蜂鸣器不响则说明该引脚和焊盘没有焊在一起，即虚焊，需要补锡。

⑤ 清除多余的焊锡。

清除多余焊锡的方法主要包括：

a. 吸锡带吸锡法。

在吸锡带上添加适量的助焊剂（松香），然后用镊子夹住吸锡带紧贴焊盘，把干净的电烙铁头放在吸锡带上，待焊锡被吸入吸锡带中时再将电烙铁头和吸锡带同时撤离焊盘。如果吸锡带粘在了焊盘上，千万不要用力拉扯吸锡带，因为强行拉扯会导致焊盘脱落或将引脚扯歪。正确的处理方法是重新用电烙铁头加热后，再轻拉吸锡带使其顺利脱离焊盘。

b. 电烙铁吸锡法。

在需要清除焊锡的焊盘上添加适量的松香，然后用干净的电烙铁将锡渣熔化后一点点地吸附到电烙铁上，再用湿润的海绵把电烙铁上的锡渣擦拭干净，重复上述操作直到把多余的焊锡清除干净为止。

（2）贴片电阻器（电容器）的焊接方法。

利用电烙铁来焊接贴片电阻器（电容器）一般采用单脚固定法。焊接的具体步骤主要包括：

① 先往贴片电阻器（电容器）的一个焊盘上加适量的焊锡。

② 使用电烙铁头把步骤①中的焊锡熔掉，用镊子夹住电阻器（电容器），轻轻将电阻器（电容器）的1条引脚推入熔化的焊锡中，时间约为3~5 s。然后移开电烙铁，此时电阻器（电容器）的这条引脚已经固定好，如果电阻器（电容器）的位置偏了，则把焊锡熔掉，重新调整位置。

③ 用同样的方法焊接电阻器（电容器）的另一条引脚。

贴片电阻器（电容器）的焊接如图7.41所示。

注意，在焊接过程中加焊锡要快，焊点要饱满、光滑、无毛刺。焊接完成后，测试电阻器（电容器）2条引脚之间是否短路，再测试电阻器（电容器）引脚与焊盘之间是否虚焊。

利用热风枪来焊接贴片电阻器（电容器）的焊接步骤主要包括：

① 先给焊盘上焊锡。

② 放置元器件，用镊子把元器件扶正。

③ 用热风枪加热。注意风量别太大。焊接过程中如果元器件跑偏可以用镊子扶正。

（a）单脚固定　　　　　　　　　　　　（b）焊接

图7.41　贴片电阻器焊接

（3）发光二极管的焊接方法。

利用电烙铁来焊接贴片发光二极管的焊接方法与焊接贴片电阻器（电容器）的焊接方法类似，也采用单脚固定法。焊接发光二极管的具体步骤主要包括：

① 发光二极管与电阻器不同，电阻器没有极性，而发光二极管有极性。首先往发光二极管的正极所在的焊盘上加适量的焊锡。

② 使用电烙铁头把步骤①的焊锡熔化，用镊子夹住发光二极管轻轻将其正极（绿色的一端为负极，非绿色一端为正极）推入熔化的焊锡中，时间约为3~5 s，然后移开电烙铁，此时发光二极管的正极引脚已经固定好。需要注意的是，电烙铁头不可碰及贴片发光二极管灯珠胶体，以免高温损坏发光二极管灯珠。

③ 用同样的方法焊接发光二极管的负极。

④ 焊接完后检查发光二极管的方向是否正确，测试是否存在短路和虚焊现象。

利用热风枪焊接发光二极管的方法与利用热风枪焊接电阻器（电容器）的焊接方法类

似,焊接时注意发光二极管的正极和负极即可。

(4)晶振的焊接方法。

由于贴片晶振没有正极和负极之分,利用电烙铁来焊接晶振的焊接方法与焊接贴片电阻器(电容器)的焊接方法一样。

焊接完贴片晶振后需要检查晶振是否存在短路和虚焊现象。

(5)贴片轻触开关的焊接方法。

利用电烙铁来焊接贴片轻触开关的焊接方法一般采用单脚固定法,具体步骤主要包括:

① 先往其中一个焊盘上加适量的焊锡。

② 使用电烙铁头把步骤①中的焊锡熔化,用镊子夹住轻触开关,轻轻将轻触开关的 1 条引脚推入熔化的焊锡中,时间约为 3~5 s,然后移开电烙铁,此时轻触开关的 1 条引脚已经固定好。

③ 继续焊接其余 3 条引脚。

如果利用热风枪来焊接贴片轻触开关,焊接步骤主要包括:

① 先给焊盘上焊锡。

② 放置元器件,用镊子把元器件扶正。

③ 用热风枪加热,注意风量别太大。焊接过程中如果元器件跑偏可以用镊子扶正。

贴片轻触开关的焊接效果如图 7.42 所示。焊接完贴片轻触开关后需要测试轻触开关是否存在短路和虚焊现象。

图 7.42　贴片轻触开关焊接效果

(6)直插元件的焊接方法。

电路板上的元件除了采用贴片封装外,也有些元器件采用直插式封装。直插式封装元器件的焊接步骤主要包括:

① 按照电路板上的编号,将直插元器件插入对应的位置。有方向和极性的元器件要注意不要插错。

② 直插元器件定位完成后,再将电路板反过来放置,用电烙铁给其中一个焊盘上锡,焊接对应的引脚。

③ 用同样的方法焊接其他引脚。

直插元器件焊接完后,需要测试直插元器件是否存在短路和虚焊现象。

4. 智能小风扇 PCB 板焊接与测试

焊接前首先按照要求准备好焊接工具和材料,包括电烙铁、焊锡、镊子、松香、万用表、吸锡带等,同时也备齐智能小风扇 PCB 板的电子元件。智能小风扇 PCB 板的焊接步骤和验证方法主要包括:

（1）焊接 STM32F103C8T6 芯片。

① 焊接说明。

对于空白 PCB 板，首先利用万用表测试 5 V、3.3 V 和 GND 的 3 个电源网络之间是否存在短路。如果这三个电源网络之间存在短路，直接更换一块新的空白 PCB 板并再次检测 3 个电源网络之间是否存在短路。

将准备好的 STM32F103C8T6 芯片焊接到指示的位置。注意，STM32F103C8T6 芯片的第 1 条引脚务必与 PCB 板上的第 1 条引脚对应，切勿将芯片方向焊错。

② 验证方法。

利用万用表测试 STM32F103C8T6 芯片各相邻引脚之间是否存在短路，芯片引脚与焊盘之间是否存在虚焊。由于 STM32F103C8T6 芯片的绝大多数引脚都被引到排针上，因此检测 STM32F103C8T6 芯片相邻引脚之间是否短路可以通过检测与这 2 条引脚相连的其他焊盘之间是否短路来验证。虚焊可以通过测试芯片引脚与对应的排针上的焊盘是否短路进行验证。验证是否短路和虚焊非常关键，尽管烦琐，但是绝不能疏忽。如果 STM32F103C8T6 的引脚存在短路和虚焊，则后续焊接工作将无法开展。

（2）焊接电源模块和最小系统模块。

① 焊接说明。

电源模块和最小系统模块的器件依次焊接到 PCB 板上。每焊接完一个元器件，利用万用表检查是否存在短路和虚焊现象。

② 验证方法。

焊接好电源模块和最小系统模块后，在 PCB 板上电之前，首先检查 5 V、3.3 V 和 GND 的 3 个网络相互之间是否存在短路。当确认 5 V、3.3 V 和 GND 的 3 个网络之间没有短路，依次给 PCB 板提供 5 V、3.3 V 电源。供电后，利用万用表的电压挡检测 5 V 和 3.3 V 的电源电压是否正常，PCB 板的电源指示灯是否点亮。

在 5 V、3.3 V 电源分别给 PCB 板供电并且检查 PCB 板电源电压正常，再同时给 PCB 板提供 5 V、3.3 V 的电源，检查 PCB 板上电源电压是否正常。

（3）焊接程序下载模块和 LED 指示灯模块。

① 焊接说明。

将程序下载模块和 LED 指示灯模块对应的元器件依次焊接到 PCB 板上。每焊接完一个元器件，利用万用表检查是否存在短路和虚焊现象。

② 验证方法。

焊接好程序下载模块和 LED 指示灯模块后，在 PCB 板上电前首先检查 5 V、3.3 V 和 GND 的 3 个网络相互之间是否存在短路。当确认 5 V、3.3 V 和 GND 的 3 个网络之间没有短路，依次给 PCB 板提供 5 V、3.3 V 电源。供电后，利用万用表的电压挡检测 5 V 和 3.3 V 的电源电压是否正常，PCB 板的电源指示灯是否点亮。

最后，利用烧写软件将 LED 指示灯闪烁的 hex 文件下载到 STM32 芯片。正常状态是程序下载后 PCB 板上的 LED 指示灯闪烁，串口能正常向计算机发送数据。

（4）焊接声音模块和温度采集模块。

① 焊接说明。

将声音模块和温度采集模块的器件依次焊接到 PCB 板上。每焊接完一个元器件，利用万用表检查是否存在短路和虚焊现象。

② 验证方法。

焊接好声音模块和温度采集模块后，在 PCB 板上电前首先检查 5 V、3.3 V 和 GND 的 3 个网络相互之间是否存在短路。当确认 5 V、3.3 V 和 GND 的 3 个网络之间没有短路，依次给 PCB 板提供 5 V、3.3 V 电源。供电后，利用万用表的电压挡检测 5 V 和 3.3 V 的电源电压是否正常，PCB 板的电源指示灯是否点亮。

然后，使用烧写软件将声音报警和温度采集的 hex 文件下载到 STM32 芯片。正常状态是程序下载后 PCB 板会实现温度采集和声音报警功能。

（5）焊接按键模块、风扇控制模块和扩展接口模块。

① 焊接说明。

将按键模块、风扇控制模块和扩展接口模块的元器件依次焊接到 PCB 板上。每焊接完一个元器件，利用万用表检查是否存在短路和虚焊现象。

② 验证方法。

焊接好按键模块、风扇控制模块和扩展接口模块后，在 PCB 板上电前首先检查 5 V、3.3 V 和 GND 的 3 个网络相互之间是否存在短路。当确认 5 V、3.3 V 和 GND 的 3 个网络之间没有短路，依次给 PCB 板提供 5 V、3.3 V 电源。供电后，利用万用表的电压挡检测 5 V 和 3.3 V 的电源电压是否正常，PCB 板的电源指示灯是否点亮。

使用烧写软件将按键模块、风扇控制模块和扩展接口模块对应的 hex 文件下载到 STM32 芯片。程序下载后，PCB 板可以实现按键操作、风扇控制等功能。

5. 质量检测与测试

（1）目视检查。

目视检查的内容主要包括：

① 是否有漏焊。漏焊是指应该焊接的焊点没有焊上。

② 焊点的光泽。

③ 焊点的焊料是否充足。

④ 焊点周围是否有残留的焊剂。

⑤ 有没有连焊。

⑥ 焊盘有没有脱落。

⑦ 焊点有没有裂纹。

⑧ 焊点是不是凹凸不平。

⑨ 焊点是否有拉尖现象。

（2）手触检查。

手触检查的内容主要包括：

① 用手指触摸元器件时有无松动、焊接不牢的现象。

② 用镊子夹住元器件引线轻轻拉动时有无松动现象。

③ 焊点在摇动时上面的焊锡是否有脱落现象。

(3)系统测试。

测试焊接好的 PCB 板。利用万用表检查输出电压是否符合要求,各功能模块是否都能正常运行。如果出现异常,按照图 7.43 所示的系统测试流程进行焊点检查。

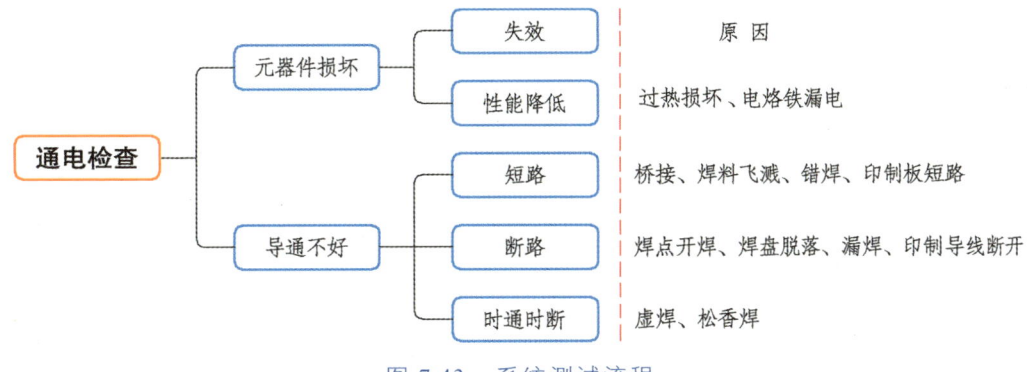

图 7.43　系统测试流程

6. 总结分析

本任务的总结分析内容主要包括:

(1)执行结果。

焊接好的产品。

(2)总结与分享。

根据实施过程中总结的经验和心得,各小组讨论并总结在本任务中所学到的知识和技能,然后进行知识、技能的经验分享。

项目模块 8　项目总结

在项目化产品开发过程中,产品的交付无疑是至关重要的。为了确保项目的顺利进行和产品的最终交付,本书采取项目汇报的形式来检验智能小风扇产品的成果。

项目汇报是一种系统性的总结和展示方式,能够全面反映项目从启动到完成的整个过程。通过这种方式,不仅能够展示智能小风扇产品的最终成果,还能够详细地介绍项目团队在设计、生产和测试等各个环节所付出的努力和取得的进展。项目汇报的形式包括但不限于 PPT 展示、实物演示和团队成员的口头汇报等。

此外,项目汇报还能够为项目的利益相关方提供一个全面了解项目情况的机会。通过项目汇报的形式进行智能小风扇产品的成果检验,不仅能够全面展示项目的成果,还能够将项目学到的知识进行再利用。

任务目标

通过本项目内容的学习,各小组完成项目总结的 PPT,做好项目汇报的准备。通过项目答辩,让学生更好地具备所要求的专业能力和职业能力。

实施思路

本任务首先要求各小组事先制作好答辩的 PPT,然后熟悉答辩要求,最后按答辩要求进行答辩。本任务实施思路如图 8.1 所示。

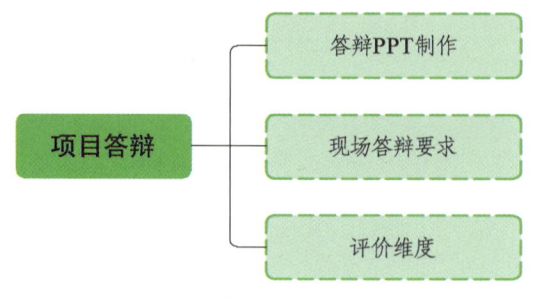

图 8.1　任务实施思路

实施过程

1. 答辩 PPT 的制作

根据答辩任务要求,小组讨论,完成小组答辩 PPT 的制作。

答辩 PPT 的内容需要包含小组分工说明、产品设计、功能设计、项目进度控制、项目成果展示、学习总结和项目总结等内容。PPT 页数尽量不超过 30 页,内容文字简洁,多采用图片和视频，整个PPT做到风格统一、美观大方。

2. 现场答辩

（1）答辩内容。

智能小风扇的设计包括产品设计、原理图绘制、PCB板设计、PCB板的投板打样，在项目答辩时不能单纯地按这个顺序进行讲解。小组讲解内容必须有扩展部分，如小组介绍、小组分工说明、产品分析、项目执行成果、学习总结或项目总结等内容。

其中，产品分析内容主要包括：

① 进行产品功能需求分析。
② 进行产品功能设计。
③ 产品电路原理图设计：涉及电路基础知识和绘制原理图技巧等。
④ 产品PCB板设计：涉及相关要求、规范、原则以及PCB板设计技巧等。
⑤ 产品制作：涉及与PCB板生产厂家的沟通、生产工艺的讲解等。

（2）答辩要求。

智能小风扇的答辩要求主要包括：

① 答辩时眼睛要注视同学或老师，不能只看PPT、计算机、手机。
② 声音洪亮，吐词清晰。
③ 精神饱满、服装统一。

每个小组的答辩时间为20分钟，注意控制时间。答辩时不仅要陈述项目内容及执行情况，回答老师的问题，还要积极与老师进行互动。

老师对每个小组同学的答辩进行点评，指出答辩过程中的优点及不足之处。

3. 建议评价维度

项目答辩的评价维度如表8.1所示。

表8.1 答辩维度

团队评价维度（50%）	占比	个人评价维度（50%）	占比
团队合作	25	职业素养	25
技术水平	15	沟通能力	20
创新能力	15	技术能力	15
成果展示	20	逻辑思维	25
综合表现	25	应变能力	15

4. 执行结果

本任务的执行结果主要包括：

（1）小组演讲PPT。
（2）PCB板原理图及Gerber文件。
（3）智能小风扇电路板成品。

参考文献

[1] 谭建豪，张莹. 电子电路设计与制作实训教程（附 EDA 软件实战）[M]. 北京：机械工业出版社，2020.

[2] 嘉立创 EDA 教育团队. 立创 EDA 电路设计与制作实战指南[M]. 深圳：嘉立创科技集团，2022.

[3] 王加祥，刘刚. 电子工艺与 PCB 设计[M]. 北京：电子工业出版社，2019.

[4] 高静，刘波文. 电子技能训练与 EDA 技术应用[M]. 成都：西南交通大学出版社，2023.

[5] 陈昌涛，李楠. 电子电路设计实战——从入门到工程应用[M]. 北京：人民邮电出版社，2021.